面向新工科普通高等教育系列教材

# Flutter 移动应用开发

夏　辉　杨伟吉　张书峰　主　编

尤澜涛　董妍彤　王福顺　副主编

机 械 工 业 出 版 社

本书由浅入深、循序渐进地通过大量示例阐述了 Flutter 移动应用开发的基础知识，同时介绍如何使用 Flutter 框架和 Dart 语言来开发移动 App，如何使用 Flutter 框架进行移动应用开发，还介绍了很多利用 Flutter 移动应用开发的技术。本书共 11 章，包括：Flutter 简介，Dart 基础语法，基本组件，容器类组件，Flutter 交互组件和导航栏，Flutter 的对话框组件，事件监听和处理，Flutter 的动画和导航，Flutter 的文件和网络，Flutter 的数据存储，综合案例——基于 Flutter 的手机文件管理设计与实现。本书示例采用 Dart 2.10.4，Flutter 采用 Flutter 2.0 版本开发工具进行开发，所有示例和案例都有详细说明，并且配有习题与练习，以指导读者深入学习。

本书重点突出，内容丰富，适合作为高等院校计算机及相关专业学生的教材或教学参考书，也适合学习 Dart 语言的初学者使用。

本书配有授课电子课件，需要的教师可登录机械工业出版社教育服务网（www.cmpedu.com）免费注册，审核通过后下载，或联系编辑索取（微信：13146070618，电话：010-88379739）。


**图书在版编目（CIP）数据**

Flutter 移动应用开发 / 夏辉，杨伟吉，张书峰主编. —北京：机械工业出版社，2023.2

面向新工科普通高等教育系列教材

ISBN 978-7-111-72497-1

Ⅰ. ①F… Ⅱ. ①夏… ②杨… ③张… Ⅲ. ①移动终端-应用程序-程序设计-高等学校-教材 Ⅳ. ①TN929.53

中国国家版本馆 CIP 数据核字（2023）第 010713 号

机械工业出版社（北京市百万庄大街 22 号 邮政编码 100037）

策划编辑：郝建伟 责任编辑：郝建伟 胡 静

责任校对：张爱妮 陈 越 责任印制：刘 媛

北京盛通商印快线网络科技有限公司印刷

2023 年 4 月第 1 版第 1 次印刷

184mm×260mm・18.75 印张・485 千字

标准书号：ISBN 978-7-111-72497-1

定价：75.00 元

电话服务 网络服务

客服电话：010-88361066 机 工 官 网：www.cmpbook.com

010-88379833 机 工 官 博：weibo.com/cmp1952

010-68326294 金 书 网：www.golden-book.com

**封底无防伪标均为盗版** 机工教育服务网：www.cmpedu.com

# 前言

随着大数据、人工智能和互联网+的不断发展，移动应用技术也在随之不断前行，更多智能数据、内容和应用都要在移动终端上运行。Flutter 作为移动应用开发的主要技术之一，由美国谷歌公司开发框架，一直在移动 App 开发方面占据着主导地位。从手机与计算机上网的使用率来看，目前通过手机上网的用户远远高于计算机端，足以证明未来的移动互联网的发展前景。

本书聚焦移动应用开发技术，深入浅出地讲解移动应用开发所需要的几乎全部基础内容，帮助读者快速了解 Flutter 移动应用开发，在项目中灵活应用各种开发技术和方法。

本书围绕移动应用开发基础和移动 App 编程技巧，采用 Flutter 框架主流的面向对象语言——Dart 语言，在内容的编排上力争体现新的教学思想和方法。本书遵循“从简单到复杂”“从抽象到具体”的原则，书中通过各个章节穿插了很多示例，提供了移动应用开发从入门到实际应用所必备的知识。学生除了要在课堂上学习程序设计的理论方法，掌握编程语言的语法知识和编程技巧外，还要进行大量的课外练习和实践操作。为此本书每章都配备有课后习题，并且每章都有一个综合案例，方便教师教学使用。

本书共 11 章。第 1 章是 Flutter 简介，第 2 章介绍 Dart 基础语法，第 3 章介绍基本组件，第 4 章介绍容器类组件，第 5 章介绍 Flutter 交互组件和导航栏，第 6 章介绍 Flutter 的对话框组件，第 7 章介绍事件监听和处理，第 8 章介绍 Flutter 的动画和导航，第 9 章介绍 Flutter 的文件和网络，第 10 章介绍 Flutter 的数据存储，第 11 章为综合案例——基于 Flutter 的手机文件管理设计与实现。本书示例采用 Dart 2.10.4，Flutter 采用 Flutter 2.0 版本开发工具进行开发，所有示例和案例都有详细说明。

本书内容全面，案例新颖，针对性强。书中所介绍的示例都是在 Windows 10 操作系统下调试运行通过的。每一章都有和本章知识点相关的案例与实验，以帮助读者顺利完成开发任务。从应用程序的设计到应用程序的发布，读者都可以按照书中所讲述内容实施。

本书由夏辉、杨伟吉、张书峰任主编，尤澜涛、董妍彤、王福顺任副主编。夏辉负责全书整体策划、实验、案例和第 7、8 章的编写，浙江医科大学杨伟吉负责编写第 2、4 章，苏州工业园区服务外包职业学院张书峰负责编写第 3、9 章，苏州工业园区服务外包职业学院尤澜涛负责编写第 1、5 章，吉林大学董妍彤负责编写第 11 章，河北农业大学王福顺负责编写第 6、10 章，参编的还有沈阳师范大学软件学院王利、穆宝良和白萍，他们主要负责 PPT 编写与课后习题审核，同时本书由李航教授和董妍彤教授进行主审，并对本书初稿在教学过程中存在的问题提出了宝贵的意见。本书在编写过程中也借鉴了中外参考文献中的原理知识和资料，在此一并感谢。

需要本书实例的读者，请到 http://www.scse. sdu. edu. cn 下载。

由于时间仓促，书中难免存在不妥之处，请读者谅解，并提出宝贵意见。

编　者

# 目录

# 第 1 章 Flutter 简介

Flutter 由 Google 的工程师团队打造，用于创建高性能、跨平台的移动应用的开发框架。Flutter 针对当下以及未来的移动设备进行优化，专注于 Android 和 iOS 低延迟的输入和高帧率。Flutter 给开发者提供简单、高效的方式来构建和部署跨平台、高性能移动应用；给用户提供漂亮、快速、jitter-free（无抖动/噪声）的 App 体验。

本章主要介绍：Flutter 概述、Flutter 环境搭建、Flutter 项目文件结构、第一个 Flutter 应用。“工欲善其事，必先利其器”，本章将告诉您如何搭建 Flutter 环境、IDE 选择、Flutter 项目文件结构等内容，选择好开发工具，配置好环境，进行下一步的具体开发。

## 1.1 Flutter 概述

Flutter 是 Google 开源的 UI 工具包，可以帮助开发者通过一套代码库高效地构建多平台的精美应用，支持移动、Web、桌面和嵌入式平台。Flutter 开源、免费，拥有宽松的开源协议，适合商业项目。

Flutter 的第一个版本被称为“Sky”，运行在 Android 操作系统上。它是 2015 年在 Dart 开发者峰会上亮相的，其目的是能够以每秒 120 帧的速度持续渲染。Beta1 版本于 2018 年 2 月 27 日在 2018 世界移动大会公布。Beta2 版本于 2018 年 3 月 6 日发布。1.0 版本于 2018 年 12 月 5 日发布。2022 年 5 月 12 日，Flutter 3.0 在 Google I/O 开发者大会正式发布。

## 1.2 环境搭建

Flutter 环境搭建首先需要安装 JDK，然后需要下载 Flutter SDK，接着下载 VSCode 和 Android Studio，Flutter 开发采用的主流 IDE 为 Android Studio 或者 VSCode。这里介绍两种 IDE 的配置方法，接着需要安装 IDE 插件，最后运行调试模拟器。

首先，下载 JDK 8（最好不要下载 JDK 15 版本，版本太高会出现 Bug），下载地址：https://www.oracle.com/java/technologies/javase-downloads.html，然后配置 JDK 环境变量，这里不再介绍。

### 1.2.1 下载 Flutter SDK

官网下载地址 https://flutter.dev/docs/get-started/install，官方提供的网址下载速度很慢，

也可到 Flutter 中国镜像网站 https://flutter.dev/community/china 下载，如图 1-1 所示。

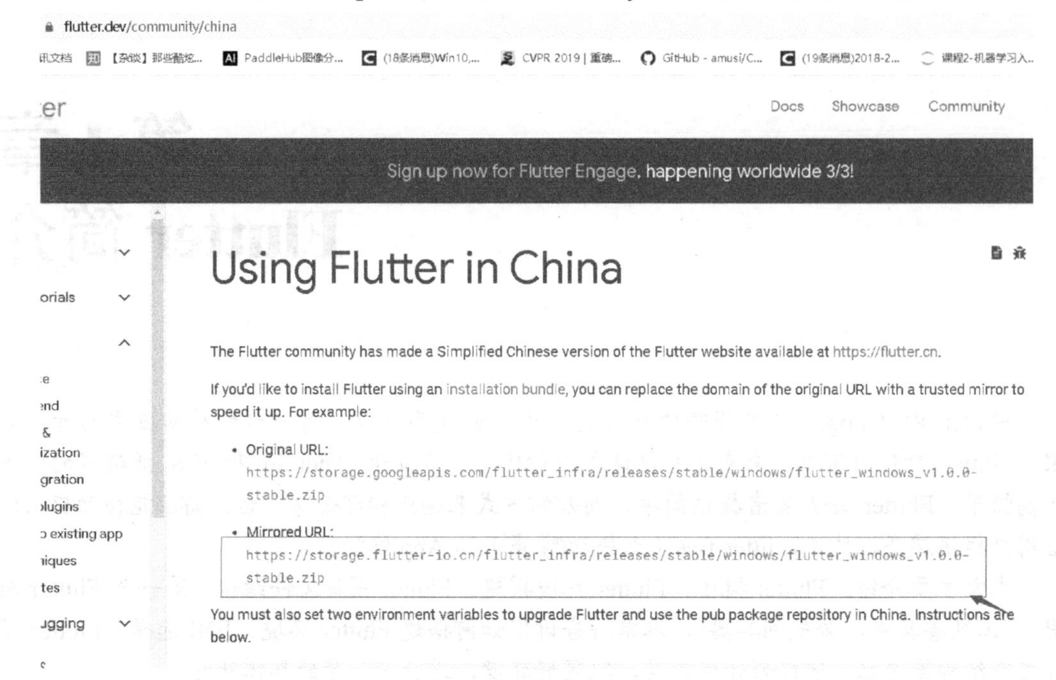


图 1-1　Flutter SDK 下载地址

为了访问 Flutter 相关官网资源更加快捷，Flutter 官方为中国开发者搭建了临时镜像，可以将如下环境变量加入到用户环境变量。

```
export PUB_HOSTED_URL=https://pub.flutter-io.cn
export FLUTTER_STORAGE_BASE_URL=https://storage.flutter-io.cn
```

在 Windows 中加入环境变量如图 1-2 所示。

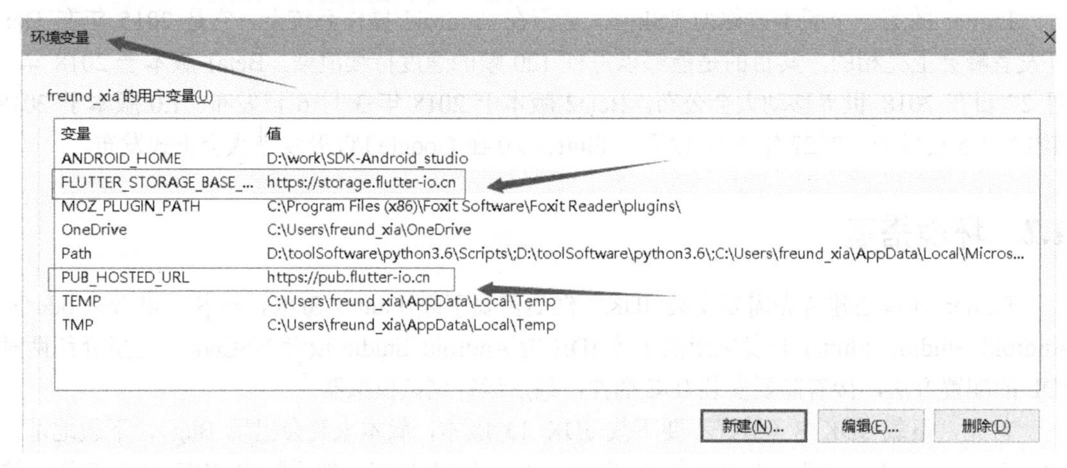


图 1-2　Flutter 镜像环境变量设置

下载完 Flutter SDK，将压缩包放置在一个开发项目的目录下，然后解压缩，将 Flutter SDK 目录下的 bin 文件加入到环境变量 Path 下，具体如图 1-3 所示。

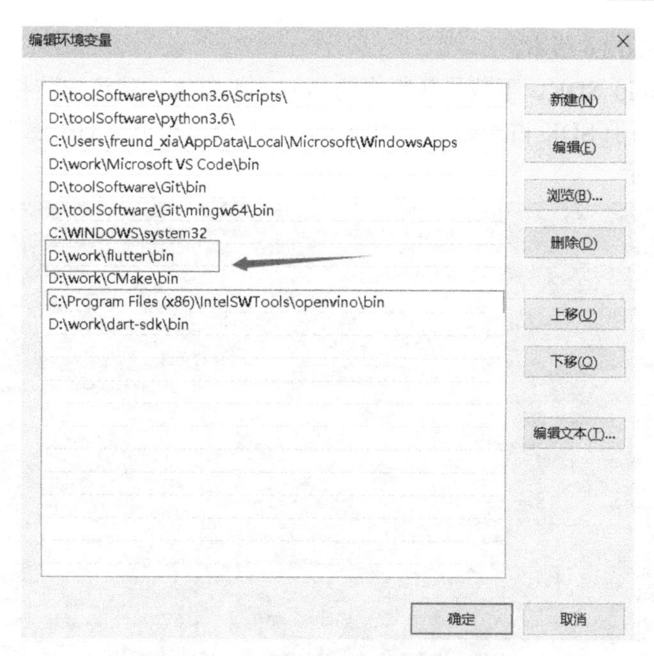


图 1-3　Flutter SDK 环境变量设置

打开终端控制台，在控制台输入 flutter，如果出现 Flutter 的命令提示信息，就说明 Flutter 安装成功。运行结果如图 1-4 所示。

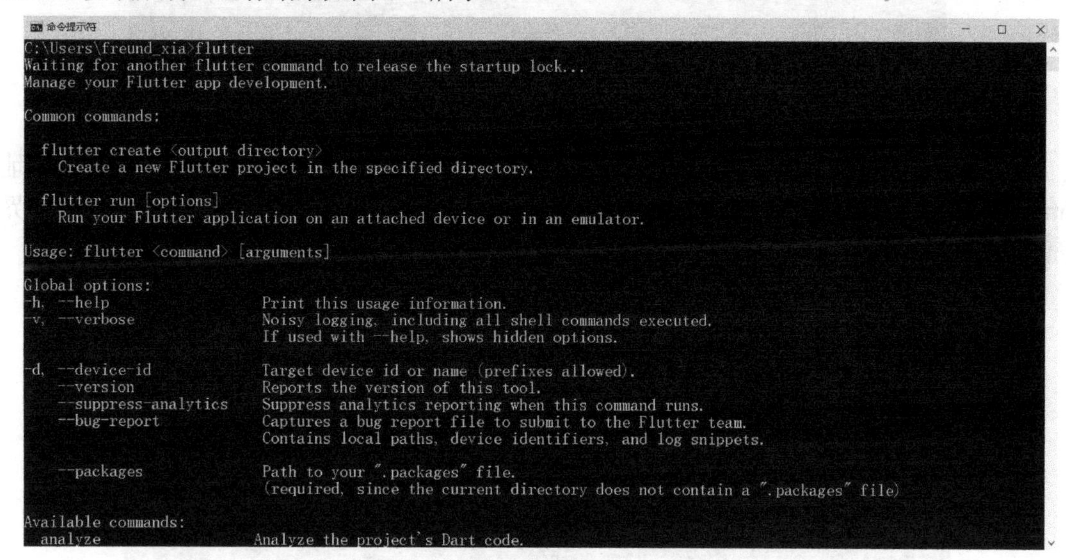


图 1-4　控制台中测试 Flutter 安装

## 1.2.2　IDE 的下载

下面分别介绍 Android Studio 和 VSCode 两种 IDE（集成开发环境），实际开发可以任选其一进行安装。

### 1．Android Studio 配置

1）下载和安装 Android Studio，官网下载地址 https://developer.android.google.cn/studio/。本

书下载 Android Studio 3.6 版本。

2）下载 Android SDK。下载最新版本的 Android SDK，建议安装相关 SDK，也可选择最新 SDK 安装。由于 SDK 占用磁盘空间较大，一般会占据十几 GB 磁盘空间，请合理分配空间。如图 1-5 所示。

Appearance & Behavior › System Settings › Android SDK

Manager for the Android SDK and Tools used by Android Studio

Android SDK Location: D:\work\SDK-Android_studio    Edit  Optimize disk space

SDK Platforms  SDK Tools  SDK Update Sites

Each Android SDK Platform package includes the Android platform and sources pertaining to an API level by default. Once installed, Android Studio will automatically check for updates. Check "show package details" to display individual SDK components.

| Name | API Level | Revision | Status |
|---|---|---|---|
| Android API 30 | 30 | 3 | Not installed |
| Android 10.0 (Q) | 29 | 4 | Update available |
| Android 9.0 (Pie) | 28 | 6 | Partially installed |
| Android 8.1 (Oreo) | 27 | 3 | Partially installed |
| Android 8.0 (Oreo) | 26 | 2 | Partially installed |
| Android 7.1.1 (Nougat) | 25 | 3 | Partially installed |
| Android 7.0 (Nougat) | 24 | 2 | Update available |
| ✓ Android N Preview | N | 2 | Installed |
| ✓ Android 6.0 (Marshmallow) | 23 | 3 | Installed |
| ✓ Android 5.1 (Lollipop) | 22 | 2 | Installed |
| ✓ Android 5.0 (Lollipop) | 21 | 2 | Installed |
| ✓ Android 4.4W (KitKat Wear) | 20 | 2 | Installed |
| ✓ Android 4.4 (KitKat) | 19 | 4 | Installed |
| ✓ Android 4.3 (Jelly Bean) | 18 | 3 | Installed |
| ✓ Android 4.2 (Jelly Bean) | 17 | 3 | Update available |
| ✓ Android 4.1 (Jelly Bean) | 16 | 5 | Installed |
| ✓ Android 4.0.3 (IceCreamSandwich) | 15 | 5 | Installed |
| Android 4.0 (IceCreamSandwich) | 14 | 4 | Not installed |

✓ Hide Obsolete Packages  Show Package Details

图 1-5　Android SDK 安装

3）下载最新版本的 AVD（Android Virtual Device）下载和安装 AVD，官网下载地址 https://code.visualstudio.com/。首先单击添加工具栏上的 AVD Manager。弹出添加虚拟机界面，单击“添加虚拟机”按钮。如图 1-6 所示。

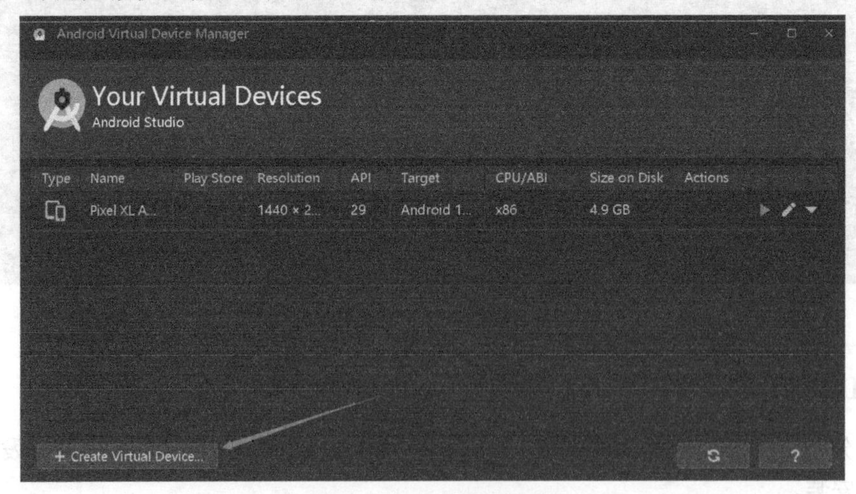


图 1-6　创建虚拟机

选择虚拟机硬件，单击“Next”按钮，如图 1-7 所示。

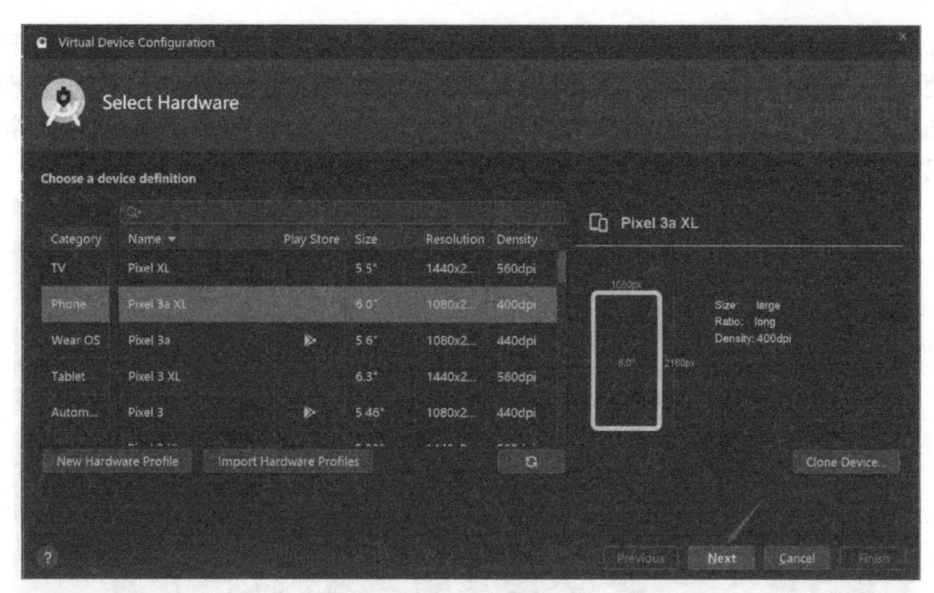


图 1-7　选择硬件

选择要下载的虚拟机镜像，选择虚拟机 API 版本和平台，单击 Next 按钮，如图 1-8 所示。

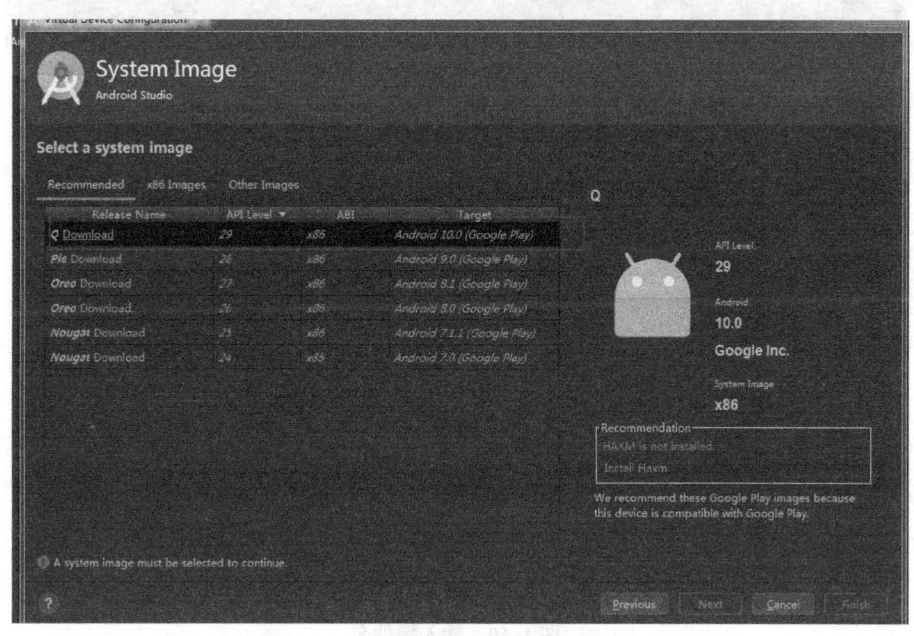


图 1-8　选择安装版本

下载完成后单击 Finish 按钮，就可以完成虚拟机的安装。安装成功后，在图 1-6 中就可以看到安装好的模拟器，单击启动按钮，虚拟机即可启动。

**2．VSCode 配置**

下载和安装 VSCode，官网下载地址 https://code.visualstudio.com/。安装完成 VSCode 后，对 VSCode 进行插件安装。打开 VSCode，单击安装插件对话框，在搜索栏中输入

flutter，单击 Install 按钮（图中箭头所指），具体如图 1-9 和图 1-10 所示，Flutter 开发最基本需要安装 Flutter 和 Dart，但同时建议按照图 1-10 再安装其他几个插件，提高开发效率。例如：Flutter Widget Snippets 可以提供 Widget 代码片段；Awesome Flutter Snippets 提供常用函数的代码片段等。

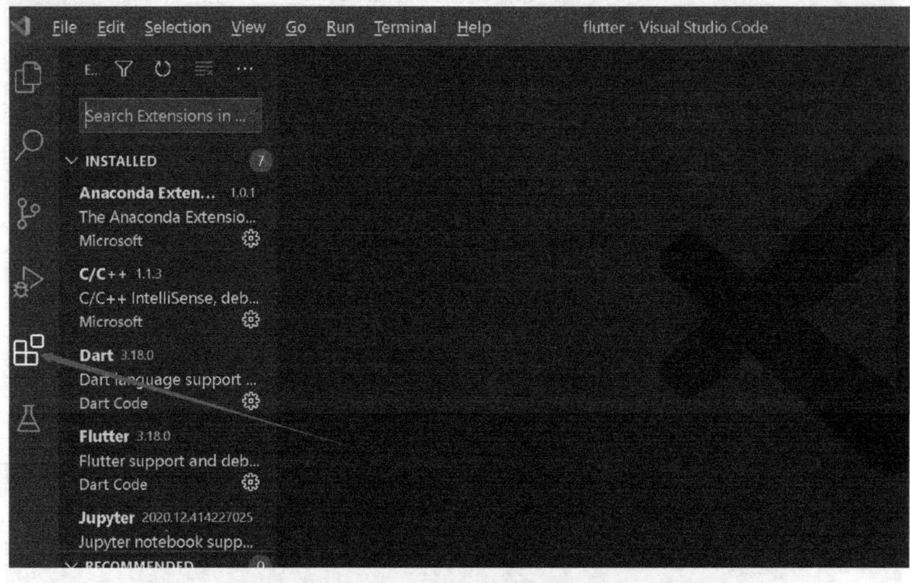


图 1-9　单击搜索栏搜索插件

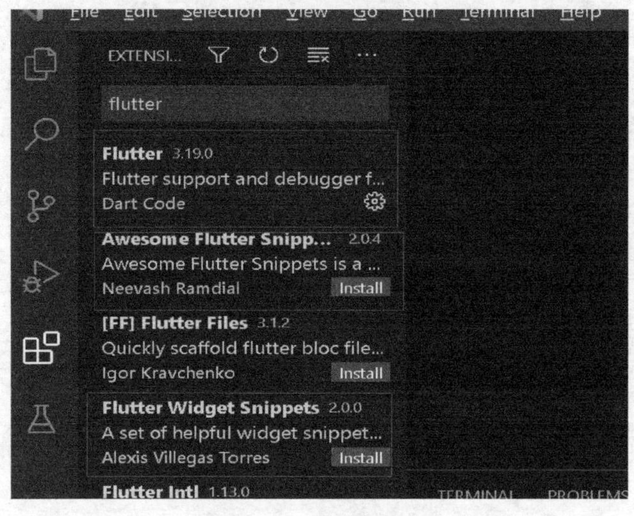


图 1-10　输入插件名

### 1.2.3　安装插件

下面介绍 Android Studio 的 Flutter 插件安装。单击菜单栏的 File→Settings 选项，然后搜索 plugin，在 plugins 下安装的 Marketplace 中搜索 flutter，安装 Flutter，一般也会自动安装 Dart，如果没有安装 Dart，还需要安装 Dart 插件。如图 1-11 所示。

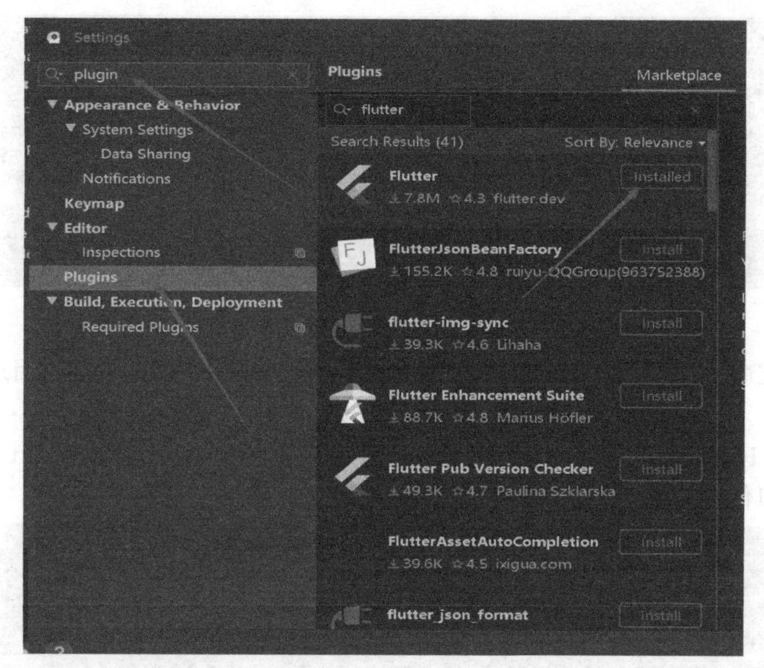

图 1-11　安装 Android Studio 插件

### 1.2.4　测试环境

#### 1．flutter doctor 测试环境

在控制台输入 flutter doctor 测试环境，运行测试命令来查看是否还需要安装其他依赖，如果需要则安装它们，显示测试结果如图 1-12 所示。

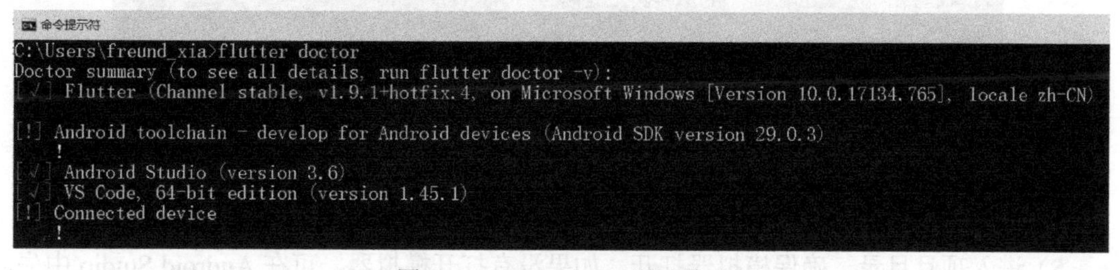

图 1-12　flutter doctor 测试结果

> 注意：感叹号提示为警告内容，绿色代表安装正确，红色代表未安装或者未正确安装，根据提示进行 Flutter 环境安装。

#### 2．VSCode 下创建项目

1）首先在本地创建一个文件夹，用来保存项目文件。

2）打开 VSCode，单击菜单栏的 File 选项，再单击 Open Folder...按钮，然后选择刚才创建的文件夹。

3）打开 IDE 的终端（Terminal），进入刚才打开的文件夹路径，可以利用以下命令，如图 1-13 所示。

```
flutter create example1_1
```

```
TERMINAL   PROBLEMS   OUTPUT   DEBUG CONSOLE                    1: powershell
PS D:\其他\2021\Flutter前端\code\ch01> flutter create example1_1
Creating project example1_1...
  example1_1\.gitignore (created)
  example1_1\.idea\libraries\Dart_SDK.xml (created)
  example1_1\.idea\libraries\Flutter_for_Android.xml (created)
  example1_1\.idea\libraries\KotlinJavaRuntime.xml (created)
  example1_1\.idea\modules.xml (created)
  example1_1\.idea\runConfigurations\main_dart.xml (created)
  example1_1\.idea\workspace.xml (created)
```

图 1-13　VSCode 控制台创建项目

输入上述命令后按〈Enter〉键，IDE 就会自动构建 Flutter 项目，构建项目过程如图 1-13 所示。

4）构建 Flutter 项目完成后，打开项目根目录的 lib 文件夹下的 main.dart 文件，就可以看到项目入口代码文件，如图 1-14 所示。

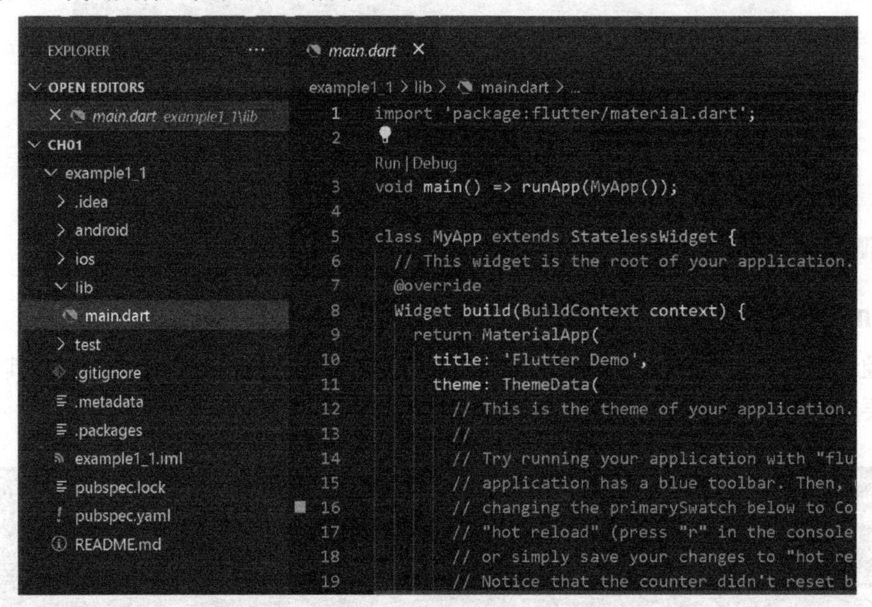


图 1-14　Flutter 项目入口代码文件

5）进入项目目录，确保模拟器打开，如果没有打开模拟器，可在 Android Studio 中先启动模拟器，最后输入 flutter run，运行项目。如图 1-15 所示。

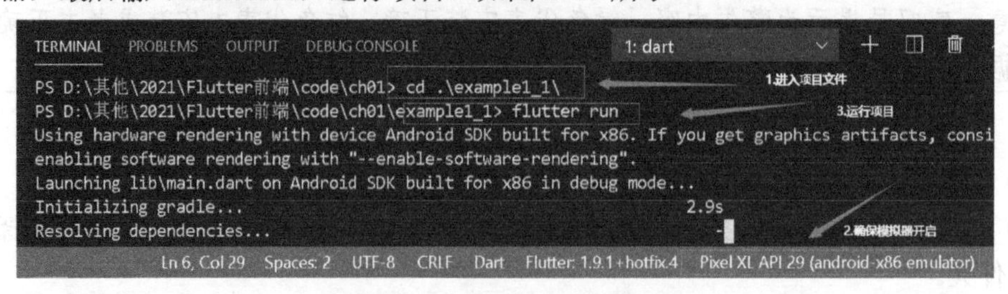


图 1-15　VSCode 运行项目

6）第一次运行项目速度会比较慢，需要耐心等待几分钟，成功运行后，运行结果如图 1-16 所示。

图 1-16　VSCode 运行结果

在 VSCode 的 Terminal 中有三个快捷键是经常使用的：

1）P 键：切换模拟器中是否加入网格。

2）R 键：热启动（配合保存〈Ctrl+S〉使用，一般每次改变代码，只需先保存，然后切换到 Terminal 区域，再单击 R（大写），即可重新启动模拟器，刷新模拟器页面）。

3）O 键，切换 iOS 和 Android 系统。

**3．Android Studio 下创建项目**

1）单击 Android Studio 工具栏中的 File→New→New Flutter Project...，新建一个 Flutter Project，如图 1-17 所示。

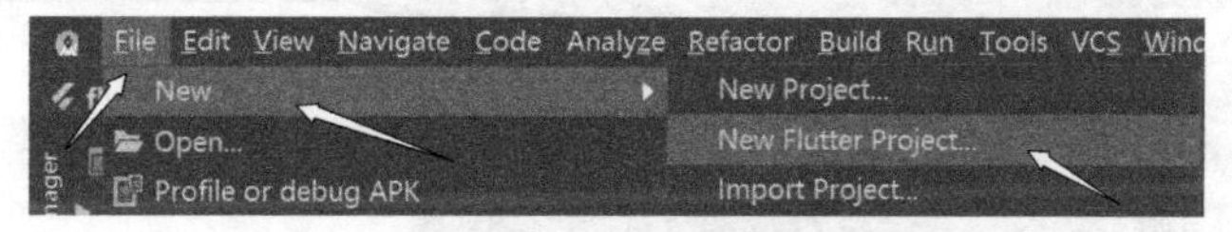


图 1-17　Android Studio 下创建项目（1）

2）选择 Flutter Application，然后单击 Next 按钮，分别输入项目名称、Flutter SDK 路径、项目存放路径，然后单击 Next 按钮，如图 1-18 所示。

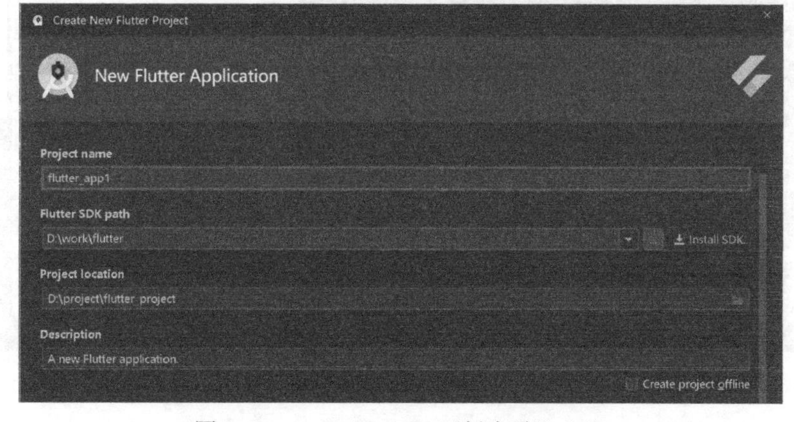


图 1-18　Android Studio 下创建项目（2）

3）选择 Package name 填入项目的包名，然后单击 Finish 按钮，完成 Flutter 项目创建，如图 1-19 所示。

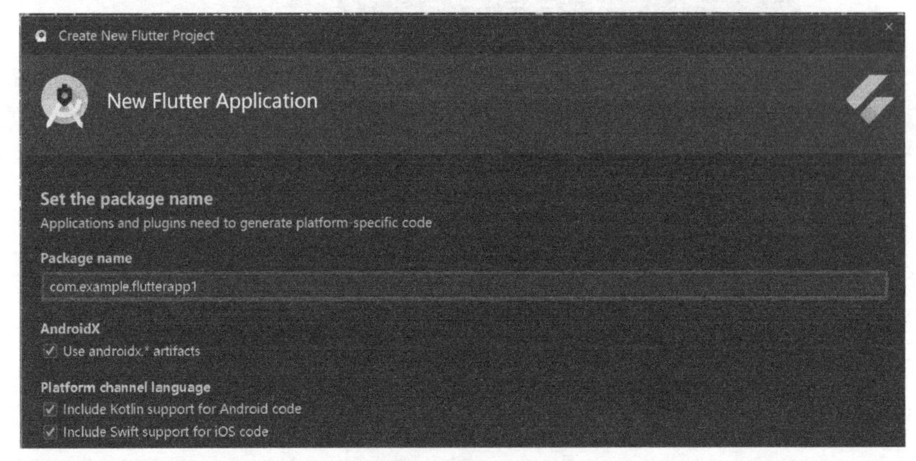


图 1-19　Android Studio 下创建项目（3）

4）选择 Android Studio 上侧工具栏下的快捷按钮，选择模拟器，然后单击右侧的项目运行按钮，如图 1-20 所示。

图 1-20　Android Studio 下运行项目

5）最后，运行结果如图 1-21 所示。

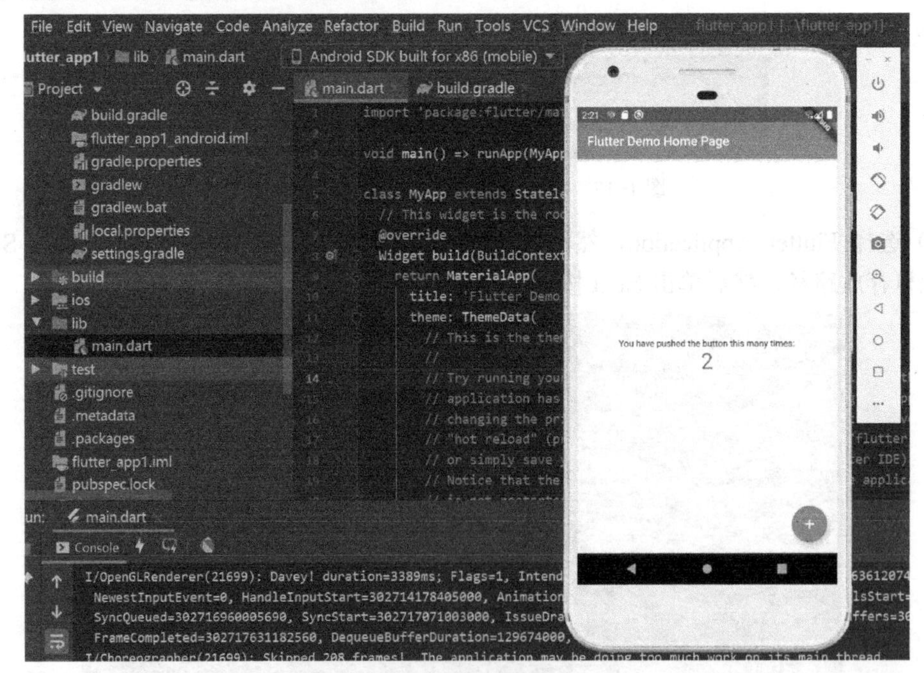


图 1-21　Android Studio 下运行结果

## 1.3　Flutter 项目文件结构

利用 IDE 平台创建 Flutter 项目后，IDE 中的项目文件中就会自动生成 android、build、ios、test、lib、pubspec.yaml 等文件和文件夹。这些文件和文件夹有什么作用？本节将主要进行介绍。如图 1-22 所示为 Flutter 项目文件结构。

下面介绍几种主要的项目文件，每种文件的作用说明见表 1-1。

表 1-1　Flutter 主要的项目文件

| 项目文件或文件夹 | 说明 |
| --- | --- |
| android | Android 平台相关文件 |
| ios | iOS 平台相关文件 |
| test | 用于存放测试相关文件 |
| lib | Flutter 开发相关代码，编写代码就在这个文件夹中 |
| pubspec.yaml | 配置文件，一般存放一些第三方的依赖 |

下面介绍 Flutter 框架项目的主要代码功能。

### 1. 入口函数

项目入口函数在 lib/main.dart 中，main 方法就是入口函数，默认的箭头函数返回一个 Widget，MyApp 就是用户要展示的启动界面，如下代码所示。

```
void main() => runApp(MyApp());
```

上面代码中是箭头函数，上面的代码相当于：

```
void mian(){
  return runApp(MyApp());
}
```

Dart 相关语法将在第 2 章详细讲解。

图 1-22　Flutter 项目文件结构

### 2. StatelessWidget 类

StatelessWidget 和 StatefulWidget 是 Flutter 的两个重要的组件，StatelessWidget 用在控件不包含状态信息的情况，它不会依赖其他配置信息，例如文本控件（Text）、图像控件（ImageView），因而不会在运行过程中改变。相反，如果控件是一些用户交互控件或者随着网络变化，控件状态则有所改变，这样的情况就需要使用 StatefulWidget。

```
class MyApp extends StatelessWidget {
  //This widget is the root of your application(这是项目的组件)
  @override
  Widget build(BuildContext context) {
    return MaterialApp(
      title: 'Flutter Demo',
      theme: ThemeData(
    .....
```

上面代码片段写了一个 MyApp 类继承 StatelessWidget 类，然后重写 build( )方法，返回一个 MaterialApp 对象。

### 3. Material 组件

Material 应用程序以 MaterialApp Widget 开始，该 Widget 在应用程序的根部创建了一些有用的 widget。Material 组件实现了视觉、效果、motion-rich（指丰富的 Material 动画效果）的 Widget。包括 App 结构和导航、输入框和选择框、对话框、Alert、Panel、信息展示、布局等。因此实现这些 App 基本组件基本都需要这个 Material 组件。下面代码是利用 VSCode 自动构建的 Flutter 项目。

```
1. import 'package:flutter/material.dart';
2. void main() => runApp(MyApp());
3. class MyApp extends StatelessWidget {
4.   Widget build(BuildContext context) {
5.     return MaterialApp(
6.       title: 'Flutter Demo',
7.       theme: ThemeData(
8.         primarySwatch: Colors.blue,
9.       ),
10.       home: MyHomePage(title: 'Flutter Demo Home Page'),
11.     );
12.   }
13. }
14. class MyHomePage extends StatefulWidget {
15.   MyHomePage({Key key, this.title}) : super(key: key);
16.   final String title;
17.   _MyHomePageState createState() => _MyHomePageState();
18. }
19. class _MyHomePageState extends State<MyHomePage> {
20.   int _counter = 0;
21.   void _incrementCounter() {
22.     setState(() {
23.       _counter++;
24.     });
25.   }
26.   Widget build(BuildContext context) {
27.     return Scaffold(
28.       appBar: AppBar(
29.         title: Text(widget.title),
30.       ),
31.       body: Center(
32.         child: Column(
33.           mainAxisAlignment: MainAxisAlignment.center,
34.           children: <Widget>[
35.             Text(
36.               'You have pushed the button this many times:',
37.             ),
38.             Text(
39.               '$_counter',
40.               style: Theme.of(context).textTheme.display1,
41.             ),
42.           ],
```

```
43.         ),
44.       ),
45.       floatingActionButton: FloatingActionButton(
46.         onPressed: _incrementCounter,
47.         tooltip: 'Increment',
48.         child: Icon(Icons.add),
49.       ),
50.     );
51.   }
52. }
```

项目运行结果如图 1-16 所示。需要注意下面几点：

- 第 1 行代码是导入包，如果要使用 Material 组件，就需要导入 Material 包。
- 第 14 行 StatefulWidget 组件表示需要加入动态组件，主要是实现一个单击+按钮，实现动态数字加 1 计数效果。
- StatelessWidget 组件主要实现一个 home 主题效果，实现了无状态的组件。
- MyApp 类代表 Flutter 应用，它继承了 StatelessWidget 类，这也就意味着应用本身也是一个 Widget。
- MaterialApp 是 Material 库中提供的 Flutter App 框架，通过它可以设置应用的名称、主题、语言、首页及路由列表等。MaterialApp 也是一个 Widget。
- Scaffold 是 Material 库中提供的页面脚手架，它包含导航栏和 Body 以及 FloatingActionButton（如果需要的话），路由默认都是通过 Scaffold 创建。

## 1.4　Flutter 框架介绍

Flutter 框架提供丰富的 Material Design 和 Cupertino（iOS 风格）的 Widget，并且一份代码可以同时生成 iOS 和 Android 两个高性能、高保真的应用程序。

Flutter 包括一个现代的响应式框架、一个 2D 渲染引擎、现成的 Widget 和开发工具。这些组件可以帮助用户快速地设计、构建、测试和调试应用程序。Flutter 框架是一个分层的结构，具体框架结构如图 1-23 所示。

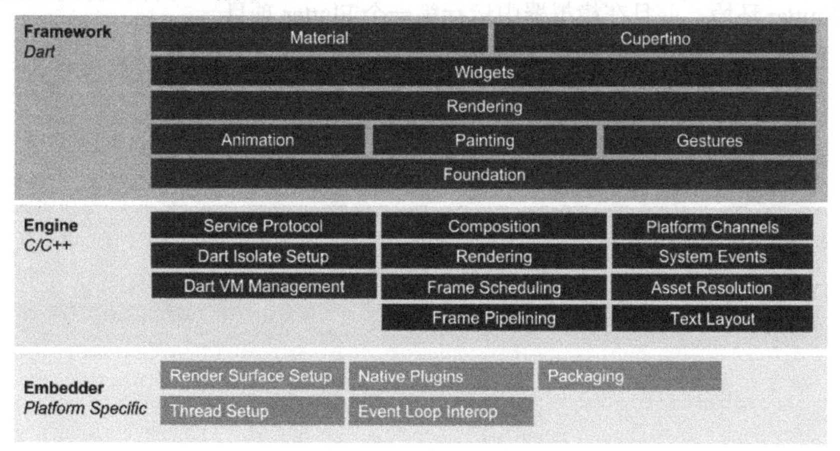


图 1-23　Flutter 框架结构

这个设计的目标是帮助用户用更少的代码做更多的事情。例如，Material 层是通过组合来自 Widget 层的基本 Widget 来构建的，并且 Widget 层本身是通过较低级对象渲染层构建的。每层为构建应用程序提供了许多选项。选择一种自定义的方法来释放框架的全部表现力，或者使用构件层中的构建块，或混合搭配。用户可以实现 Flutter 提供的所有现成的 Widget，或者使用 Flutter 团队用于构建框架的相同工具和技术，创建自己的定制 Widget。

## 1.5 Flutter 主题

为了在整个应用中使用同一套颜色和字体样式，可以使用“主题”这种方式。定义主题有两种方式：全局主题和使用 Theme 来定义应用程序局部的颜色和字体样式。事实上，全局主题只是由应用程序根 MaterialApp 创建的主题（Theme）。

## 1.6 本章小结

本章主要包括 Flutter 框架介绍、Flutter 运行环境的安装和配置、IDE 的介绍、Flutter 项目文件结构介绍、Flutter 框架结构等内容。通过一步一步图文配合详细介绍了第一个 Flutter 框架的项目搭建，让读者对 Flutter 有一个整体的认识，为后面学习 Flutter 项目开发奠定了基础。

## 1.7 习题与练习

**1. 概念题**

1）简述 Flutter 的 Mterial 组件。

2）简述 StatelessWidget 和 StatefulWedget 的区别。

3）简述 Flutter 框架的优势。

**2. 操作题**

搭建 Flutter 环境，并且在模拟器中运行第一个 Flutter 项目。

# 第 2 章 Dart 基础语法

Dart 是一种简洁、清晰、基于类的面向对象的语言，它具有高效、快速、可移植、易学、响应式等特点。它支持接口、Mixins、类对象，具有化泛型、静态类型等。

本章主要介绍 Dart 基本数据类型和操作、函数方法、类和对象、抽象类、接口、Mixins、操作符重载等。本章内容是学习 Flutter 框架的基础，Flutter 框架编程所使用的语言就是 Dart。熟悉 Dart 语言的读者可以忽略本章，直接进入第 3 章学习。

## 2.1 基本类型的操作

Dart 内置基本数据类型主要包括：数值型-num、布尔型-boolean、字符串-String、列表-List、键值对-Map、dynamic 型等，本章将介绍 Dart 的主要数据类型。其语法和用法与 Java 类似，但要比 Java 更加简便。

### 2.1.1 数值型数据

Dart 数值类型（num）只有两种：int 类型和 double 类型。其中 int 的表示范围是 $-2^{53}$～$2^{53}$，double 类型则是 64 位的双精度浮点数。

**1．数据声明**

数值类型数据声明很简单，语法类似 Java，具体示例代码如例 2-1 所示。

**【例 2-1】** 基本数据类型数据声明

```
void main(){
num a=10;
a=1.2;
num d;
print(a);
int b=20;
double c=10.2;
print(c);
print(d);
}
```

编译并运行程序结果如图 2-1 所示。

```
TERMINAL   PROBLEMS 1   OUTPUT   DEBUG CONSOLE                Code
[Done] exited with code=0 in 0.927 seconds

[Running] dart "d:\其他\2021\Flutter前端\code\ch02\example2-1.dart"
1.2
10.2
null
```

图 2-1　数值类型数据声明运行结果

📖 注意：没有初始化的变量默认值为 null。数值类型变量的默认值也是 null。

**2. 运算符操作**

数值类型常用运算符有： +、-、*、/、~/、%，这些操作都与 Java 操作符相似。示例代码如例 2-2 所示。

**【例 2-2】** num 常用运算符

```
void main(){
num a=10;
int b=20;
print(a+b);
print(a-b);
print(a*b);
print(b/a);
print(b~/a);
print(b%a);
}
```

编译并运行程序结果如图 2-2 所示。

图 2-2　数值类型运算符操作运行结果

**3. 常用属性**

数值类型常用属性有 isNaN、isEven、isOdd、isFinite、isNegative 等，isNaN 判断是否为数值；isEven 判断是否为偶数；isOdd 判断是否为奇数、isFinite 判断是否为有限的数值、isNegative 判断是否为负数。示例代码如例 2-3 所示。

**【例 2-3】** num 常用属性

```
void main(){
int b=20;
print(0.0/0.0);
print(b.isEven);
print(b.isOdd);
print(b.isNegative);
print(b.isFinite);
}
```

编译并运行程序结果如图 2-3 所示。

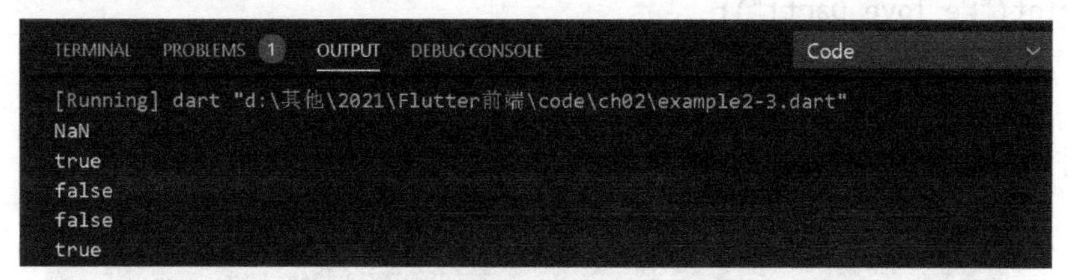


图 2-3　数值类型常用属性运行结果

**4．常用方法**

数值型对象常用方法有：abs()、round()、floor()、ceil()、toInt()、toDouble()等。abs()表示求绝对值；round()表示四舍五入；floor()表示不大于的最大整数；ceil()表示不小于的最小整数；toInt()表示转化成 int 类型；toDouble()表示转化为 double 类型。示例代码如例 2-4 所示。

**【例 2-4】** num 常用方法

```
void main(){
int e=-100;
print(e.abs());
double f=9.3;
print(f.round());
print(f.ceil());
print(f.floor());
print(f.toInt());
print(e.toDouble());
}
```

编译并运行程序结果如图 2-4 所示。

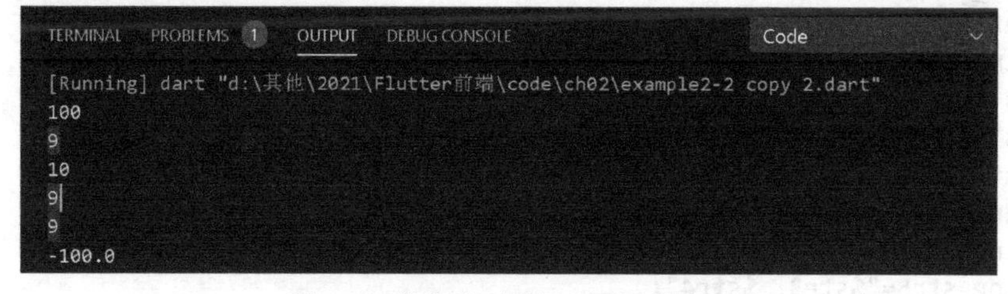


图 2-4　数值类型常用方法运行结果

## 2.1.2　布尔类型

boolean（布尔类型）只有 true 和 false 两个值，不能使用其他值，但需要注意的是布尔类型的默认值是 null。示例代码如例 2-5 所示。

**【例 2-5】** 布尔类型

```
void main(){
  bool flag1=false;
  bool flag2=true;
  print("$flag1,$flag2");
  var b=true;
```

```
  if(b){
    print("We love Dart!");
  }
}
```

编译并运行程序结果如图 2-5 所示。

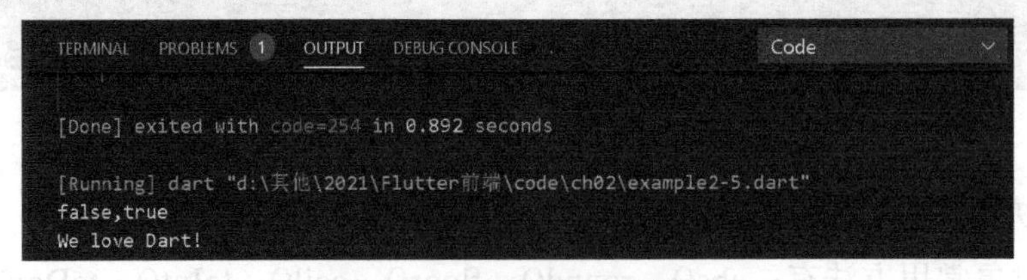


图 2-5　布尔类型运行结果

- var 声明变量，可以赋予不同数据类型的值，var 未初始化时默认值是 null。
- $+变量名可以计算字符串中变量的值，后面在字符串部分讲解。

## 2.1.3　字符串

字符串包括字符串的声明、运算、常见属性和方法。

**1．字符串的声明**

Dart 语言的字符串使用单引号、双引号和三引号表示，单引号或双引号都可以来表示字符串，三引号可以创建多行字符串，字符串可以进行拼接。示例代码如例 2-6 所示。

**【例 2-6】** 字符串声明

```
void main(){
  var str="Hello dart,I am var";
  var str1='Hello dart,I am var';
  print(str);
  print(str1);
  String str2= """
  this str
  this str1234 """;
  print(str2);
  String str3="this is str2";
  String str4="this is str3";
  String str5="$str3, $str4";
  String str6=str3+", "+str4;
  print(str5);
  print(str6);
}
```

编译并运行程序结果如图 2-6 所示。

```
TERMINAL  PROBLEMS 1  OUTPUT  DEBUG CONSOLE          Code
[Running] dart "d:\其他\2021\Flutter前端\code\ch02\example2-6.dart"
Hello dart,I am var
Hello dart,I am var
  this str
  this str1234
this is str2, this is str3
this is str2, this is str3
```

图 2-6　字符串声明运行结果

📖 注意：Dart 语言中 $ 或${}用来计算字符串中变量的值，也称为插值表达式。

**2．字符串的运算**

字符串常见的运算有：+，*，==，[]，示例代码如例 2-7 所示。

**【例 2-7】** 字符串运算

```
void main(){
  String str1 = 'This is My favorite language';
  print(str1+'New');
  print(str1*4);
  print(str1[5]);
  int a = 1;
  int b = 3;
  print('a*b = ${a*b}');
  var a1=123;
  var b1="123";
  if(a1==b1){
    print("a1==b1");
  }else{
    print("a1!=b1");
    print("a1!=b1");
  }
}
```

编译并运行程序结果如图 2-7 所示。

```
TERMINAL   PROBLEMS 1   OUTPUT   DEBUG CONSOLE                    Code
[Done] exited with code=0 in 0.893 seconds

[Running] dart "d:\其他\2021\Flutter前端\code\ch02\example2-6 copy 2.dart"
This is My favorite languageNew
This is My favorite languageThis is My favorite languageThis is My favorite language
i
a*b = 3
a1!=b1
a1!=b1
```

图 2-7 字符串运算运行结果

**3．字符串的常见属性和方法**

字符串常见的属性有：length、isEmpty、isNotEmpty。length 表示字符串长度属性，isEmpty 判断字符串是否为空，isNotEmpty 判断字符串是否非空。常见的方法有：contains()、substring()、startsWith()、endsWith()、toLowerCase()、toUpperCase()、trim()、trimLeft()、split()等。使用 r 创建原始 raw 字符串。示例代码如例 2-8 所示。

**【例 2-8】** 字符串常见属性和方法

```
void main(){
  String s1='hello \n  world!';
  print(s1);
  print(r'hello \n  world!');
  String s2='hello my mart!';
  int m=1;
  int n=2;
  print("m+n=${m+n}");
```

```
  print("m=$m");
  print(s2.length);
  print(s2.isEmpty);
  print(s2.contains('s'));
  print(s2.substring(0,3));                  //不包括最后一个，前闭后开
  print(s2.startsWith('a'));
  print(s2.endsWith('o'));
  print(s2.toLowerCase());
  print(s2.toUpperCase());
  print(s2.trim());
  print(s2.trimLeft());
  var list=s2.split(" ");
  print(list);
  print(s2.replaceAll('mart', s1));
}
```

编译并运行程序结果如图 2-8 所示。

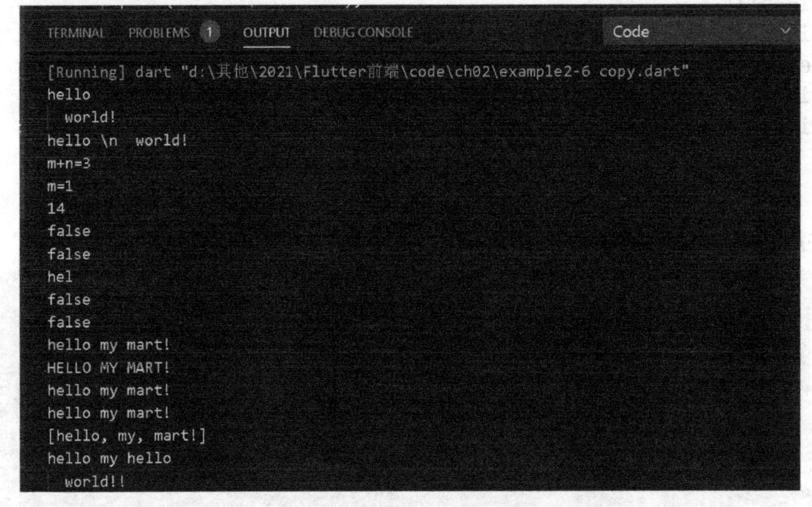


图 2-8　字符串常见属性和方法运行结果

运行结果需要注意下面几点：

- ${}表示字符串插值表达式，${m+n}表示运算 m+n 变量的值。
- r''表示表示原始字符串，即“所见即所得”。

## 2.1.4　列表

列表类似于数组的概念，包括列表的创建、列表的属性和方法。

### 1．列表的创建

列表即为数组，列表创建有三种方式，下面介绍列表的创建，示例代码如例 2-9 所示。

【例 2-9】列表的创建

```
void main() {
  var list1=[1,2,3,'dart',true];                 //第一种创建 list 方法
  print(list1);
  print(list1[2]);
```

```
  list1[2]='hello';
  print(list1);

  var list2=const [1,2,3];                    //第二种创建 list 方法
  print(list2);
  list2[1]=5;
  print(list2);

  var list3=new List();                       //第三种创建 list 方法
}
```

编译并运行程序结果如图 2-9 所示。

```
TERMINAL   PROBLEMS 4   OUTPUT   DEBUG CONSOLE                Code
[Running] dart "d:\其他\2021\Flutter前端\code\ch02\example2-9.dart"
[1, 2, 3, dart, true]
3
[1, 2, hello, dart, true]
[1, 2, 3]
```

图 2-9　列表的创建运行结果

运行结果需要注意下面几点：

- 通过 var 和[]可以创建列表，列表类似于 Java 中的数组。
- 第二种方法中使用 const 关键字，表示常量，无法修改，如果修改，编译将无法通过。
- 列表从 0 开始索引，list1[2]代表第三个元素。

**2．列表的属性和方法**

列表的操作方式有添加元素、删除元素、截取列表等操作，下面介绍列表的操作中的属性和方法，示例代码如例 2-10 所示。

**【例 2-10】** 列表的属性和方法

```
void main() {
  var list=['helllo','dart'];
  print(list.length);
  list.add('New');
  print(list);

  list.insert(2, 'java');                     //向指定位置添加元素
  print(list);

  list.remove('java');
  print(list);

  print(list.indexOf('dart1'));

  list.sort();                                //根据 ASCII 码进行排序
  print(list);

  print(list.sublist(1));                     //截取一个 list 中的字符串

  list.forEach(print);
  for (var item in list) {
```

```
    print("for in====="+item);
  }
  list.clear();                          //清除 list 数据
  print(list);
}
```

编译并运行程序结果如图 2-10 所示。

```
TERMINAL   PROBLEMS 2   OUTPUT   DEBUG CONSOLE                Code
[Running] dart "d:\其他\2021\Flutter前端\code\ch02\example2-9 copy.dart"
2
[helllo, dart, New]
[helllo, dart, java, New]
[helllo, dart, New]
-1
[New, dart, helllo]
[dart, helllo]
New
dart
helllo
for in=====New
for in=====dart
for in=====helllo
[]
```

图 2-10　列表的属性和方法运行结果

运行结果需要注意下面几点：

- insert()指定位置插入元素。
- indexOf()返回字符串所在位置，如果在 list 中找不到该元素，则返回-1。
- sublist(index1,index2)第一个参数表示截取 list 的开始位置，第二个参数为可选参数，表示截取的结束位置。
- list.forEach(print)表示遍历打印，for....in 也可以遍历列表。
- 如果列表里面有多个相同的元素“X”，只会删除集合中第一个该元素。

### 2.1.5　Map 类型

一般来说，Map 是将键和值相关联的对象。键和值都可以是任何类型的对象。

每个键只出现一次，但可以多次使用相同的值。Dart 支持 Map 由 Map 文字和 Map 类型提供。

**1．Map 的声明**

初始化 Map 可以直接声明，用{}表示，里面写 key 和 value，每组键值对中间用逗号隔开；也可以先声明，再赋值。具体示例代码如例 2-11 所示。

**【例 2-11】** Map 的声明

```
void main() {
 Map schoolsMap = new Map();
 schoolsMap['first'] = '清华';
 schoolsMap['second'] = '北大';
 schoolsMap['third'] = '复旦';
 print(schoolsMap);
 var map1={"first":"dart",1:true};                //键值对，键和值可以是任何类型
```

```
    print(map1);

    print(map1["first"]);
    print(map1[1]);
    map1[1]=false;
    print(map1);

    var map2=const{1:'dart',2:'java'};
     //map2[1]='java';
     var map3=new Map();
     var map={'first':'dart','second':'java','third':'python'};
     print(map.length);
     print(map.keys);
     print(map.values);
}
```

编译并运行程序结果如图 2-11 所示。

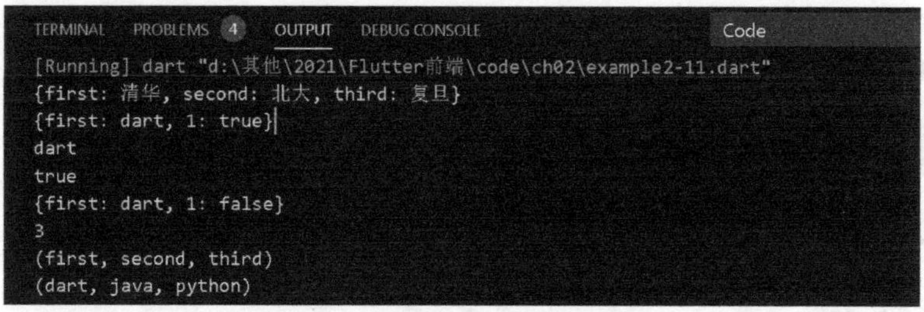

```
TERMINAL  PROBLEMS 4  OUTPUT  DEBUG CONSOLE                Code
[Running] dart "d:\其他\2021\Flutter前端\code\ch02\example2-11.dart"
{first: 清华, second: 北大, third: 复旦}
{first: dart, 1: true}
dart
true
{first: dart, 1: false}
3
(first, second, third)
(dart, java, python)
```

图 2-11　Map 的声明运行结果

运行结果需要注意下面几点：

- map.keys、map.values、map.length 是 Map 的属性，分别是取 Map 的键、值和 Map 的长度。
- Map 的键值可以是任何类型。
- Map 取值和列表相似，可以通过赋值进行修改，Map 中 const 值无法修改。

**2．Map 的常用方法**

Map 的 API 中会有一些常用方法，具体使用和列表比较相似，而且支持列表和 Map 的转换。具体示例代码如例 2-12 所示。

**【例 2-12】** Map 的常用方法

```
void main() {
  var map={'first':'dart','second':'java','third':'python'};
  print(map.containsKey('first'));
  print(map.containsValue('java'));

  map.remove('third');
  print(map);
  map.forEach(f);
  var list=["1","2","3"];
  print(list.asMap());
  }
  void f( key, value) {
    print("kay=$key,value=$value");
}
```

编译并运行程序结果如图 2-12 所示。

```
TERMINAL   PROBLEMS 4   OUTPUT   DEBUG CONSOLE   Code
[Running] dart "d:\其他\2021\Flutter前端\code\ch02\example2-12.dart"
true
true
{first: dart, second: java}
kay=first,value=dart
kay=second,value=java
{0: 1, 1: 2, 2: 3}
```

图 2-12　Map 的常用方法运行结果

### 2.1.6　dynamic 类型

dynamic 代表动态类型，dynamic 类型具有所有可能的属性和方法。Dart 语言中函数方法都有 dynamic 类型作为函数的返回类型，函数的参数也都有 dynamic 类型。函数在后面章节中会具体介绍。示例代码如例 2-13 所示。

【例 2-13】　dynamic 类型示例

```
void main(){
  var a;
  a=10;
  a='dart';

  dynamic b=20;
  b="javascript";

  var list=new List<dynamic>();
  list.add(1);
  list.add("hello");
  list.add(true);
  print(list);
}
```

编译并运行程序结果如图 2-13 所示。

```
OUTPUT   JUPYTER   PROBLEMS 17   DEBUG CONSOLE   TERMINAL
[Running] dart "d:\flutter_mark\code\ch02\example2-13.dart"
[1, hello, true]
```

图 2-13　dynamic 类型运行结果

## 2.2　运算符

Dart 运算符也与 Java 类似，包括算术运算符、关系运算符、逻辑运算符等，另外，还有一元运算符 ++ 和 --，这个在许多语言中都有，定义也是一样的。

**1．算术运算符**

算术运算符除了前面小节中提到的+(加)、-(减)、*(乘)、/(除)、~/等操作外，还有++和--

操作，具体示例代码如例 2-14 所示。

**【例 2-14】** 算术运算符

```
void main(){
  int a=10;
  int b;
  b??=10;                       //如果 b 是空，则给它赋值右边的，如果有值，则使用自己的值
  print(b);
  a+=2;
  print(a);
  a-=5;
  print(a);
  print(a*=a);
  //a/=b;
  a~/=b;                        //取整
  a%=b;                         //取余
  print(a);
  print(a);
 var v = 2;
 print(v ++);                   //2 var++表达式，先返回值，再进行加 1 运算
 print(++ v);                   //4 ++var 表达式，先进行加 1 运算，再返回值
 print(v--);                    //4 var--表达式，先返回值，再进行减 1 运算
 print(--v);                    //2 --var 表达式，先进行减 1 运算，再返回值
}
```

编译并运行程序结果如图 2-14 所示。

图 2-14 算术运算符运行结果

**2. 关系运算符和逻辑运算符**

关系运算符有：==(等于)、!=(不等于)、>(大于)、<(小于)、>=(大于等于)和<=(小于等于)。逻辑运算符有：&&(与)、||(或)、!(非)。具体示例代码如例 2-15 所示。

**【例 2-15】** 关系运算符和逻辑运算符

```
void main(){
  //关系运算符
  int a=3;
  int b=5;
  print(a==b);
  print(a!=b);
  print(a>b);
  print(a<b);
```

```
  print(a>=b);
  print(a<=b);
  String strA='123';
  String strB='321';
  print(strA==strB);
  //逻辑运算符
  bool isTrue=true;
  print(!isTrue);
  bool isFalse=false;
  print(isFalse && isTrue);
  print(isFalse || isTrue);
  String s="";
  print(!s.isEmpty);
}
```

编译并运行程序结果如图 2-15 所示。

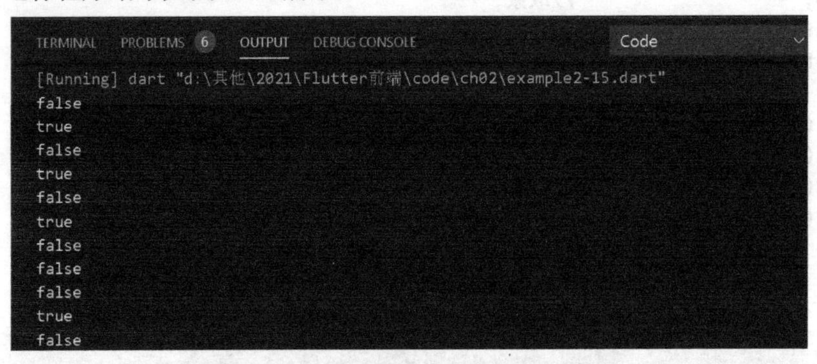


图 2-15　关系运算符和逻辑运算符运行结果

**3. 其他运算符**

还有一些其他运算符，例如三目运算符“？.”“？？”等。具体示例代码如例 2-16 所示。

**【例 2-16】** 其他运算符

```
void main() {
 int gender=0;
  String str=gender==0?"male":"Female";
  print(str);

  String a="Dart";
  String b="java";
  String c=a??b;  //a 没有值就用 b，a 有值就用 a
  print(c);

  //?.允许左侧的对象为空
var mapVar;
print(mapVar?.length); //null
}
```

编译并运行程序结果如图 2-16 所示。

```
TERMINAL  PROBLEMS 6  OUTPUT  DEBUG CONSOLE                Code
[Running] dart "d:\其他\2021\Flutter前端\code\ch02\example2-16.dart"
male
Dart
null
```

图 2-16　其他运算符运行结果

## 2.3　流程控制

Dart 流程控制的关键字有：for、while、do...while、break、continue、switch...case、if...else、assert 等。Dart 语言的流程控制和 Java 类似，下面将结合实例具体介绍使用方法。

### 1．for 循环

for 循环遍历可以使用两种方式遍历迭代元素，具体示例代码如例 2-17 所示。

【例 2-17】　for 循环

```
void main()
{
  var list=[1,2,3];
  for(var index=0;index<list.length;index++){
    print(list[index]);
  }
  print('==============================================');
  for (var item in list) {
    print(item);
  }
}
```

编译并运行程序结果如图 2-17 所示。

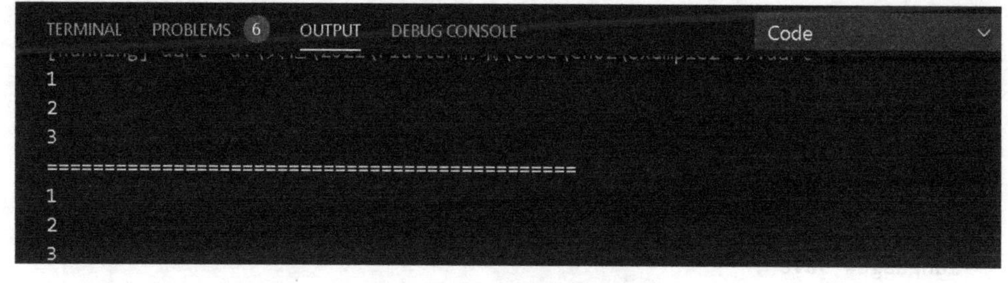


图 2-17　for 循环运行结果

### 2．while 循环

while 和 do ....while 的用法与 Java 中的使用方法一致，具体示例代码如例 2-18 所示。

【例 2-18】　while 循环

```
void main(){
  int count=0;
  while(count<3)
  {
    print(count++);
  }
```

```
print('========================');
  do {
    print(count--);
  }while(count>0 && count<3);
}
```

编译并运行程序结果如图 2-18 所示。

```
TERMINAL   PROBLEMS 6   OUTPUT   DEBUG CONSOLE          Code

[Running] dart "d:\其他\2021\Flutter前端\code\ch02\example2-18.dart"
0
1
2
========================
3
2
1
```

图 2-18　while 循环运行结果

### 3．switch 用法

switch 通常是和 break 或者 continue 一起使用的，具体示例代码如例 2-19 所示。

【例 2-19】 switch 用法

```
void main()
{
  String language="Dart";
  switch(language){
    case "Dart":
    print("Dart is my favorite.");
    break;
    case "Java":
    print("Java is my favorite.");
    break;
    case "python":
    print("Python is my favorite.");
    break;
    default:
    print("None");
  }
    print("====================================");
    language="Java";
    switch(language){
    D:
    case "Dart":
    print("Dart is my favorite.");
    break;
    case "Java":
    print("Java is my favorite.");
    continue D;
    case "python":
    print("Python is my favorite.");
    break;
    default:
    print("None");
```

```
    }
}
```

编译并运行程序结果如图 2-19 所示。

```
OUTPUT    PROBLEMS 17    DEBUG CONSOLE    TERMINAL
[Running] dart "d:\flutter_mark\code\ch02\example2-19.dart"
Dart is my favorite.
=====================================
Java is my favorite
Dart is my favorite.
```

图 2-19　switch 用法运行结果

**4．条件控制语句**

条件控制语句有 if、if....else、if....else if 等，具体示例代码如例 2-20 所示。

**【例 2-20】** 条件控制语句用法

```
void main(){
  int score=100;
  if(score>90){
    if(score==100)
    print("完美");
   else print('优秀');

  }
   else if(score>80)
    print('良好');
   else if(score>70)
    print('中等');
   else if(score>60)
    print('及格');
    else
    print('不及格');
}
```

编译并运行程序结果如图 2-20 所示。

图 2-20　条件控制语句用法运行结果

**5．assert 用法**

如果条件表达式结果不满足需要，则可以使用 assert 语句来打断代码的执行。下面介绍如何使用 assert（断言）。传入 assert 的参数，可以是任意表达式或者方法，只要返回值是 bool 就可以，当断言失败时（返回 false），会抛出 AssertionError 异常。下面是一些示例代码：

```
//Make sure the variable has a non-null value（确保变量为空）
assert(text != null);
 //Make sure the value is less than 100（确保变量非空小于 100）
```

```
assert(number < 100);
assert(urlString.startsWith('https'), 'URL ($urlString) should start with "https".');
//当 urlString 不是以 https 开头时，代码的执行会被打断
//当 urlString 是以 https 开头时，代码会继续执行
```

## 2.4 Dart 的方法

Dart 中，方法也是对象并且是 Function 类的实例，因此，方法可以赋值给变量，也可以当作其他方法的参数，还可以把 Dart 类的实例当作方法来调用。

### 1. 方法的声明

和其他面向对象语言相似，Dart 的方法的声明形式如下：

```
返回类型  方法名称（参数 1，参数 2,...）{
  方法体
  return 返回值;
}
```

但是 Dart 语言方法更加灵活，例如箭头函数等。具体示例代码如例 2-21 所示。

【例 2-21】 方法的声明

```
void main(List args){
  print(args);
  print(getPerson("张三", 20));
  printPerson("李四", 19);
  print(getPerson2("王五",21));
  print(getPerson3("隔壁老王",28));
  print(printPerson1("小张", 22));
  var func=printHello;
  func();
  var list=[1,2,3];
  list.forEach(print);
}
String getPerson(String name,int age){
  return "name=$name,age=$age";
}
getPerson2( name, age)=> "name=$name,age=$age";   //箭头函数，箭头右边的代表 return 的
内容
int gender=1;
getPerson3(name,age)=>gender==1?"name=$name,age=$age":"Test";
void printPerson(String name,int age){
  print("name=$name,age=$age");
}
printPerson1( name, age){
  print("name=$name,age=$age");          //方法可省略参数类型，返回值类型
}
void printHello()
{
  print("hello!");
}
```

编译并运行程序结果如图 2-21 所示。

```
TERMINAL   PROBLEMS 6   OUTPUT   DEBUG CONSOLE                Code
[Running] dart "d:\其他\2021\Flutter前端\code\ch02\example2-21.dart"
[]
name=张三,age=20
name=李四,age=19
name=王五,age=21
name=隔壁老王,age=28
name=小张,age=22
null
hello!
1
2
3
```

图 2-21　方法的声明运行结果

需要注意下面几点：

- print(args)打印参数，参数是列表类型且没有初始值，因此打印结果是[]。
- 方法的参数可以写类型，也可以没有参数类型。
- 方法的返回值类型可加可不加。
- 箭头函数中的箭头右边的内容相当于 return 的内容，是一种简写的方式。
- 方法可作为对象引用，例如，var func=printHello，还可以将方法作为参数。

**2．方法的参数**

方法的参数除了一般的参数，还有可选参数，可选参数有两种：可选位置的参数和可选命名的参数，具体示例代码如例 2-22 所示。

**【例 2-22】** 方法的参数

```
void main(){
printPerson("张三");
printPerson("李四",age: 24);
printPerson("李四",age: 24,gender: "Male");
printPerson("李四",gender: "Male");
printPerson2("张三");
printPerson2("张三",18);
printPerson2("张三",18,"Male");
printPerson3("张三");
printPerson3("李四",age: 24);
printPerson3("李四",age: 24,gender: "Male");
printPerson3("李四",gender: "Male");
}
printPerson(String name,{int age,String gender}){          //可选参数{}，基于名称，可选参数必须放在正常参数后面
  print("name=$name,age=$age,gender=$gender");
}
printPerson2(String name,[int age,String gender]){          //可选参数[]，基于位置
  print("name=$name,age=$age,gender=$gender");
}
printPerson3(String name,{int age=25,String gender="female"}){ //默认参数，有参数就使用自己的参数，没有参数，使用默认参数
  print("name=$name,age=$age,gender=$gender");
}
```

编译并运行程序结果如图 2-22 所示。

```
TERMINAL  PROBLEMS 6  OUTPUT  DEBUG CONSOLE                Code
[Running] dart "d:\其他\2021\Flutter前端\code\ch02\example2-22.dart"
name=张三,age=null,gender=null
name=李四,age=24,gender=null
name=李四,age=24,gender=Male
name=李四,age=null,gender=Male
name=张三,age=null,gender=null
name=张三,age=18,gender=null
name=张三,age=18,gender=Male
name=张三,age=25,gender=female
name=李四,age=24,gender=female
name=李四,age=24,gender=Male
name=李四,age=25,gender=Male
```

图 2-22　方法的参数运行结果

需要注意下面几点：

- 方法中的参数中的[]代表：传递实际参数时，按照方法参数位置传递。
- 方法中的参数中的{}代表：传递实际参数时，按照方法参数名称传递，并且按照“参数名：参数值”形式传递。
- 传递实际参数时如果默认参数有值，则使用默认参数值，如果没有值，则使用实际传递参数。

### 3．匿名方法

匿名方法就是没有方法名的方法，匿名方法可以赋值给变量，通过变量调用，也可以在其他方法中调用，或者传递给其他方法。调用匿名方法时也不需要写方法名，直接写方法参数调用即可，具体示例代码如例 2-23 所示。

**【例 2-23】** 匿名方法

```
void main()
 {
  var func=(){
  print("hello");
 };
  var func1=(str){
    print("hello============$str");
  };
  func1("Dart");
 ((){
    print("test");
  })();                              //匿名方法，通过括号直接调用
}
```

编译并运行程序结果如图 2-23 所示。

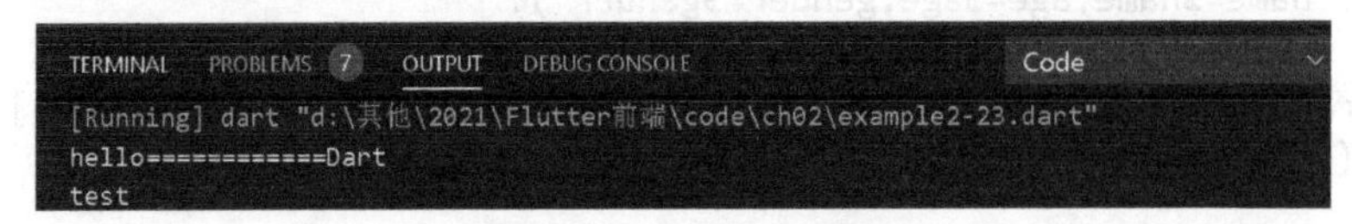


图 2-23　匿名方法运行结果

### 4．闭包

闭包是一个方法（对象），它是定义在其他方法内部，也可以访问外部方法的内的局部

变量，并持有其状态。具体示例代码如例 2-24 所示。

**【例 2-24】** 闭包

```
void main(){
var func=a();
func();
func();
print("======================");
var func2=b();
func2();
func2();
}
a(){                    //a()方法中的局部变量 main 方法中无法调用，可以通过闭包方法访问
  int count=0;
  printCount(){
  print(count++);
  }
  return printCount;
}
b(){                    //也可使用匿名方法作为闭包
  int count=0;
  return (){print(count++);};
}
```

编译并运行程序结果如图 2-24 所示。

```
TERMINAL   PROBLEMS 7   OUTPUT   DEBUG CONSOLE                Code
[Running] dart "d:\其他\2021\Flutter前端\code\ch02\example2-24.dart"
0
1
=======================
0
1
```

图 2-24　闭包运行结果

## 2.5　类和对象

类（Class）是面向对象程序设计，实现信息封装的基础。类是一种用户定义的类型。每个类包含数据说明和一组操作数据或传递消息的函数，类的实例称为对象。

### 1．类的定义

类的定义使用 class 关键字，使用 new 关键字和构造函数来创建对象，如果未显式定义构造函数，会默认一个空的构造函数。

私有类前面加一个下划线，例如，可以构建两个类，一个普通类 Person，一个私有类 _Person，Person 类具体示例代码如下。

```
class Person{
  String name;
  int age;
  final String address="";
  void work()
```

```
    {
      print("name is $name,age is $age");
    }
  }
```

私有类_Person（和 Person 代码一致，仅将类名改为_Person，代码略），最后创建 main()方法，在 main()方法中，具体示例代码如例 2-25 所示。

**【例 2-25】** 类的定义

```
import 'person.dart';
void main(){
  var person=  Person();  //new 可以省略
  //var person=new _Person                  //下划线代表私有类，无法访问
  person.name="Tom";
  person?.age=20;
  print(person.name);
  //person.address="beijing";                //final 类型值不可修改
  print(person.address);
  person.work();
}
```

编译并运行程序结果如图 2-25 所示。

图 2-25　类的定义运行结果

需要注意下面几点：

- 由于_Person 类为私有类，因此在 main()方法中无法访问_Person。
- 第 1 行代码中的 import 'person.dart'；表示要先导入包，才能调用 Person 类。
- 由于 address 是 final 类型的变量，因此在 main()方法中无法修改其值。
- person?.age=20 表示如果 person 不为空就设置为 20。
- 使用 new 创建构造方法，new 也可省略。

**2．构造方法**

类的构造方法无法重载，这是和其他面向对象语言不同的一点，如果需要重载构造方法需要利用“对象.方法”，同时构造方法初始化时还可以进行简写，具体示例代码如例 2-26 所示。

**【例 2-26】** 构造方法

```
void main(){
  var person=  Person("Tome",22);  //new 可以省略
  var person1=new Person.withName("jack");
  var person2=new Person.withAge(18);
  print(person.name);
  print(person.address);
  person.work();
}
class Person{
  String name;
```

```
    int age;
    final String address="";
    void work()
    {
      print("name is $name,age is $age");
    }
    //Person(String name,int age){
    //  this.name=name;
    //  this.age=age;
    //}                          //还可以写成下面的形式
    Person(this.name,this.age){
      print(name);
    }       //这种方式是上面的简写方式，语法糖形式是在构造方法执行前进行赋值的
    //构造方法不能重载
    Person.withName(String name){
      this.name=name;
    }                            //同名的构造方法
    Person.withAge(this.age);
  }
```

编译并运行程序结果如图 2-26 所示。

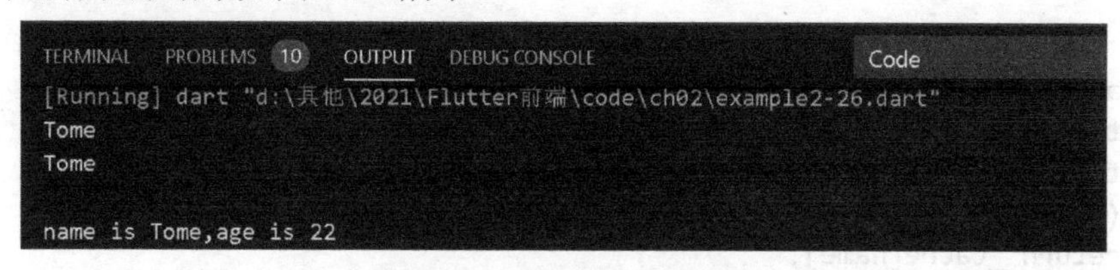


图 2-26　构造方法运行结果

需要注意下面几点：

- 使用 new 创建构造方法，new 也可省略。
- 构造方法不能重载，但可以使用命名构造函数（ClassName.identifie），例如 Person.withName(String name)和 Person.withAge(this.age)。

此外，还有一种常量构造方法，即构造方法前有一个 const 修饰符，常量构造方法中的变量都必须是 final 类型，具体示例代码如例 2-27 所示。

**【例 2-27】** 常量构造方法

```
1. void main(){
2. const person= const Person("Tome",22,"北京");
3. person.work();
4. }
5. class Person{
6. final String name;
7. final int age;
8. final String address;
9. const Person(this.name,this.age,this.address);
10. void work()
11. {
12. print("name is $name,age is $age");
13. }
14. }
```

编译并运行程序结果如图 2-27 所示。

```
TERMINAL  PROBLEMS 10  OUTPUT  DEBUG CONSOLE            Code
[Running] dart "d:\其他\2021\Flutter前端\code\ch02\example2-27.dart"
name is Tome,age is 22
```

图 2-27　常量构造方法运行结果

需要注意下面几点：

- 类常量构造方法中类的声明的变量必须是 final 类型。
- 第 9 行代码利用语法糖方式简化构造方法。

还有一种工厂构造方法，当需要创建一个新的对象或者从缓存中取一个对象时，工厂构造方法就派上了用场。如例 2-28 所示。

**【例 2-28】** 工厂构造方法

```
void main(List<String> args) {
    var uiLog = new Logger('UI');
    var eventLog = new Logger('event');
    print(uiLog);
    print(eventLog);
}
class Logger{
  final String name;
  static final Map<String,Logger> _cache=<String,Logger>{};
  factory Logger(String name){
   if(_cache.containsKey(name)){
     return _cache[name];
   }else{
     final logger=Logger._internal(name);
     _cache[name]=logger;
     return logger;
   }
  }     //构造方法
  Logger._internal(this.name);      //私有的构造方法,语法糖
  void log(String msg){
    print(msg);
  }
}
```

编译并运行程序结果如图 2-28 所示。

图 2-28　工厂构造方法运行结果

### 3. 初始化列表

初始化列表是在构造方法之前执行的代码，主要形式为：类名():赋值语句{ }。熟悉 C++的读者应该对初始化列表很了解了，Java 中是没有这个特性的。具体示例代码如例 2-29 所示。

【例 2-29】 初始化列表

```
import 'dart:math';
class  Point {
    final  num x;
    final  num y;
    final  num distance;
    Point(x, y)
        : x = x,
          y = y,
          distance =  sqrt(x * x + y * y){
             print("这是构造方法");
          }
}
void  main() {
    var p =  new  Point(2, 3);
    print(p.distance);
}
```

编译并运行程序结果如图 2-29 所示。

图 2-29　初始化列表运行结果

需要注意下面几点：

- 初始化列表位于构造方法的小括号与大括号之间，在初始化列表之前需添加一个冒号。
- 初始化列表由逗号分隔的一些赋值语句组成。
- 初始化列表适合用来初始化 final 修饰的变量。
- 初始化列表的调用是在构造方法之前，也就是在类完成实例化之前，因此初始化列表中是不能访问 this 的。

**4. 计算属性**

计算属性可以在类中声明方法，在 Dart 语言中，所有类中都包含隐式的 getter 方法，对于非 final 修饰的成员，类中还包含隐式的 setter 方法。这就意味着，在 Dart 中，你可以直接在类外部通过.操作符访问类成员。这一特点使得 Dart 语法更加简洁，不会写出满屏的 setXXX、getXXX 方法。具体示例代码如例 2-30 所示。

【例 2-30】 计算属性

```
void main(){
  var rect=new Rectangle();
  rect.width=10;
  rect.height=20;
  //print(rect.area());
  print(rect.area);            //这里，属性去掉小括号
  rect.area=200;
  print(rect.width);
}
```

```
class Rectangle{
  num width,height;
  //num area(){
  //  return width*height;
  //}
  //num get area{                                    //计算属性
  //  return width*height;
  //}
//只有一行代码，所以可以使用箭头函数
num get area=>width*height;
set area(value){
  width=value/20;
}
}
```

编译并运行程序结果如图 2-30 所示。

图 2-30　计算属性运行结果

**5．对象操作**

对象操作可使用对象.[[属性],[方法]]，也可以使用“..”进行连续赋值。具体示例代码如例 2-31 所示。

**【例 2-31】** 对象操作

```
void main(){
var person=new Person();
person..name="Tome"
      ..age=20..work();
person();
}
class Person{
  String name;
  int age;
  void work(){
    print("work...........$name,$age");
  }
    void call(){
    print("name is $name,age is $age.");
  }
}
```

编译并运行程序结果如图 2-31 所示。

```
TERMINAL  PROBLEMS 10  OUTPUT  DEBUG CONSOLE  Code
[Running] dart "d:\其他\2021\Flutter前端\code\ch02\example2-31.dart"
work...........Tome,20
name is Tome,age is 20.
```

图 2-31　对象操作运行结果

需要注意下面几点：

- 可以使用对象..[[属性],[方法]] [[属性],[方法]]......，即后面跟多个属性或者方法，可以进行连续赋值。
- call()方法可以让类的对象作为方法，直接调用 call 方法。call 方法中可以有参数，也可以没有参数。如果有参数，类对象调用时也需要添加参数。

## 2.6　继承和抽象类

本节介绍 Dart 的继承和抽象类，Dart 像 Java 一样，也属于单继承语言。通过单继承实现多态性。

### 2.6.1　类的继承

类的继承主要包括子类继承父类表示方法、继承的多态性以及继承的构造方法。

**1．类的继承**

类的继承使用 extends 创建子类，super 引用父类，子类可以重写实例方法。首先创建一个 Person1 的父类，具体示例代码如下。

```
class Person1{
  String name;
  int age;
  String  _birthday;
  bool get isAdult=>age>18;//计算属性
  void run(){
    print("person run.............");
  }
  @override
  String toString() {
    //TODO: implement toString
    return "name is $name,age is $age";
  }
}
```

然后创建一个 Student 子类继承 Person1 父类，最后通过 main 方法进行测试，具体示例代码如例 2-32 所示。

**【例 2-32】** 类的继承

```
import 'person1.dart';
void main(){
  var student=new Student();
  student.study();
  student.name="Tom";
  student.age=16;
  print(student.isAdult);
  student.run();
}
class Student extends Person1{
  void study(){
```

```
    print("Student study...............");
  }
  @override
  bool get isAdult=>age>15;//重写父类方法
  @override
  void run() {
    //TODO: implement run
    print("student run...........");
  }
}
```

编译并运行程序结果如图 2-32 所示。

```
TERMINAL   PROBLEMS 13   OUTPUT   DEBUG CONSOLE                Code
[Running] dart "d:\其他\2021\Flutter前端\code\ch02\example2-32.dart"
Student study...............
true
student run...........
```

图 2-32　类的继承运行结果

**2．继承的多态性**

Dart 语言同样具有多态性，即可将子类实例赋值给父类的一个引用，具体示例代码如例 2-33 所示。

**【例 2-33】** 继承的多态性

```
import 'person1.dart';
void main(){
Person1 person=new Student();//子类实例赋值给父类引用
person.name="jack";
person.age=22;
person.run();
if(person is Student){
  person.study();
}
print(person);
}
class Student extends Person1{
  void study(){
    print("Student study...............");
  }
  @override
  void run() {
    print("student run...........");
  }
}
```

编译并运行程序结果如图 2-33 所示。

```
TERMINAL   PROBLEMS 14   OUTPUT   DEBUG CONSOLE                Code
[Running] dart "d:\其他\2021\Flutter前端\code\ch02\example2-33.dart"
student run...........
Student study...............
name is jack,age is 22
```

图 2-33　继承的多态性运行结果

**3. 继承的构造方法**

Dart 语言在继承中的构造方法中使用非常灵活，具体示例代码如例 2-34 所示。

**【例 2-34】** 继承的构造方法

```
void main() {
  var student=new Student("Jack","male");
  print(student.name+","+student.gender);
}
class Person{
  String name;
  Person(this.name);
  Person.withName(this.name);
}
class Student extends Person{
  int age;
  final String gender;
//初始化列表初始化 final 变量要在父类构造方法之前
  Student(String name,String g) : gender=g,super.withName(name);
  //Student(String name) : super(name);
}
```

编译并运行程序结果如图 2-34 所示。

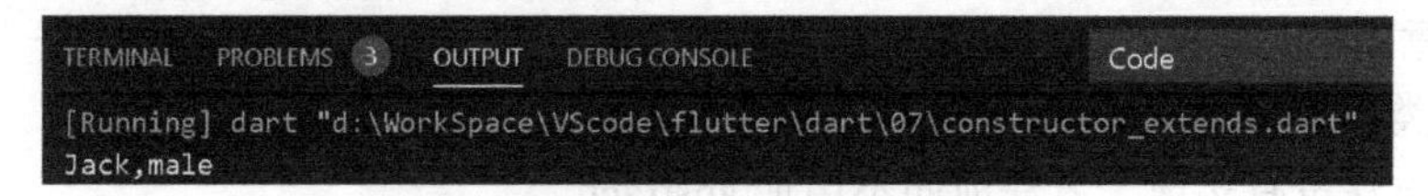

图 2-34　继承的构造方法运行结果

需要注意下面几点：

- 如果父类没有无名构造方法，则需要显示调用父类构造方法。
- 显示调用父类构造方法和子类构造方法会默认调用父类无参构造方法。
- 父类构造方法在参数初始化后使用。

## 2.6.2 抽象类

Dart 语言抽象类和 Java 语言类似，使用 abstract 作为修饰符，抽象类中可以包含抽象方法，抽象方法在继承它的子类中实现。具体示例代码如例 2-35 所示。

**【例 2-35】** 抽象类

```
abstract class Animal{
  String name;
  eat();              //不实现的方法才是抽象方法
  printInfo(){
    print("Animal abstract");
  }
}
class Dog extends Animal{
  @override
  eat() {
    print("小狗吃东西");
  }                   //eat 方法其实就是个多态
```

```
}
class Cat extends Animal{
  @override
  eat() {
    print("小猫吃东西");
  }          //eat 方法其实就是个多态
}
void main(){
  var dog=new Dog();
  dog.eat();
  dog.printInfo();
  var cat=Cat();
  cat.eat();
}
```

编译并运行程序结果如图 2-35 所示。

图 2-35 抽象类运行结果

需要注意下面几点：

- 抽象类不能实例化。
- 抽象方法没有实现，方法前面不用加 abstract。
- 抽象类中可以有抽象方法，也可以没有抽象方法。
- 如果一个类中有抽象方法，那么这个类必须被定义为抽象类。

## 2.7 接口

Dart 语言中的接口和 Java 不太一样，Dart 语言中，类和接口一样，具体示例代码如例 2-36 所示。

【例 2-36】 接口

```
abstract class Animal{
  String name;
  eat();
}
abstract class InnerAnimal{
  int age;
  go();
}
class Dog implements Animal{
  @override
  String name="汪汪";
  @override
  eat() {
    print("小狗正在吃东西");
  }
```

```
}
//实现多个接口
class Cat implements Animal,InnerAnimal{
  @override
  int age=3;
  @override
  String name="喵喵";
  @override
  eat() {
    //TODO: implement eat
    print("小猫正在吃东西");
  }
  @override
  go() {
    print("小猫正在跑..........");
  }
}
void main() {
var dog=new Dog();
dog.eat();
print(dog.name);
var cat=Cat();
print(cat.name+":"+cat.age.toString());
cat.eat();
cat.go();
}
```

编译并运行程序结果如图 2-36 所示。

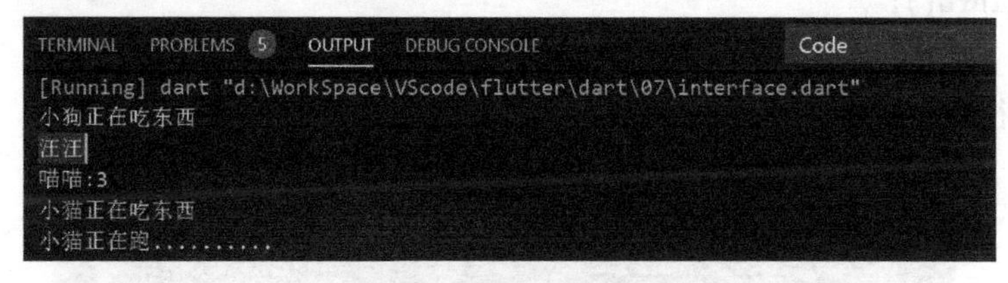


图 2-36　接口运行结果

需要注意下面几点：

- 接口可以是抽象类，也可以是非抽象类。
- 接口用 implements 实现，多个接口使用逗号隔开。
- 一个类实现接口，就必须重写这个接口的所有方法。

## 2.8　Mixins

Mixins 是 Dart 中非常重要的一个概念，使用 with 来实现多继承，以弥补 Dart 中单继承的不足。具体示例代码如例 2-37 所示。

【例 2-37】 Mixins

```
//作为 mixin 类 不能有构造函数
class A{
  String name='aa';
  void printInfo(){
```

```
    print("A");
  }
}
class B{
  int age;
  String name='bb';
  void printInfo(){
    print("B"); }
}
class C{
  int age;
  String name='cc';
  void printInfo(){
    print("C");}
}
class F=A with B,C;
class D extends B with C,A{}
//mixin 后面的优先级比前面的高，就是 C 的属性和方法优先级比 A、B 的高
class E with A,B,C{}
//class F with A,D{}  //会报错，因为 D 不是 Object 类
main(List<String> args) {
  D d=new D();
  d.printInfo();
  print(d.name);
  E e=new E();
  e.printInfo();
  print(e.name);
  F f=new F();
  f.printInfo();
}
```

编译并运行程序结果如图 2-37 所示。

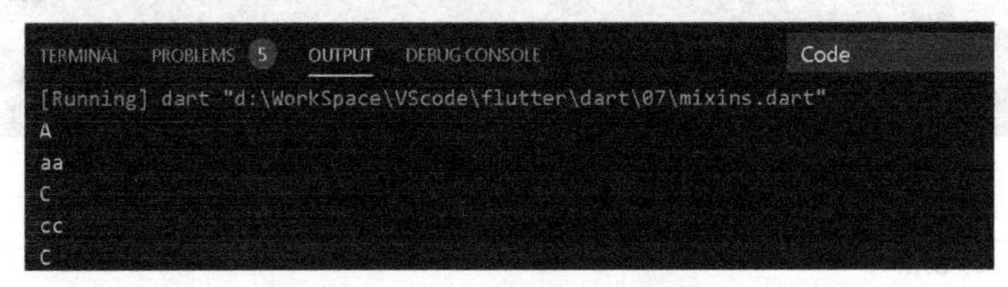


图 2-37　Mixins 运行结果

需要注意下面几点：

- Mixins 类似于多继承，是在多继承中重用一个类代码方式。
- 作为 Mixins 类不能有显示构造方法。
- 作为 Mixins 类只能继承自 Object。
- 使用关键词 with 连接一个或者多个 Mixins。
- Mixins 可以将几个类组合起来变成一个新类，使用起来非常灵活。

## 2.9　运算符重载

dart 支持运算符自定义重载，使用 operator 关键字定义重载函数，格式为：

```
返回类型 operator 操作符（参数 1，参数 2.....）{
            实现体...
            return 返回值
}
```

常见的操作符都可以被重载，例如算术运算符+、-*、/，比较运算符：<、>、<=、>=、==，逻辑运算符：|、^、&、<<、>>，还有一些其他运算符：[]、[]=、~等。具体示例代码如例 2-38 所示。

【例 2-38】 运算符重载

```
class Person {
  int age;
  Person(this.age);
  bool operator >(Person person) {
    return this.age > person.age; }
  int operator [](String str) {
    if ('age' == str) {
      return age;
    }
    return 0;}
   bool operator ==(Object ps){
   if (ps is Person && this.age == ps.age) {
       return true; }
    else
       return false;}
}
int main() {
  Person p1 = new Person(12);
  Person p2 = new Person(18);
  print(p1 > p2);
  print(p1['age']);
  print(p1==p2);
}
```

编译并运行程序结果如图 2-38 所示。

图 2-38　运算符重载运行结果

## 2.10　泛型

泛型通俗的理解就是解决类的接口、方法、复用性，以及对不特定数据类型的支持（类型校验），再通俗一点，就是对于类型的约束。泛型可以按照下面方式定义：

- 使用 <…> 来声明泛型。
- 通常情况下，使用一个字母来代表类型参数，例如 E，T，S，K 和 V 等。
- List 定义的泛型*（或者参数化）类型，定义为 List<E>。

泛型可以用来限定方法、类、接口。下面通过具体实例来进行说明。

### 1．泛型方法

泛型方法可以约束一个方法使用同类型的参数、返回同类型的值，可以约束里面的变量类型。具体示例代码如例 2-39 所示。

**【例 2-39】** 泛型方法

```
main() {
  var list = new List<String>();
  list.add("123");
  var list2 = new List<int>();
  list2.add(123);
  print(list);
  print(list2);
  //泛型方法
  T getData<T>(T val) {
    return val;
  }
  print(getData<String>('456'));
  print(getData<int>(456));
  print(getData<double>(456));
}
```

编译并运行程序结果如图 2-39 所示。

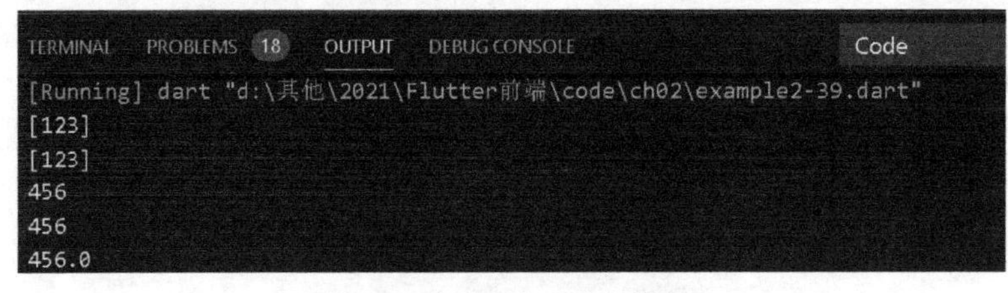


图 2-39　泛型方法运行结果

### 2．泛型类

泛型类用来约束一个类，这里声明一个 Array 类，实际上就是 List 的别名，而 List 本身也支持泛型的实现。具体示例代码如例 2-40 所示。

**【例 2-40】** 泛型类

```
class Array<T> {
  List _list = new List<T>();
  Array();
  void add<T>(T value) {
    this._list.add(value);
  }
  get value {
    return this._list;
  }
}
main(List<String> args) {
  List l1 = new List<String>();
  //l1.add(12); //type 'int' is not a subtype of type 'String' of 'value'
```

```
  l1.add('asd');
  Array arr = new Array<String>();
  arr.add('aa');
  arr.add('bb');
  //arr.add(123); //type 'int' is not a subtype of type 'String' of 'value'
  print(arr.value);
  Array arr2 = new Array<int>();
  arr2.add(1);
  arr2.add(2);
  print(arr2.value);
}
```

编译并运行程序结果如图 2-40 所示。

```
TERMINAL   PROBLEMS 17   OUTPUT   DEBUG CONSOLE          Code
[Running] dart "d:\其他\2021\Flutter前端\code\ch02\example2-40.dart"
[aa, bb]
[1, 2]
```

图 2-40　泛型类运行结果

### 3. 泛型接口

泛型类用来约束接口类型，下面声明一个 Storage 接口，然后 Cache 实现了接口，能够约束存储的 value 的类型。具体示例代码如例 2-41 所示。

**【例 2-41】** 泛型接口

```
abstract class Storage<T> {
  Map m = new Map();
  void set(String key, T value);
  void get(String key);
}
class Cache<T> implements Storage<T> {
  @override
  Map m = new Map();

  @override
  void get(String key) {
    print(m[key]);
  }

  @override
  void set(String key, T value) {
    print('set successed!');
    m[key] = value;
  }
}
main(List<String> args) {
  Cache ch = new Cache<String>();
  ch.set('name', '123');
  //ch.set('name', 1232); //type 'int' is not a subtype of type 'String' of 'value'
  ch.get('name');
  Cache ch2 = new Cache<Map>();
  //ch2.set('name', '23'); //type 'String' is not a subtype of type 'Map<dynamic,
```

```
dynamic>' of 'value'
    ch2.set('ptbird', {'name': 'pt', 'age': 20});
    ch2.get('ptbird');
  }
```

编译并运行程序结果如图 2-41 所示。

```
TERMINAL   PROBLEMS 17   OUTPUT   DEBUG CONSOLE        Code
[Running] dart "d:\其他\2021\Flutter前端\code\ch02\example2-41.dart"
set successed!
123
set successed!
{name: pt, age: 20}
```

图 2-41　泛型接口运行结果

## 2.11　本章小结

本章主要介绍了 Dart 语言的基础和主要语法规则，主要包括：Dart 的基本数据类型、方法、构造函数、类和对象、抽象类、接口、Mixins 等 Dart 基本语法和使用，Dart 语言是一种面向对象的高级编程语言，在后面章节学习 Flutter 框架开发时，用的主要就是 Dart 编程语言，要想真正灵活掌握 Dart 语言，还需要在今后的学习中多多实践，遇到问题可以查看 Dart 官方文档、Dart 中文文档（https://www.dartcn.com/）和中文社区（https://dart.cn/）。

## 2.12　习题与练习

### 1. 概念题

1）简述 Dart 基本数据类型。

2）Dart 构造方法如何实现？

3）Dart 抽象类和接口的区别？

4）描述 Mixins 使用方法。

5）简述重载操作符步骤。

### 2. 操作题

使用抽象类、接口和 Mixins 分别构造学生成绩管理模型：模型包括学生学号、姓名、成绩；学生来自三个不同专业：软件工程、网络工程和计算机科学与技术。

# 第3章 基本组件

Flutter 基本组件按照状态可以分为：无状态组件（StatelessWidget）和有状态组件（StatefulWidget）。

Flutter 组件采用嵌套方式，不管是否有状态，都会遵循下面原则：

- 如果状态是用户数据，如复选框的选中状态、滑块的位置，则该状态最好由父 Widget 管理。
- 如果状态是有关界面外观效果的，如颜色、动画，那么状态最好由 Widget 本身来管理。
- 如果某一个状态是不同 Widget 共享的，则最好由它们共同的父 Widget 管理。

常见组件（Widget）包括下面几类：

- 基础 Widget：Text/Button/Image/TextField/Container。
- 布局类 Widget：Row/Column/Flex/Wrap。
- 可滚动类 Widget：ListView/GridView/CustomScrollView。

Flutter 基础组件包括文本组件、图像组件、按钮组件、Icon 组件等。下面通过实例具体介绍这几个组件的用法。

## 3.1 文本组件

文本组件 Text，可以设置字体样式、字体大小、颜色等属性，是无状态组件（StatelessWidget）。下面举例说明，在程序控制台中键入：flutter create example3_1，代码自动由 VSCode 生成。下面对示例代码进行说明。

步骤一：导入包：

```
import 'package:flutter/Material.dart';
```

步骤二：创建主函数：

```
void main()=>runApp(MyApp());
```

步骤三：创建这个 MyApp 类（继承 StatelessWidget）：

```
class MyApp extends StatelessWidget{
 Widget build(BuildContext context){
     return MaterialApp(
     title:'Hello World',
     home:Scaffold(
```

```
        appBar:AppBar(
        title:Text('HelloWorld'),
        ),
        body:center(
        .........
        )
      ),
     );
  }
}
```

在步骤三的 body 节点处增加 Text 组件代码，具体示例代码如例 3-1 所示。

【例 3-1】 Text 组件

```
body: Center(
  child: Text(
    'Hello',
    textAlign:TextAlign.center,                          //文字对齐
    maxLines:2,                                          //最大行数
    overflow:TextOverflow.fade                           //多出来的行数 fade 渐变
    style:TextStyle(                                     //样式
     fontsize:40.0,
     color:Colors.FromARGB(255,255,155,155)              //字体的颜色
       decoration:TextDecoration.underline,              //下划线
       decorationStyle:TextDecorationStyle.solid         //下划线样式:实线
     )
    )
)
```

编译并运行程序结果如图 3-1 所示。

## 3.2 容器组件

容器（Container）组件中可以放置其他基本组件，例如，可以在容器中放文本、图像等组件，下面将文本加入到容器中，示例代码如例 3-2 所示。

【例 3-2】 容器组件 1

```
body: Center(
            child: Container(
              child:new Text(
                'Hello Widget',
                style:TextStyle(fontSize: 40.0)
                ),
                alignment: Alignment.center,
                width: 500,
                height: 400,
                color: Colors.blue,
            ),
          )
```

编译并运行程序结果如图 3-2 所示。

图 3-1　Text 组件

图 3-2　Container 组件 1

容器（Container）组件还可以对容器中增加各种效果，例如，背景色、渐变效果、内边距、外边距等效果，示例代码如例 3-3 所示。

**【例 3-3】** 容器组件 2

```
    body: Center(
          child:Container(
            child: new Text(
              'Hello Flutter Widget!',
              style:TextStyle(fontSize: 40.0,
              color: Colors.deepOrange)
              ),
              alignment: Alignment.topLeft,
              width: 400,
              height: 500,
              //color: Colors.lightBlue,
              padding: const EdgeInsets.fromLTRB(10.0, 30.0, 0.0, 20.0),
              margin: const EdgeInsets.all(10.0),
              decoration: new BoxDecoration(
                gradient:const LinearGradient(
                  colors: [
                    Colors.lightBlue,
                    Colors.green,
                    Colors.deepPurple
                  ])
              ),
              )
      )
```

编译并运行程序结果如图 3-3 所示。

## 3.3 图像组件

图像（Image）组件，顾名思义就是增加一个图片，图片可以来源于本地，也可以来源于网络，可以设置图的显示大小、重复、边距等属性。下面分别介绍图像的两种获取方式，即网络获取和本地 asset 获取。

**1．网络获取**

Flutter 从网络展示到手机一张图片很方便，不会像原生安卓开发那样考虑太多网络线程问题。示例代码如例 3-4 所示。

**【例 3-4】** 图像组件

```
          body: Center(
          child: Container(
            child:new Image.network(
              'https://meituba.jmsla.cn/uploads/tu/202101/8/04842eb0d6.jpg',
            ),
            width: 400,
            height: 500,
            color: Colors.blue,
          ),
        ),
```

Image.network 图片是从网络上取到的图片，width 和 height 表示容器的宽和高，编译并运行程序结果如图 3-4 所示。

图 3-3　Container 组件 2

图 3-4　Image 组件网络加载图片

**2．本地 asset 获取**

图片除了可以从网络获取，还可以从本地 asset 中获取，具体实现如下。

**步骤一**：在工程根目录下创建一个 images 目录，并将图片 logo.jpg 复制到该目录。

**步骤二**：在 pubspec.yaml 中的 Flutter 部分添加如下内容：

```
assets:
  - images/logo.jpg
```

**步骤三**：加载图片：

```
      body: Center(
          child: Container(
            child:new Image(
              image: AssetImage("images/logo.jpg"),
              width: 400,
            ),
            width: 400,
            height: 500,
            color: Colors.blue,
          ),
      ),
```

本地加载图片，使用命令 image: AssetImage("本地图片路径")，编译并运行程序，结果如图 3-5 所示。

图 3-5　Image 组件本地加载图片

> 📖 注意：在 Image 组件加入图片后，要配置 pubspec.yam 文件，然后重启模拟器，可以采用热加载，在 VScode 控制台单击："R" 即可实现重启（reload）功能。

Image 也提供了一个快捷的构造函数 Image.asset 用于从 asset 中加载、显示图片：

```
      body: Center(
          child: Container(
            child: Image.asset("images/logo.jpg",width: 400),
            width: 400,
            height: 500,
            color: Colors.blue,
          ),
      ),
```

Image 在显示图片时定义了一系列属性，通过这些属性可以控制图片的显示外观、大小、混合效果等。其中最常用的就是 fit 属性了。fit 属性用于在图片的显示空间和图片本身大小不同时指定图片的适应模式。适应模式是在 BoxFit 中定义，它是一个枚举类型，具体值见表 3-1。

**表 3-1　图像组件中 fit 的 BoxFit 属性说明**

| 属性 | 说明 |
| --- | --- |
| fill | 会拉伸填充满显示空间，图片本身长宽比会发生变化，图片会变形 |
| cover | 会按图片的长宽比放大后居中填满显示空间，图片不会变形，超出显示空间部分会被剪裁 |
| contain | 这是图片的默认适应规则，图片会在保证图片本身长宽比不变的情况下缩放以适应当前显示空间，图片不会变形 |
| fitWidth | 图片的宽度会缩放到显示空间的宽度，高度会按比例缩放，然后居中显示，图片不会变形，超出显示空间部分会被剪裁 |
| fitHeight | 图片的高度会缩放到显示空间的高度，宽度会按比例缩放，然后居中显示，图片不会变形，超出显示空间部分会被剪裁 |
| none | 图片没有适应策略，会在显示空间内显示图片，如果图片比显示空间大，则显示空间只会显示图片中间部分 |

下面是图像组件中 fit 的 BoxFit 属性的示例。示例代码如例 3-5 所示。

**【例 3-5】** 图像组件 fit 属性

```
body: new ListView(
          children:<Widget>[
            new Image(
            image: img,
            height: 50.0,
            width: 100.0,
            fit: BoxFit.fill,        //拉宽，宽度充满容器
          ),
          new Image(
            image: img,
            height: 50,
            width: 50.0,
            fit: BoxFit.contain,     //保证图片本身长宽比不变
          ),
          new Image(
            image: img,
            width: 100.0,
            height: 50.0,
            fit: BoxFit.cover,       //会按图片的长宽比放大后居中填满显示空间
          ),
          Image(
            image: img,
            width: 100.0,
            height: 50.0,
            fit: BoxFit.fitWidth,    //图片的宽度会缩放到显示空间的宽度
          ),
          Image(
            image: img,
            width: 100.0,
            height: 50.0,
            fit: BoxFit.fitHeight,   //图片的高度会缩放到显示空间的高度
          ),
          Image(
            image: img,
            width: 100.0,
            height: 50.0,
            fit: BoxFit.scaleDown,
          ),
          Image(
            image: img,
            height: 50.0,
            width: 100.0,
            fit: BoxFit.none,
          ),
          Image(
            image: img,
            width: 100.0,
            height: 200.0,
            repeat: ImageRepeat.repeatX,
```

```
            )
            ]
        ),
```

编译并运行程序结果如图 3-6 所示。

图 3-6　Image 组件 fit 属性

## 3.4　图标组件

Flutter 有各种不同的自带组件，不会像原生开发那样需要自己找图标，Flutter 自带各种常用的图标，需要的时候可以直接使用 Icons.，具体用法如例 3-6 所示。

**【例 3-6】** Icon 组件

```
      body: new ListView(children: <Widget>[
        Icon(
          Icons.add_alert,
          color: Colors.red,
          size: 100,
        ),
        Icon(
          Icons.error,
          color: Colors.red,
          size: 100,
        ),
        Icon(
          Icons.local_parking,
          color: Colors.green,
          size: 100,
```

```
        ),
        Icon(
          Icons.phone_bluetooth_speaker,
          color: Colors.green,
          size: 100,
        ),
        Icon(
          Icons.phone_missed,
          color: Colors.red,
          size: 100,
        ),
        Icon(
          Icons.play_arrow,
          color: Colors.blue,
          size: 100,
        ),
      ]),
```

编译并运行程序结果如图 3-7 所示。

## 3.5 列表组件

Flutter 中的列表使用得比较频繁，它可以沿一个方向线性排布所有子组件，通常构造列表通过两种方式：默认构造方法的 children 参数法和动态列表。

### 1. children 参数法

通过 children 作为参数的 ListView 构造方法创建列表，这种方式也支持基于 Sliver 的延迟构建模型，这种方式适用于列表数据较少的情况。具体用法如例 3-7 所示。

【例 3-7】 列表（ListView）组件

```
body: Center(
          child: Container(
              child: ListView(
              shrinkWrap: true,
              padding: const EdgeInsets.all(20.0),
                scrollDirection: Axis.vertical,
                children: <Widget>[
                  new Container(
                    height: 150,
                    color: Colors.deepPurple,
                  ),
                  new Container(
                    height: 150,
                    color: Colors.yellow,
                  ),
                  new Container(
                    height: 150,
                    color: Colors.lightBlue,
                  ),
                  new Container(
                    height: 150,
```

```
                    color: Colors.red,
                  ),
                ],
              )),
            ),
```

编译并运行程序，结果如图3-8所示。

● 列表可以沿着水平或者垂直方向显示列表。
● 列表中的每一行元素使用children显示。
● shrinkWrap属性表示是否根据子组件的总长度来设置ListView的长度，默认值为false。默认情况下，ListView会在滚动方向尽可能多地占用空间。当ListView在一个无边界（滚动方向上）的容器中时，shrinkWrap必须为true。
● padding是代表内边距， EdgeInsets.all(20.0)表示距离四个方向的内边距都为20。

图3-7 Icon组件运行结果

图3-8 ListView组件运行结果

**2. 动态列表**

当列表项比较多时，就可以用动态列表，即ListView.builder。下面介绍可滚动组件的构造函数，它是支持基于Sliver的懒加载模型的。示例代码如下。

```
body: Center(
        child: Container(
          child: ListView.builder(
              itemCount: 100,
              itemExtent: 50.0, //强制高度为50.0
              itemBuilder: (BuildContext context, int index) {
                return ListTitle(title: Text("$index"));
              }),
        ),
      ),
```

编译并运行程序，结果如图 3-9 所示。

- itemBuilder：是列表项的构建器，类型为 IndexedWidgetBuilder，返回值为一个 Widget。当列表滚动到具体的 index 位置时，会调用该构建器构建列表项。
- itemCount：列表项的数量，如果为 null，则为无限列表。
- itemExtent：该参数如果不为 null，则会强制 children 的“长度”为 itemExtent 的值。这里的“长度”是指滚动方向上子组件的长度，也就是说如果滚动方向是垂直方向，则 itemExtent 代表子组件的高度；如果滚动方向是水平方向，则 itemExtent 就代表子组件的宽度。

---

🕮 注意：在 ListView 中，指定 itemExtent 比让子组件自己决定自身长度会更高效，这是因为指定 itemExtent 后，滚动系统可以提前知道列表的长度，而无需每次构建子组件时都去再计算一下，尤其是在滚动位置频繁变化时（滚动系统需要频繁地去计算列表高度）。

---

**3. 图文列表**

实际 App 应用中我们经常会碰到图文并茂的列表，例如，微信首页、微信通信录、电商购物车首页等。具体示例如例 3-8 所示。

**【例 3-8】** ListView 图文列表

```
body: new ListView(children: <Widget>[
            new ListTitle(
              leading: new Icon(Icons.add_circle),
              title: new Text('android'),
            ),
            new ListTitle(
              leading: new Icon(Icons.border_bottom),
              title: new Text('hello'),
            ),
            new ListTitle(
              leading: new Image(
                image: AssetImage("images/cat.jpg")
              ),
              title: new Text('cat'),
            ),
            new ListTitle(
              leading: new Image.network(
                         "https://ss0.bdstatic.com/70cFuHSh_Q1YnxGkpoWK1HF6hhy
                         /it/u=2510638111,2788599565&fm=26&gp=0.jpg"),
              title: new Text('weixin'),
            )
          ])
```

编译并运行程序，结果如图 3-10 所示。

- ListTitle 代表这个列表的代表列表项，其中的 leading 添加图像，title 添加文字。
- 列表中可以加入 Image 组件加载的图片，图片可以来自网络，也可以是本地图片。

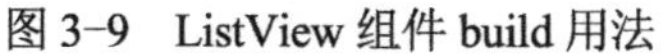
图 3-9　ListView 组件 build 用法

图 3-10　ListView 组件图文列表

## 3.6　按钮组件

Material Design 中的按钮组件，是一个凸起的材质矩形按钮，包括 RaisedButton、FlatButton、OutlineButton、IconButton、FloatingActionButton 等。

**1. 普通按钮**

RaisedButton 是一种普通按钮，默认是灰色背景和自带阴影；FlatButton 按钮没有阴影，按下后，会有灰色背景；OutlineButton 按钮默认有一个边框，不带阴影且背景透明，按下后，边框颜色会变亮；IconButton 是一个可单击的 Icon，不包括文字，默认没有背景，单击后会出现背景。代码如例 3-9 所示。

**【例 3-9】** 普通按钮

```
body: new ListView(children: <Widget>[
            new ListTitle(
              leading: new RaisedButton(
                  child: Text("RaisedButton"), onPressed: null),
            ),
            new ListTitle(
              leading: new FlatButton(
                child: Text("FlatButton"),
                onPressed: () {},
              ),
            ),
            new ListTitle(
              leading: new OutlineButton(
                child: Text("normal"),
                onPressed: () {},
              ),
            ),
```

```
            new ListTitle(
              leading: new IconButton(
                icon: Icon(Icons.cancel),
                onPressed: () {},
              ),
            ),
          ])
```

编译并运行程序，结果如图 3-11 所示。

**2．图标按钮**

RaisedButton、FlatButton、OutlineButton 等按钮，可以在这些按钮中添加 Icon，做成不同样式的按钮，代码如例 3-10 所示。

**【例 3-10】** 图标按钮

```
          body: new ListView(children: <Widget>[
            new ListTitle(
                leading: RaisedButton.icon(
              icon: Icon(Icons.send),
              label: Text("发送"),
              onPressed: () {},
            )),
            new ListTitle(
                leading: FlatButton.icon(
              icon: Icon(Icons.info),
              label: Text("详情"),
              onPressed: () {},
            )),
            new ListTitle(
                leading: OutlineButton.icon(
              icon: Icon(Icons.add),
              label: Text("添加"),
              onPressed: () {},
            )),
            new ListTitle(
                leading: OutlineButton.icon(
              icon: Icon(Icons.delete),
              label: Text("删除"),
              onPressed: () {},)),
               new ListTitle(
                leading: OutlineButton.icon(
              icon: Icon(Icons.call),
              label: Text("拨打"),
              onPressed: () {},
            )),
          ])
```

编译并运行程序，结果如图 3-12 所示。

**3．FloatingActionButton**

FloatingActionButton 按钮类似图标按钮，它是一个圆角按钮，可以增加图标在按钮上，具体示例如例 3-11 所示。

【例 3-11】 FloatingActionButton 按钮

```
body: new ListView(children: <Widget>[
  new ListTitle(
      leading: FloatingActionButton(
    onPressed: () {
      //Add your onPressed code here!
    },
    child: Icon(Icons.navigation),
    backgroundColor: Colors.green,
  )),
  new ListTitle(
      leading: FloatingActionButton.extended(
    onPressed: () {
      //Add your onPressed code here!
    },
    label: Text("navi"),
    icon: Icon(Icons.thumb_up),
    backgroundColor: Colors.pink,
  )),
  new ListTitle(
      leading: FloatingActionButton.extended(
    onPressed: () {
      //Add your onPressed code here!
    },
    label: Text("挂断"),
    icon: Icon(Icons.call_end),
    backgroundColor: Colors.red,
  )),
  new ListTitle(
      leading: FloatingActionButton.extended(
    onPressed: () {
      //Add your onPressed code here!
    },
    label: Text("拨打"),
    icon: Icon(Icons.call_made),
    backgroundColor: Colors.green,
  )),
])
```

编译并运行程序，结果如图 3-13 所示。

图 3-11　普通按钮运行结果　　图 3-12　图标按钮运行结果　图 3-13　FloatingActionButton 按钮运行结果

## 3.7 文本和字体

文本组件（Text）是 Flutter 使用最普遍的一种组件，本节主要介绍如何定义文本组件属性、文本样式、多文本混合样式。

### 1．文本组件属性

文本组件（Text）属性有 style（样式）、textAlign（文本对齐方式）、textDirection（文本方向）、textScaleFactor（文本缩放比例，默认为 1.0）、maxLines（最大显示行数）、overflow（超过最大行数后如何显示剩下的文本，TextOverflow.ellipsis 属性表示未显示部分使用省略号）。具体请参照例 3-12 所示。

【例 3-12】 文本组件属性

```
body: Center(
            child: Container(
          child: new Text('Hello Flutter Widget!Hello Flutter Widget!',
             style: TextStyle(fontSize: 30.0, color: Colors.deepOrange),
             textAlign: TextAlign.center,
             textDirection: TextDirection.ltr,
             textScaleFactor: 2.0,
             maxLines: 2,
             overflow: TextOverflow.ellipsis,
             ),
     ),
  )
```

编译并运行程序，结果如图 3-14 所示。

### 2．文本样式

文本样式是 Text 的 style 属性，其中有很多选项可以进行设置，从而改变文本的样式如颜色、字体、粗细、背景等。具体示例如例 3-13 所示。

【例 3-13】 Text 组件 style 属性

```
body: Center(
            child: Container(
          child: new Text('Hello Flutter Widget!Hello Flutter Widget!',
             style: TextStyle(
               fontSize: 50.0,
               color: Colors.deepOrange,
               fontFamily: "Courier",
               height: 5.0,
               decoration: TextDecoration.underline,
               background: new Paint()..color=Colors.green,
               ),
             ),
     ),
  )
```

编译并运行程序，结果如图 3-15 所示。

● 对象操作可使用对象.[[属性],[方法]]，也可以使用“..”进行连续赋值。这里 new Paint()..color 使用两个点，Paint 对象后面就可以连续赋值。

- fontFamily 是字体，需要依据不同平台默认支持的字体集定义。
- height 可以定义字体的高度。
- decoration 字体装饰，例如可以利用其属性 TextDecoration.underline 定义字体的下划线。
- background 定义字体的背景色彩。

图 3-14　文本组件属性

图 3-15　Text 组件 style 属性

### 3. 多文本混合样式

前面的示例都是 Text 的所有文本内容只能按同一种样式显示，但是如果需要对一个 Text 内容的不同部分按照不同的样式显示，这时就可以使用 TextSpan，它代表文本的一个“片段”。具体示例如例 3-14 所示。

【例 3-14】 Text 组件 TextSpan 属性

```
body: Center(
        child: Container(
          child: Text.rich(TextSpan(children: [
        TextSpan(
            text: "Flutter 中文社区: ",
            style: TextStyle(fontSize: 20, color: Colors.blue)),
        TextSpan(
          text: "https: //flutterchina.club",
          style: TextStyle(
              color: Colors.red,
              fontSize: 20,
              decoration: TextDecoration.underline),
        ),
      ]))),
    ),
```

编译并运行程序，结果如图 3-16 所示。

- TextSpan 实现了一个基础文本片段和一个链接片段，然后通过 Text.rich 方法将 TextSpan 添加到 Text 中。
- Text 是 RichText 的一个包装，RichText 是可以显示多种样式（富文本）的 Widget。
- 每一部分的 TextSpan 都可以设置一部分文字的样式，这样一个 Text 组件中就可以实现设置混合多样式的文字。

图 3-16　Text 组件 TextSpan 属性

## 3.8　输入框

输入框组件（TextField）是 Flutter 使用最普遍的一种组件。

输入框组件（TextField）的常用属性有 InputDecoration（控制输入框样式）、controller（控制编辑内容）、focusNode（控制输入焦点）、keyboardType（控制输入框默认的键盘输入类型）、maxLines（最大显示行数）、textAlign（控制输入最大行数）、autofocus（是否自动获取焦点）等。具体请参照例 3-15 所示。

**【例 3-15】** 输入框组件属性

```
body: Theme(
          data: Theme.of(context).copyWith(
            primaryColor: Colors.black,
          ),
          child: Container(
            padding: EdgeInsets.all(16.0),
            child: Column(
              mainAxisAlignment: MainAxisAlignment.center,
              children: <Widget>[
                TextField(
                  autofocus: true,
                  decoration: InputDecoration(
                    labelText: 'Username',
                    hintText: "please input username.",
                    icon: Icon(Icons.person),
                  ),
                  keyboardType: TextInputType.text,
                  onChanged: (v){
                    print("onchage:$v");
                  },
                ),
                TextField(
                  autofocus: false,
                  decoration: InputDecoration(
                      labelText: 'Password',
                      hintText: "please input password.",
                      icon: Icon(Icons.security)),
                      keyboardType: TextInputType.number,
                ),
```

```
                SizedBox(height: 100.0),
                Container(
                    width: double.infinity,
                    child: FloatingActionButton.extended(
                        label: Text("Register"),
                        icon: Icon(Icons.subject),
                        backgroundColor: Colors.green)),
              ],
            ),
          ),
        ),
```

编译并运行程序，结果如图 3-17 所示。

上面代码需要注意下面几点：

- padding: EdgeInsets.all(16.0)表示容器内边距四个方向都为 16。
- mainAxisAlignment: MainAxisAlignment.center 表示容器中的组件沿中轴对齐。
- SizedBox(height: 100.0)创建一个容器表示输入框和下面的按钮之间放一个空白的容器，在本例中这个容器相当于输入框和按钮的间距设置为 100。
- keyboardType 中包含 text（文本）、number（数字）、phone（电话号码）、datetime（日期）、emailAddress（邮件地址）、url（链接）等。
- onChanged 是输入框内容改变时的回调函数，但输入信息时将打印在控制台。

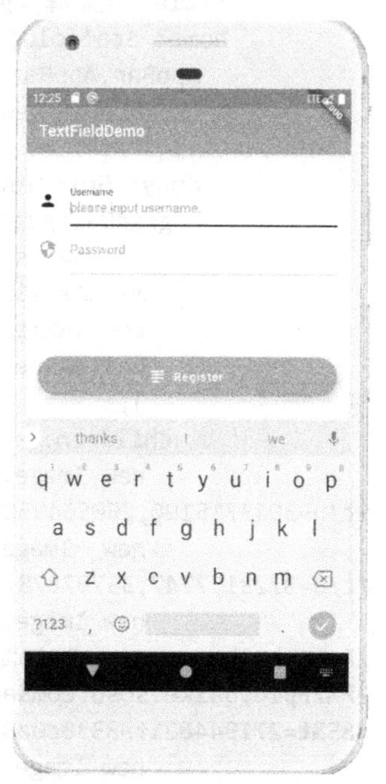


图 3-17　输入框组件属性

## 3.9　GridView 组件

GridView 组件可以构建一个二维网格列表，它常用的构造函数定义如下：

```
GridView({
  Axis scrollDirection = Axis.vertical,
  bool reverse = false,
  ScrollController controller,
  bool primary,
  ScrollPhysics physics,
  bool shrinkWrap = false,
  EdgeInsetsGeometry padding,
  @required SliverGridDelegate gridDelegate, //控制子组件的布局
  bool addAutomaticKeepAlives = true,
  bool addRepaintBoundaries = true,
  double cacheExtent,
  List<Widget> children = const <Widget>[],})
```

📖 注意：参数 gridDelegate 类型是 SliverGridDelegate，它的作用是控制 GridView 子组件如何排列（layout）。其他的参数和 ListView 差不多。

SliverGridDelegate 是一个抽象类，它有两个子类，分别是 SliverGridDelegateWithFixedCrossAxisCount 和 SliverGridDelegateWithMaxCrossAxisExtent。

### 1. SliverGridDelegateWithFixedCrossAxisCount

这个类是由 crossAxisCount 和 childAspectRatio 两个参数共同决定的，可以确保子组件最大显示空间。具体示例如例 3-16 所示。

**【例 3-16】** GridView 示例 1

```
Widget build(BuildContext context) {
    return MaterialApp(
      title:'电影海报实例',
      home: Scaffold(
        appBar:AppBar(
            title: new Text('电影海报实例 1'),
        ),
        body: GridView(
          gridDelegate: SliverGridDelegateWithFixedCrossAxisCount(
            crossAxisCount:3,
            mainAxisSpacing: 2.0,
            crossAxisSpacing: 2.0,
            childAspectRatio: 0.75                          //宽比高
            ),
          children: <Widget>[
            new Image.network('https://ss2.bdstatic.com/70cFvnSh_Q1YnxGkpoW-K1HF6hhy/
it/u=3043715190,260564960&fm=26&gp=0.jpg',fit: BoxFit.cover),
            new  Image.network('https://ss3.bdstatic.com/70cFv8Sh_Q1YnxGkpoWK1HF6hhy/
it/u=3723167747,3570787874&fm=26&gp=0.jpg',fit: BoxFit.cover),
            new Image.network('https://gimg2.baidu.com/image_search/src=http%3A%2F%
2Fpic.baike.soso.com%2Fp%2F20130530%2F20130530171951-483654910.jpg&refer=http%3A%
2F%2Fpic.baike.soso.com&app=2002&size=f9999,10000&q=a80&n=0&g=0n&fmt=jpeg?sec=1612877
485&t=271944821f98330c0a82eb9411597f4c',fit: BoxFit.cover),
            new Image.network('https://gimg2.baidu.com/image_search/src=http%3A%2F%
2Fcrawl.nosdn.127.net%2F146ee1bfa923a829324464ea24c2ee8f.jpg&refer=http%3A%2F%2Fcrawl
.nosdn.127.net&app=2002&size=f9999,10000&q=a80&n=0&g=0n&fmt=jpeg?sec=1612877485&t=175
608e580886be628677ce2be760162',fit: BoxFit.cover),
            new  Image.network('https://gimg2.baidu.com/image_search/src=http%3A%2F%
2Fa4.att.hudong.com%2F36%2F42%2F01300000397019130404423200830.jpg&refer=http%3A%2F%2F
a4.att.hudong.com&app=2002&size=f9999,10000&q=a80&n=0&g=0n&fmt=jpeg?sec=1612877485&t=
342f0fdd1707c53a7e6fe51734c08525',fit: BoxFit.cover),
            new Image.network('https://gimg2.baidu.com/image_search/src=http%3A%2F%
2Fwww.cctv.com%2Fmovie%2Fspecial%2FC13743%2F20050322%2Fimages%2F100943_tianxia000011.
jpg&refer=http%3A%2F%2Fwww.cctv.com&app=2002&size=f9999,10000&q=a80&n=0&g=0n&fmt=jpeg
?sec=1612877485&t=b685e2404ccdbb620e05b7ff0402d9b7',fit: BoxFit.cover),
            new Image.network('https://ss1.bdstatic.com/70cFvXSh_Q1YnxGkpoWK1HF6h-
hy/it/u=1067702723,1565905514&fm=26&gp=0.jpg',fit: BoxFit.cover),
            new Image.network('https://ss1.bdstatic.com/70cFuXSh_Q1YnxGkpoWK1HF6h-
hy/it/u=2331037488,2941789029&fm=26&gp=0.jpg',fit: BoxFit.cover),
            new Image.network('https://ss1.bdstatic.com/70cFuXSh_Q1YnxGkpoWK1HF6hhy/it
/u=2021620617,3164672916&fm=26&gp=0.jpg',fit: BoxFit.cover),
            new Image.network('https://ss2.bdstatic.com/70cFvnSh_Q1YnxGkpoWK1HF6hhy/it
/u=3043715190,260564960&fm=26&gp=0.jpg',fit: BoxFit.cover),
            new Image.network('https://ss3.bdstatic.com/70cFv8Sh_Q1YnxGkpoWK1HF6hhy/
```

```
it/u=3723167747,3570787874&fm=26&gp=0.jpg',fit: BoxFit.cover),
            new Image.network('https://gimg2.baidu.com/image_search/src=http%3A%
2F%2Fpic.baike.soso.com%2Fp%2F20130530%2F20130530171951-483654910.jpg&refer=http%3A%-
2F%2Fpic.baike.soso.com&app=2002&size=f9999,10000&q=a80&n=0&g=0n&fmt=jpeg?sec=1612877
485&t=271944821f98330c0a82eb9411597f4c',fit: BoxFit.cover),
            new Image.network('https://gimg2.baidu.com/image_search/src=http%3A%
2F%2Fcrawl.nosdn.127.net%2F146ee1bfa923a829324464ea24c2ee8f.jpg&refer=http%3A%2F%2Fcr
awl.nosdn.127.net&app=2002&size=f9999,10000&q=a80&n=0&g=0n&fmt=jpeg?sec=1612877485&t=
175608e580886be628677ce2be760162',fit: BoxFit.cover),
            new  Image.network('https://gimg2.baidu.com/image_search/src=http%3A%
2F%2Fa4.att.hudong.com%2F36%2F42%2F01300000397019130404423200830.jpg&refer=http%3A%2
F%2Fa4.att.hudong.com&app=2002&size=f9999,10000&q=a80&n=0&g=0n&fmt=jpeg?sec=161287748
5&t=342f0fdd1707c53a7e6fe51734c08525',fit: BoxFit.cover),
            new Image.network('https://gimg2.baidu.com/image_search/src=http%3A%2F%
2Fwww.cctv.com%2Fmovie%2Fspecial%2FC13743%2F20050322%2Fimages%2F100943_tianxia000011.
jpg&refer=http%3A%2F%2Fwww.cctv.com&app=2002&size=f9999,10000&q=a80&n=0&g=0n&fmt=jpeg
?sec=1612877485&t=b685e2404ccdbb620e05b7ff0402d9b7',fit: BoxFit.cover),
          ],
        )
      ),
    );
  }
```

编译并运行程序，结果如图 3-18 所示。

- crossAxisCount：横轴子元素的数量。此属性值确定后，子元素在横轴的长度就确定了，即 ViewPort 横轴长度除以 crossAxisCount 的商。
- mainAxisSpacing：主轴方向的间距。
- crossAxisSpacing：横轴方向子元素的间距。
- childAspectRatio：子元素在横轴长度和主轴长度的比例。由于 crossAxisCount 指定后，子元素横轴长度就确定了，然后通过此参数值就可以确定子元素在主轴的长度。

**2. SliverGridDelegateWithMaxCrossAxisExtent**

该子类实现了一个横轴子元素为固定最大长度的 layout 算法，具体示例如例 3-17 所示。

**【例 3-17】** GridView 示例 2

```
  Widget build(BuildContext context) {
      return MaterialApp(
        title:'GridView2',
        home: Scaffold(
          appBar:AppBar(
            title: new Text('GridView2'),
          ),
          body: GridView(
    padding: EdgeInsets.zero,
    gridDelegate: SliverGridDelegateWithMaxCrossAxisExtent(
        maxCrossAxisExtent: 120.0,
        crossAxisSpacing: 130.0,
        childAspectRatio: 2.0 //宽高比为 2
```

```
    ),
    children: <Widget>[
      Icon(Icons.add_alert,size: 50,color: Color.fromARGB(225,255, 0, 0),),
      Icon(Icons.add_call,size: 50,color: Color.fromARGB(225,255, 0, 0),),
      Icon(Icons.backup,size: 50,color: Color.fromARGB(225,255, 0, 0),),
      Icon(Icons.camera,size: 50,color: Color.fromARGB(225,255, 0, 0),),
      Icon(Icons.delete,size: 50,color: Color.fromARGB(225,255, 0, 0),),
      Icon(Icons.keyboard,size: 50,color: Color.fromARGB(225,255, 0, 0),),],
    ) ), );
  }
```

编译并运行程序，结果如图 3-19 所示。

图 3-18　GridView 示例 1

图 3-19　GridView 示例 2

📖 注意：用此类构造 GridView 时，横轴方向每个子元素的长度仍然是等分的，也就是说横向是等分的。

### 3. GridView.count

GridView.count 构造函数内部使用了 SliverGridDelegateWithFixedCrossAxisCount，通过它可以快速地创建横轴固定数量子元素的 GridView，因此例 3-16 也可以用下面代码代替：

```
GridView.count(
          crossAxisCount:3,
          mainAxisSpacing: 2.0,
          crossAxisSpacing: 2.0,
          childAspectRatio: 0.75                               //宽比高
          ........),
```

## 3.10 布局组件

布局组件包括：线性布局（Column、Row）、弹性布局（Flex）、流式布局、表格布局、层叠布局、对齐布局。

### 1. 线性布局

Column 表示组件垂直排列，Row 表示组件水平排列。首先介绍 Row 的用法。如例 3-18 所示。

【例 3-18】 Row 组件 1

```
body: Row(
  children: <Widget>[
    Expanded(
      child: Text('Flutter 技术', textAlign: TextAlign.center,
      style: TextStyle(color:Colors.red,fontSize: 20,),)
    ),
    Expanded(
      child: Text('移动 UI 技术', textAlign: TextAlign.center,
      style: TextStyle(color:Colors.red,fontSize: 20),
      ),  ),
    Expanded(
      child: FittedBox(
        fit: BoxFit.contain, //otherwise the logo will be tiny
        child: const FlutterLogo(),
      ), ),],),
```

编译并运行程序，结果如图 3-20 所示。

使用 Row 布局时，如果行中内容太长了，一行放不下，就会产生一个黄黑交替的警告栏，Row 中由于第二个孩子内容太长，那么第三个孩子 Icon 下的图标就显示不下了，于是就会在第三个图标处显示一个警告的标记。如例 3-19 所示。

【例 3-19】 Row 组件 2

```
body: Row(
children: <Widget>[
    const FlutterLogo(),
    const Text("I love Flutter!!I love Flutter!!I love Flutter!!"
    ,style: TextStyle(fontSize: 30,color: Colors.blue),),
    const Icon(Icons.card_giftcard),
  ],
),
```

编译并运行程序，结果如图 3-21 所示。

要解决这一问题其实也很简单，只要在 Icon 中设置属性即可，如例 3-20 所示。

【例 3-20】 Row 组件 3

```
body: Row(
children: <Widget>[
    const FlutterLogo(),
    const Expanded(
      child:Text("I love Flutter!!I love Flutter!!I love Flutter!!"
```

```
      ,style: TextStyle(fontSize: 30,color: Colors.blue))),
      const Icon(Icons.card_travel)
    ],
  ),
```

图 3-20　Row 组件 1

图 3-21　Row 组件 2

编译并运行程序，结果如图 3-22 所示。

Column 可以在垂直方向排列其子组件。参数和 Row 一样，不同的是布局方向为垂直，主轴纵轴正好相反，可类比 Row 来理解，Column 的使用如例 3-21 所示。

**【例 3-21】** Column 组件 1

```
body: Column(
        crossAxisAlignment: CrossAxisAlignment.center,
        children: <Widget>[
          Text("Hello",style: TextStyle(fontSize: 40),),
          Text("Flutter",style: TextStyle(fontSize: 40),),
        ],
      ),
```

编译并运行程序，结果如图 3-23 所示。

Column 不会产生滚动，如果要使用到滚动条，请考虑滚动类组件。如果要让里面的 Column 占满外部 Column，可以使用 Expanded 组件，使用如例 3-22 所示。

**【例 3-22】** Column 组件 2

```
body: Column(
          children: <Widget>[
            Text('Hello Flutter'),
            Text('I can use Column widget!'),
            Expanded(
              child: FittedBox(
```

```
            fit: BoxFit.contain, //otherwise the logo will be tiny
            child: const FlutterLogo(),
          ),),],),
```

图 3-22　Row 组件 3

图 3-23　Column 组件 1

编译并运行程序，结果如图 3-24 所示。

Column 中放了三个组件，前两个 Text 都是按照默认字体大小占用空间，最后一个 Flutter Logo 图片将占满垂直方向剩余的所有空间。

**2. 弹性布局（Flex）**

弹性布局（Flex）表示沿着轴方向的组件大小可变，弹性布局主要使用 Flex 和 Expanded 来配置。Row 和 Column 组件都是继承 Flex 的，因此 Flex 中可以使用的参数，Row 和 Column 基本也都能够使用。如例 3-23 所示。

**【例 3-23】** Flex 组件

```
body: Column(
  children: <Widget>[
    Flex(
      direction: Axis.horizontal,
      children: <Widget>[
        Expanded(
          flex: 1, //占比因子  1/6
          child: Container(
            height: 30.0,
            color: Colors.red,
          ), ),
        Expanded(
          flex: 5, //占比因子  5/6
          child: Container(
            height: 30.0,
            color: Colors.green,  ), ), ],
```

```
      ),
      Padding(
        padding: const EdgeInsets.only(top: 20.0),
        child: SizedBox(
          height: 100.0,
          //Flex 的三个子 Widget，在垂直方向按 2：1：1 来占用 100 像素的空间
          child: Flex(
            direction: Axis.vertical,
            children: <Widget>[
              Expanded(
                flex: 2,
                child: Container(
                  height: 30.0,
                  color: Colors.red,
                ),  ),
              Spacer(          //空白区域
                flex: 1
              ),
              Expanded(
                flex: 1,
                child: Container(
                  height: 30.0,
                  color: Colors.green,
                ),  ),  ],), ),),],
)
```

编译并运行程序，结果如图 3-25 所示。

图 3-24　Column 组件 2

图 3-25　Flex 组件

### 3. 流式布局

流式布局使用场景比较多，也比较灵活，主要是 Wrap 组件和 Flow 组件，应用场景有

商品列表、瀑布流、标签页等。使用 Android 原生来实现流式布局还是有点麻烦的，甚至需要自定义 View 或者使用第三方的库。而在 Flutter 中，官方为用户提供了流式布局的控件，用户可以很方便地实现流式布局。

在前面 Row 示例中，右边溢出部分报错。这是因为 Row 默认只有一行，如果超出屏幕则不会换行。而 Wrap 却可以解决这个问题，实现多行显示。如例 3-24 所示。

**【例 3-24】** Wrap 组件

```
body: Wrap(
            spacing: 8.0, //主轴(水平)方向间距
            runSpacing: 4.0, //纵轴(垂直)方向间距
            alignment: WrapAlignment.center, //沿主轴方向居中
            children: <Widget>[
              new Chip(
                avatar: new CircleAvatar(
                    backgroundColor: Colors.blue, child: Text('F')),
                label: new Text('flutter'),
              ),
              new Chip(
                avatar: new CircleAvatar(
                    backgroundColor: Colors.blue, child: Text('J')),
                label: new Text('JavaJava'),
              ),
              new Chip(
                avatar: new CircleAvatar(
                    backgroundColor: Colors.blue, child: Text('P')),
                label: new Text('PythonPython'),
              ),
              new Chip(
                avatar: new CircleAvatar(
                    backgroundColor: Colors.blue, child: Text('JS')),
                label: new Text('JavaScript'),
              ), ], )
```

编译并运行程序，结果如图 3-26 所示。

Flow 用法要比 Wrap 复杂一些，但是使用比较灵活，需要自己去实现 FlowDelegate，通过重写 paintChildren 方法来调整位置，所以需要计算每一个 Widget 的位置，因此，可以自定义布局策略。如例 3-25 所示。

**【例 3-25】** Flow 组件

```
body: Flow(
          delegate: MyFlowDelegate(margin: EdgeInsets.all(10.0)),
          children: <Widget>[
            new Container(width: 80.0, height: 80.0, color: Colors.red),
            new Container(width: 80.0, height: 80.0, color: Colors.yellow),
            new Container(width: 80.0, height: 80.0, color: Colors.green),
            new Container(width: 80.0, height: 80.0, color: Colors.blue),
            new Container(width: 80.0, height: 80.0, color: Colors.lightBlue),
            new Container(width: 80.0, height: 80.0, color: Colors.black),
```

```
            new Container(width: 80.0, height: 80.0, color: Colors.blueGrey),
            new Container(width: 80.0, height: 80.0, color: Colors.brown),
            new Container(width: 80.0, height: 80.0, color: Colors.black12),
          ],
        )
  class MyFlowDelegate extends FlowDelegate {
    EdgeInsets margin = EdgeInsets.zero;
    MyFlowDelegate({this.margin});
    @override
    void paintChildren(FlowPaintingContext context) {
      var x = margin.left;
      var y = margin.top;
      //计算每一个子 Widget 的位置
      for (int i = 0; i < context.childCount; i++) {
        var w = context.getChildSize(i).width + x + margin.right;
        if (w < context.size.width) {
          context.paintChild(
            i,
            transform: new Matrix4.compose(Vector.Vector3(x,y,0.0), Vector.Quaterni
on(0.0,0.0,0.3,0.1), Vector.Vector3(1.0,1.0,1.0))
          );
          x = w + margin.left;
        } else {
          x = margin.left;
          y += context.getChildSize(i).height + margin.top + margin.bottom;
          //绘制子 Widget(有优化)
          context.paintChild(i,
              transform: Matrix4.translationValues(x, y, 0.0) //位移
              );
          x += context.getChildSize(i).width + margin.left + margin.right;
        }
      }
    }
    getSize(BoxConstraints constraints) {
      //指定 Flow 的大小
      return Size(double.infinity, double.infinity);
    }
    @override
    bool shouldRepaint(FlowDelegate oldDelegate) {
      return oldDelegate != this;
    }
  }
```

编译并运行程序，结果如图 3-27 所示。

**4．表格布局**

表格布局（Table）可以制作出表格，有点类似 Android 原生开发中的 Table Layout，TableRow 表示表格的行，每一行的 TableRow 中都包括若干个 TableCell，TableCell 表示行中的若干个单元。具体用法如例 3-26 所示。

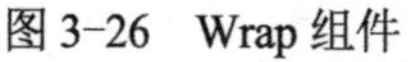
图 3-26 Wrap 组件

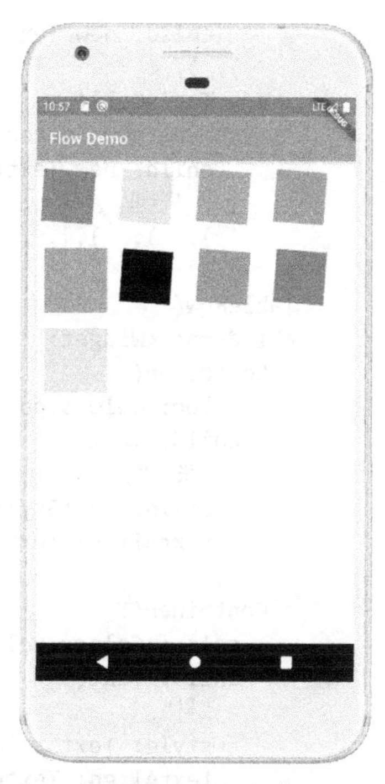


图 3-27 Flow 组件

**【例 3-26】** Table 组件

```
class MyApp28 extends StatelessWidget {
  static const String _title = 'table Demo';
  Widget build(BuildContext context) {
    return MaterialApp(
      title: _title,
      home: Scaffold(
        appBar: AppBar(title: const Text(_title)),
        body: MyStatelessWidget(),
      ), ); }
}
class MyStatelessWidget extends StatelessWidget {
  Widget build(BuildContext context) {
    return Table(
      border: TableBorder.all(),
      children: <TableRow>[
        new TableRow(
          children: <Widget>[
            new TableCell(
              child: new Center(
                child: new Text('姓名'),
              ),  ),
            new TableCell(
              child: new Center(
                child: new Text('性别'),
              ),  ),
            new TableCell(
              child: new Center(
```

```
                child: new Text('年龄'),
              ), ),
            new TableCell(
              child: new Center(
                child: new Text(
                  '专业',
                ), ), ),],
),
          TableRow(
          children: <Widget>[
            Container(
              color: Colors.purple,
              child: Text(
                "张三",
                style: TextStyle(fontSize: 20),
                textAlign: TextAlign.center,
              ), ),
            Container(
              color: Colors.yellow,
              child: Text(
                "男",
                style: TextStyle(fontSize: 20),
                textAlign: TextAlign.center,
              ), ),
            Container(
              color: Colors.green,
              child: Text(
                "20",
                style: TextStyle(fontSize: 20),
                textAlign: TextAlign.center,
              ),
            ),
            Container(
              color: Colors.red,
              child: Text(
                "计算机",
                style: TextStyle(fontSize: 20),
                textAlign: TextAlign.center,
              ),  ),], ) ],);}
}
```

编译并运行程序，结果如图 3-28 所示。

**5. 层叠布局**

层叠布局类似于 Android 原生的帧布局。Flutter 中使用 Stack 和 Positioned 这两个组件来配合实现绝对定位。Stack 允许子组件堆叠，而 Positioned 用于根据 Stack 的四个角来确定子组件的位置。

首先，Stack 组件的具体用法如例 3-27 所示。

**【例 3-27】** Stack 组件

```
class MyApp29 extends StatelessWidget {
  static const String _title = 'Stack Demo';
```

```
  Widget build(BuildContext context) {
    return MaterialApp(
      title: _title,
      home: Scaffold(
        appBar: AppBar(title: const Text(_title)),
        body: MyStatelessWidget(),
      ),);}}
class MyStatelessWidget extends StatelessWidget {
  Widget build(BuildContext context) {
    return Stack(
      alignment: Alignment.center,
      children: <Widget>[
        Container(
          width: 300,
          height: 300,
          color: Colors.indigo,
        ),
        Text('I am Stack Demo!'),
        Text('I love Flutter',style: TextStyle(fontSize: 40,color: Colors.green),),
      ],); }}
```

编译并运行程序，结果如图 3-29 所示。

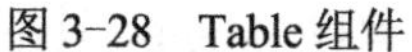
图 3-28 Table 组件

图 3-29 Stack 组件

下面示例中包含 Stack 和 Positioned 组件，将 Positioned 组件内嵌在 Stack 组件当中，具体用法如例 3-28 所示。

【例 3-28】 Positioned 组件

```
class MainView extends StatelessWidget {
  EdgeInsets _space = EdgeInsets.all(0);
  MainView(this._space);
  Widget build(BuildContext context) {
```

```
        return ConstrainedBox(
          constraints: BoxConstraints(
            maxHeight: 400,
          ),
          child: Stack(
            fit: StackFit.expand,
            alignment: AlignmentDirectional.center,
            children: <Widget>[
              Container(
                color: Color.fromARGB(100, 200, 100, 0),
              ),
              Positioned(
                height: 60,
                left: 10,
                right: 10,
                top: 10,
                child: Text(
                  "我设置了 stack alignment",
                  style: TextStyle(color: Color.fromARGB(200, 50, 50, 0),fontSize: 20),
                ), ),
              Positioned(
                height: 200,
                width: 200,
                left: 100,
                child: Padding(
                  padding: EdgeInsets.all(10),
                  child: Text("Hello Posisioned widget!",style: TextStyle(fontSize: 4
0,color: Colors.red))
                ), ),
              Positioned(
                height: 100,
                width: 100,
                bottom: 20,
                child: Text("I am Posisioned widget!",style: TextStyle(fontSize: 40,c
olor: Colors.green))
              ) ],  ),); }}
```

编译并运行程序，结果如图 3-30 所示。

**6. 对齐布局**

对齐布局包括 Align、Center 组件。Align 一般都是当作一个控件的属性，并没有拿出来当作一个单独的控件。Align 本身实现的功能并不复杂，设置 child 的对齐方式，如居中、居左、居右等，并根据 child 尺寸调节自身尺寸。Center 继承自 Align，只不过是将 alignment 设置为 Alignment.center，其他属性如 widthFactor、heightFactor、布局行为，都与 Align 完全一样。具体用法如例 3-29 所示。

**【例 3-29】** Center 组件

```
class MyApp31 extends StatelessWidget {
   Widget build(BuildContext context) {
   return new Scaffold(
     appBar: new AppBar(
```

```
          title: new Text("中心定位"),
        ),
        body: new Center(
          child: new Text("我在屏幕中心!",style: TextStyle(color:Colors.red, font+Size:
40),),
        ), );}
    }
```

编译并运行程序，结果如图 3-31 所示。

图 3-30　Positioned 组件

图 3-31　Center 组件

Align 布局分两种情况：

- 当 widthFactor 和 heightFactor 为 null，且有限制条件时，Align 会根据限制条件尽量地扩展自己地尺寸，当没有限制条件的时候，会调整到 child 的尺寸。
- 当 widthFactor 或者 heightFactor 不为 null 的时候，Aligin 会根据 factor 属性，扩展自己的尺寸，如设置 widthFactor 为 2.0 的时候，那么，Align 的宽度将会是 child 的两倍。

具体用法如例 3-30 所示。

**【例 3-30】** Align 组件

```
class MyApp32 extends StatelessWidget {
  Widget build(BuildContext context) {
    return new Scaffold(
      appBar: new AppBar(
        title: new Text("Align Demo"),
      ),
      body: Container(
        height: 120.0,
        width: 120.0,
        color: Colors.blue[50],
```

```
          child: Align(
            alignment: Alignment.topRight,
            child: FlutterLogo(
              size: 60,
            ),),),), ); }
    }
```

编译并运行程序，结果如图 3-32 所示。

图 3-32　Align 组件

## 3.11　本章小结

本章主要介绍了 Flutter 框架的基本组件和基本布局组件，Flutter 基本组件的用法布局样式，基本组件的构造方法、属性和参数。Flutter 组件的属性和参数很多，本章只是列举了最常用的属性、参数，如果想彻底了解组件的使用方式，还需要查阅 Flutter 组件的 API 文档（https://api.flutter.dev/）。

## 3.12　习题与练习

**1. 概念题**

1）简述 Flutter 的按钮组件使用方法。

2）Align、Stack 和 Positioned 用法有何区别？

3）列出 Flutter 有几种 Layout？

4）如何使用 Flutter 堆叠布局？

**2. 操作题**

使用 Flutter 框架搭建一个注册页面，包括的信息有：姓名、性别、年龄、爱好，单击“注册”按钮，完成模拟注册。

# 第 4 章 容器类组件

本章主要介绍 Flutter 的常用容器类组件和 UI 类的布局。与 Android 开发类似，Flutter 也有布局组件，通常是用来搭建移动 UI 的整体样式构建的。Flutter 的布局组件和容器组件有些相似，都可以用来放别的组件，不同的是 Flutter 中的布局类组件除了可以放别的组件，还可以设置不同的样式，使得组件能够灵活摆放，实现不同的 UI 效果。

## 4.1 Flutter 容器类组件

Flutter 容器组件通常是指可以放置其他基本组件的组件。Flutter 容器类组件包括 Container、Padding、FittedBox、ConstrainedBox、SizedBox。这些容器组件中可以包含子组件。下面将介绍 Flutter 中常用的容器组件。

### 4.1.1 Container 组件

容器（Container）组件中可以放置其他基本组件，例如可以在容器中放文本、图像等组件，下面将文本加入到容器中，示例代码如例 4-1 所示。

【例 4-1】 Container 组件 1

```
body: Center(
            child: Container(
              child:new Text(
                'Hello Widget',
                style:TextStyle(fontSize: 40.0)
                ),
                alignment: Alignment.center,
                width: 500,
                height: 400,
                color: Colors.blue,
            ),
          )
```

编译并运行程序结果如图 4-1 所示。

Container 组件中还可以对容器中增加各种效果，例如背景色、渐变效果、内边距、外边距等效果，示例代码如例 4-2 所示。

【例 4-2】 Container 组件 2

```
    body: Center(
          child:Container(
            child: new Text(
              'Hello Flutter Widget!',
              style:TextStyle(fontSize: 40.0,
              color: Colors.deepOrange)
              ),
              alignment: Alignment.topLeft,
              width: 400,
              height: 500,
              //color: Colors.lightBlue,
              padding: const EdgeInsets.fromLTRB(10.0, 30.0, 0.0, 20.0),
              margin: const EdgeInsets.all(10.0),
              decoration: new BoxDecoration(
                gradient:const LinearGradient(
                  colors: [
                    Colors.lightBlue,
                    Colors.green,
                    Colors.deepPurple
                  ])
              ),   ) )
```

编译并运行程序结果如图 4-2 所示。

图 4-1　Container 组件 1　　　　图 4-2　Container 组件 2

### 4.1.2　Padding 组件

Padding 组件可以给子组件添加指定的填充。Padding 组件可以处理容器与子元素之间的距离。示例代码如例 4-3 所示。

【例 4-3】 Padding 组件

```
class MyApp01 extends StatelessWidget {
@override
  Widget build(BuildContext context) {
    return MaterialApp(
        title: 'Flutter Demo',
        theme: ThemeData(
          primarySwatch: Colors.blue,
        ),
        home: Padding(
          padding: EdgeInsets.all(10),
          child: Text('Hello I am paddingS'),
        ));
  }
}
```

编译并运行程序结果如图 4-3 所示。

### 4.1.3 FittedBox 组件

FittedBox 会在自己的尺寸范围内缩放并且调整 child 位置，使得 child 适合其尺寸。做过移动端的，可能会联想到 ImageView 控件，它是将图片在其范围内，按照规则进行缩放位置调整。示例代码如例 4-4 所示。

【例 4-4】 FittedBox 组件

```
class MyApp04 extends StatelessWidget {
  Widget build(BuildContext context) {
    return MaterialApp(
        title: 'FittedBox Demo',
        home: new Scaffold(
          appBar: AppBar(
            title: Text("FittedBox Demo"),
          ),
          body: FittedBox(
              fit: BoxFit.fitWidth,
              alignment: Alignment.topLeft,
              child: Container(
                width: 300,
                height: 100,
                child: Text(
                  "FittedBoxFittedBoxFittedBox",
                  style: TextStyle(fontSize: 40),
                ), )), ));}
}
```

编译并运行程序结果如图 4-4 所示。

BoxFit 属性包括：contain、cover、fitWidth、fitHeight、none 和 scaleDown，下面具体介绍这几个属性。

- contain：尽可能大，同时仍然将源完全包含在目标框中。
- cover：尽可能小，同时仍然覆盖整个目标框。

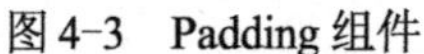
图 4-3　Padding 组件

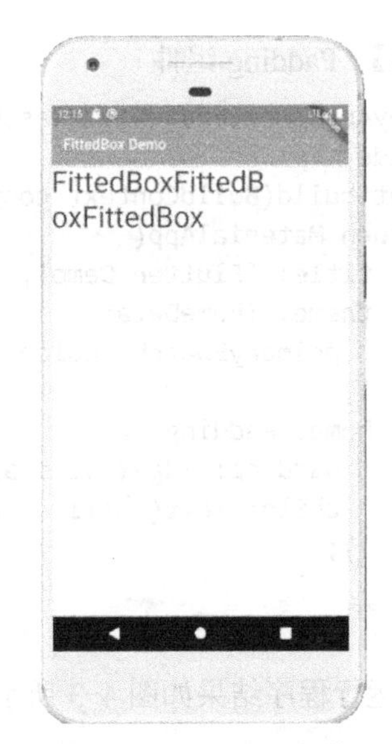


图 4-4　FittedBox 组件

- fitWidth：确保显示源的全部宽度，不管这是否意味着源垂直地溢出目标框。
- fitHeight：确保显示源的完整高度，不管这是否意味着源水平地溢出目标框。
- none：将源文件对齐到目标框内（默认情况下居中），并丢弃位于框外的源文件的任何部分。
- scaleDown：将源文件对齐到目标框内（默认情况下，居中），如果需要，将源文件向下缩放，以确保源文件适合框内，这与 contain 相同，如果它会收缩图像，则它与 none 相同。

### 4.1.4　ConstrainedBox 组件

ConstrainedBox 对其子项施加附加约束的 Widget，在约束条件上跟 Container 基本一致。该组件是在其子项上施加其他约束的窗口小部件。示例代码如例 4-5 所示。

【例 4-5】 ConstrainedBox 组件

```
class MyApp05 extends StatelessWidget {
  Widget build(BuildContext context) {
    return MaterialApp(
        title: ConstrainedBox Demo',
        home: new Scaffold(
          appBar: AppBar(
            title: Text("ConstrainedBox Demo"),
          ),
          body: ConstrainedBox(
        constraints: BoxConstraints(
            minHeight: 30,
            minWidth: 30,
            maxHeight: 150,
            maxWidth: 150
        ),
        child: Container(
```

```
            width: 500,
            height: 150,
            decoration: BoxDecoration(
                borderRadius: BorderRadius.circular(20),
                gradient: LinearGradient(
                  colors: [Colors.blue, Colors.purple],
                )) )) )); }
}
```

编译并运行程序结果如图 4-5 所示。

下面简单介绍 ConstrainedBox 组件的常用属性：

- child：表示子组件。
- Constraints：约束子组件的条件。
- 属性 Constraints 是约束条件，minWidth、maxWidth、minHeight 和 maxHeight 都是 Constraints 的属性，去限制 child 组件大小。

### 4.1.5　SizedBox 组件

SizedBox 对其子项施加附加约束的 Widget，在约束条件上跟 Container 基本一致。该组件是在其子项上施加其他约束的窗口小部件。示例代码如例 4-6 所示。

**【例 4-6】** SizedBox 组件

```
class MyApp06 extends StatelessWidget {
  Widget build(BuildContext context) {
    return MaterialApp(
        title: 'SizedBox Demo',
        home: new Scaffold(
            appBar: AppBar(
              title: Text("SizedBox Demo",style: TextStyle(fontSize: 30),),
            ),
            body: Column(
              children: <Widget>[
                Container(
                  height: 100,
                  child:Text("container=====",style: TextStyle(fontSize: 30),)
                ),
                SizedBox(
                  height: 50,
                   child:Text("this is SizedBox1=====",style: TextStyle(fontSize: 30),)
                ),
                Container(
                  height: 100,
                   child:Text("container2=====",style: TextStyle(fontSize: 30),)
                ),
                SizedBox(
                  height: 100,
                  width: 200,
                  child: RaisedButton(
                    child: Text('this is SizedBox2',style: TextStyle(fontSize: 30),),
                    onPressed: null,
                  ),  ) ],
            )));
```

编译并运行程序结果如图 4-6 所示。

图 4-5　ConstrainedBox 组件

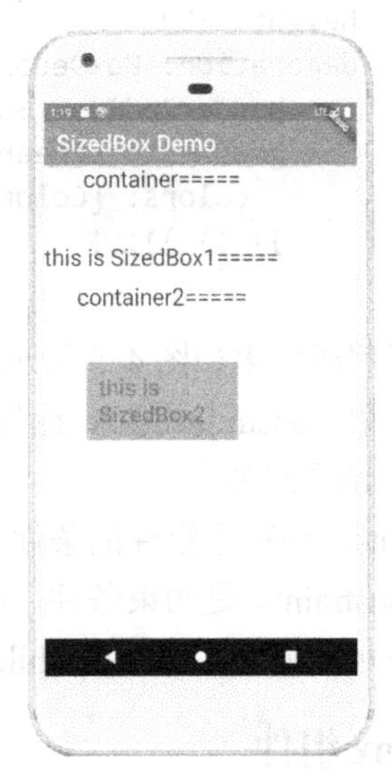


图 4-6　SizedBox 组件

### 4.1.6　Placeholder 组件

Placeholder 组件是一个占位控件，就是占一个位置，并没有实际的内容。示例代码如例 4-7 所示。

**【例 4-7】** Placeholder 组件

```
class MyApp07 extends StatelessWidget {
  Widget build(BuildContext context) {
    return MaterialApp(
        title: 'Placehoder Demo',
        home: new Scaffold(
          appBar: AppBar(
            title: Text(
              "Placehoder Demo",
              style: TextStyle(fontSize: 30),
            ), ),
          body: Container(
            child: ListView(
              children: <Widget>[
                TextField(
                  decoration: InputDecoration(
                      fillColor: Colors.blue.shade100,
                      filled: true,
                      labelText: '出发点'),
                ),
                TextField(
                  //输入后提示消失，如果输入不符合要求就可以报相应错误(自定义提示语)
                  decoration: InputDecoration(
                      fillColor: Colors.blue.shade100,
```

```
                filled: true,
                hintText: '到达点',
                errorText: 'error'),
          ),
          TextField(
            decoration: InputDecoration(
                fillColor: Colors.blue.shade100,
                filled: true,
                helperText: 'help',
                prefixIcon: Icon(Icons.local_airport),
                suffixText: 'airport'),
          ),
          Placeholder(
            color: Colors.blue, //设置占位符颜色
            strokeWidth: 5, //设置画笔宽度
            fallbackHeight: 100, //设置占位符宽度
            fallbackWidth: 200, //设置占位符高度
          ),
          Icon(
            Icons.cake,
            size: 300,
            color: Colors.green,
            textDirection: TextDirection.ltr,
          ),], ),),),));}
  }
```

编译并运行程序结果如图 4-7 所示。

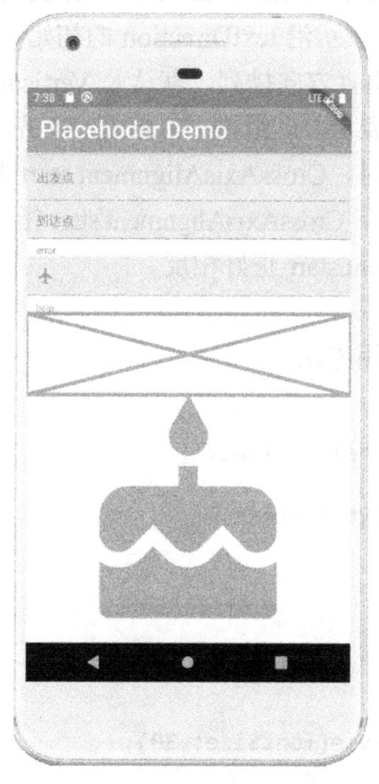


图 4-7　Placeholder 组件

## 4.2 布局组件

Flutter 布局类组件主要包括 Row、Column、Stack、Table、Wrap 和 GridView。这些布局组件中可以放多个子组件，使得 Flutter 布局更加灵活，也可以通过不同的布局做出漂亮的 UI。

### 4.2.1 Row 组件

Row 组件包括的主要属性有：

```
Row({
  ...
  TextDirection textDirection,
  MainAxisSize mainAxisSize = MainAxisSize.max,
  MainAxisAlignment mainAxisAlignment = MainAxisAlignment.start,
  VerticalDirection verticalDirection = VerticalDirection.down,
  CrossAxisAlignment crossAxisAlignment = CrossAxisAlignment.center,
  List<Widget> children = const <Widget>[],})
```

下面简单介绍 Row 组件的常用属性：

- TextDirection 表示文字排列的顺序。取值为 TextDirection.ltr 时，表示左对齐，取值为 TextDirection.rtl 时，表示从右对齐。
- MainAxisSize 表示根据子组件中显示多大，MainAxisSize.max 表示按照子组件中最大的显示。
- MainAxisAlignment：表示子组件在 Row 所占用的水平空间内对齐方式，MainAxisAlignment.start 表示沿 textDirection 的初始方向对齐。
- VerticalDirection：表示垂直方向排列，默认是 VerticalDirection.down，表示从上到下。
- CrossAxisAlignment：表示子组件与轴的对齐方式。VerticalDirection 值为 VerticalDire-ction.down 时，CrossAxisAlignment.start 指顶部对齐，verticalDirection 值为 Vertical-Direction.up 时，CrossAxisAlignment.start 指底部对齐；而 CrossAxisAlignment.end 和 CrossAxisAlignment.start 正好相反。
- children 表示子组件。

下面示例为 Row 组件的使用方法。

**【例 4-8】** Row 组件

```
class MyApp09 extends StatelessWidget {
  @override
  Widget build(BuildContext context) {
    return MaterialApp(
      title: 'Row Demo',
      home: new Scaffold(
        appBar: AppBar(
          title: Text(
            "Row Demo",
            style: TextStyle(fontSize: 30),
          ),
        ),
```

```
        body: Column(
          children: <Widget>[
            Row(
                mainAxisAlignment: MainAxisAlignment.center,
                children: const <Widget>[
                  Text('First ROW:', textAlign: TextAlign.center),
                  Text(
                    'I am Row!',
                    textDirection: TextDirection.rtl,
                  ),  ]),
            Row(
                crossAxisAlignment: CrossAxisAlignment.start,
                verticalDirection: VerticalDirection.up,
                children: const <Widget>[
                  Text('Second ROW:', textAlign: TextAlign.center),
                  Text(
                    'Hello Row! ',
                    style: TextStyle(fontSize: 40, color: Colors.red),
                  ),]),
            Row(
                mainAxisAlignment: MainAxisAlignment.end,
                textDirection: TextDirection.rtl,
                children: const <Widget>[
                  Text('Third ROW:', textAlign: TextAlign.center),
                  Text(
                    'Hello Row! ',
                    style: TextStyle(fontSize: 25, color: Colors.green),
                  ),    ])   ],   ),  ), );
  }
}
```

编译并运行程序结果如图 4-8 所示。

图 4-8 Row 组件

- Row1 即第一行文字组件居中，由 MainAxisAlignment.center 控制。
- Row2 即第二行文字组件居中，CrossAxisAlignment.start 表示 Row 主轴为垂直方向，即沿垂直方向从开始排列。
- Row3 即第三行从右往左排列，textDirection：TextDirection.rtl，即先显示第二个文字组件内容再显示第一个文字组件。

### 4.2.2 Column 组件

Column 组件可以在垂直方向排列其子组件。参数和 Row 一样，不同的是布局方向为垂直，主轴纵轴正好相反，具体参照例 4-9。

**【例 4-9】** Column 组件

```
class MyApp10 extends StatelessWidget {
  @override
  Widget build(BuildContext context) {
    return MaterialApp(
```

```
      title: 'Row Demo',
      home: new Scaffold(
        appBar: AppBar(
          title: Text(
            "Row Demo",
            style: TextStyle(fontSize: 30),
          ), ),
        body: Column(
          crossAxisAlignment: CrossAxisAlignment.start,
          mainAxisSize: MainAxisSize.min,
          children: <Widget>[
            Text(
              'what is this?',
              style: TextStyle(fontSize: 30, color: Colors.lightBlue),  ),
            Text('Column'),
          ], ),), );
  }
}
```

编译并运行程序结果如图 4-9 所示。

### 4.2.3 Stack 组件

Stack 表示层叠布局。它和 Android 中的 Frame 相似，子组件可以根据距父容器四个角的位置来确定自身的位置 Positioned。Stack 允许子组件堆叠，Positioned 用于根据 Stack 的四个角来确定子组件的位置。

Stack 包括下面属性：

- alignment：此参数决定如何去对齐没有定位（没有使用 Positioned）或部分定位的子组件。所谓部分定位，在这里特指没有在某一个轴上定位：left、right 为横轴，top、bottom 为纵轴，只要包含某个轴上的一个定位属性就算在该轴上有定位。
- textDirection：前面组件使用过。即：textDirection 的值为 TextDirection.ltr，则 alignment 的 start 代表左，end 代表右，即从左往右的顺序；textDirection 的值为 TextDirection.rtl，则 alignment 的 start 代表右，end 代表左，即从右往左的顺序。

图 4-9　Column 组件

- fit：此参数用于确定没有定位的子组件如何去适应 Stack 的大小。StackFit.loose 表示使用子组件的大小，StackFit.expand 表示扩展到 Stack 的大小。
- overflow：此属性决定如何显示超出 Stack 显示空间的子组件；值为 Overflow.clip 时，超出部分会被剪裁（隐藏），值为 Overflow.visible 时则不会。

具体请参考例 4-10。

**【例 4-10】** Stack 组件

```
class MyApp11 extends StatelessWidget {
  @override
```

```
  Widget build(BuildContext context) {
    return MaterialApp(
      title: 'Stack Demo',
      home: new Scaffold(
        appBar: AppBar(
          title: Text(
            "Stack Demo",
            style: TextStyle(fontSize: 30),
          ),
        ),
        body: Stack(
          alignment: Alignment.center,
          fit: StackFit.expand, //未定位 Widget 占满 Stack 整个空间
          children: <Widget>[
            Positioned(
              right: 40.0,
              bottom: 60,
              child: Text(
                "Hello Stack!",
                style: TextStyle(fontSize: 40),
              ),
            ),
            Container(
              child: Text("Your name?",
                  style: TextStyle(color: Colors.white, fontSize: 60)),
              color: Colors.red,
            ),
            Positioned(
              top: 200.0,
              right: 60,
              child: Text(
                "Mark",
                style: TextStyle(fontSize: 40),
              ),
            ),],),),  );
  }
}
```

编译并运行程序结果如图 4-10 所示。

图 4-10　Stack 组件

### 4.2.4　Table 组件

Table 组件表示表格布局，主要是在 children 中定义，其构造函数包括下面属性：

- border 表示表格的线，设置为 TableBorder.all 表示为实线。
- children → List<TableRow>：可设置表格的行和列。
- textDirection：这个属性是文字的排列顺序。
- defaultVerticalAlignment：定义 TableCell 的垂直方向布局，默认是 top，即顶部对齐。
- columnWidths 这个属性就是对应宽度设置规则的，属性

对应的值是一个 Map 类型，key 是列的编号。

- IntrinsicColumnWidth：表格里内容有多宽，表格就有多宽。
- FixedColumnWidth：固定一个宽度，需要传一个值。
- FlexColumnWidth：指平均分配各自宽度，例如一行有三列，每一列就占 1/3，将表格的一行占满。

具体请参考例 4-11。

**【例 4-11】** Table 组件

```
class MyApp12 extends StatelessWidget {
  @override
  Widget build(BuildContext context) {
    return MaterialApp(
        title: 'Stack Demo',
        home: new Scaffold(
          appBar: AppBar(
            title: Text(
              "Table Demo",
              style: TextStyle(fontSize: 30),
            ),    ),
          body: Table(
            border: TableBorder.all(
              color: Colors.green,
              width: 2.0,
              style: BorderStyle.solid,
            ),
            columnWidths: const <int, TableColumnWidth>{
              0: FlexColumnWidth(),
              1: FlexColumnWidth(),
              2: FixedColumnWidth(80),
            },
            defaultVerticalAlignment: TableCellVerticalAlignment.middle,
            children: <TableRow>[
              TableRow(
                  decoration: BoxDecoration(
                    color: Colors.grey,
                  ),
                  children: <Widget>[
                    Text(
                      '姓名',
                      style: TextStyle(fontWeight: FontWeight.bold),
                    ),
                    Text(
                      '性别',
                      style: TextStyle(fontWeight: FontWeight.bold),
                    ),
                    Text(
                      '年龄',
```

```
                    style: TextStyle(fontWeight: FontWeight.bold),
                  ),
                ]),
            TableRow(children: [
              Text('张飞'),
              Text('男'),
              Text('28'),
            ]),
            TableRow(children: [
              Text('关羽'),
              Text('男'),
              Text('30'),
            ]),
            TableRow(children: [
              Text('刘备'),
              Text('男'),
              Text('32'),
            ]), ], ), ));
  }
}
```

编译并运行程序结果如图 4-11 所示。

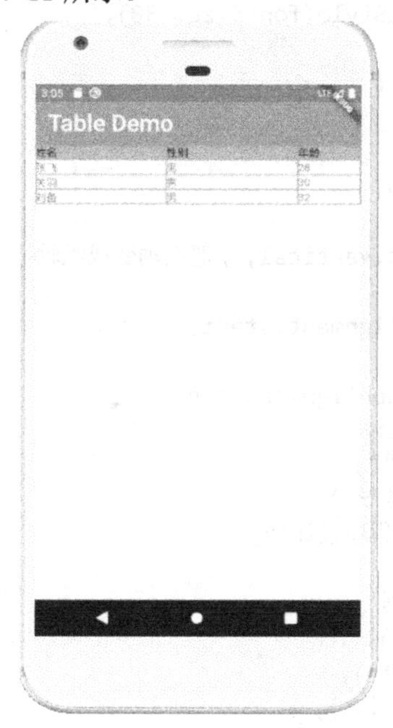


图 4-11　Table 组件

### 4.2.5　Wrap 组件

Wrap 属于流布局，单行的 Wrap 组件跟 Row 组件差不多，一行或者一列的 Wrap 则跟 Row 表现几乎一致，但 Row 与 Column 都是单行单列的，Wrap 则可实现多行多列自动显示。Wrap 的构造方法属性见表 4-1。

表 4-1　Wrap 的构造方法属性

| | |
|---|---|
| direction | 主轴的方向，水平或者垂直，默认是水平 |
| alignment | 主轴的对齐方式，默认是 WrapAlignment.start. |
| spacing | 主轴方向上的间距（double） |
| textDirection | 文本方向 |
| verticalDirection | 定义了 children 摆放顺序，默认是 down |
| runSpacing | run 的间距（double） |
| runAlignment | run 的对齐方式，run 可以理解为新的行或者列，如果是水平方向布局的话，run 可以理解为新的一行 |

具体请参考例 4-12。

【例 4-12】 Wrap 组件

```
class MyApp13 extends StatelessWidget {
  @override
  Widget build(BuildContext context) {
    return MaterialApp(
        title: 'Wrap Demo',
        home: new Scaffold(
          appBar: AppBar(
            title: Text(
              "Wrap Demo",
              style: TextStyle(fontSize: 30),
            ),),
          body: Container(
      height: 500,
      width: 400,
      color: Colors.green,
      child: Wrap(
        //direction: Axis.vertical,//把主轴变成纵轴
        spacing: 30,
        alignment: WrapAlignment.start,
        runSpacing: 20,
        runAlignment: WrapAlignment.end,
        children: <Widget>[
          MyButton('计算机'),
          MyButton('离散数学'),
          MyButton('JAVA 程序设计'),
          MyButton('AI'),
          MyButton('大数据'),
          MyButton('高数'),
          MyButton('微积分'),
          MyButton('数据结构'),
          MyButton('人文历史'),
        ], ), ) ));
  }
}

//自定义按钮
class MyButton extends StatelessWidget{
  final String text;
```

```
  const MyButton(this.text,{Key key}) : super(key: key);
  @override
  Widget build(BuildContext context) {
//TODO : implement build
    return RaisedButton(
      child: Text(text),
      disabledColor: Colors.red,
    );
  }
}
```

编译并运行程序结果如图 4-12 所示。

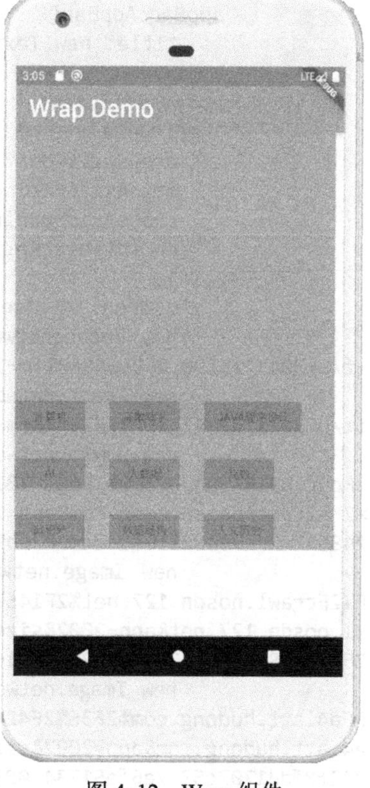

图 4-12　Wrap 组件

Wrap 组件示例代码说明如下：

- direction 没有设置值，默认为水平方向。如果要将排列方向改为垂直，可将参数改为 Axis.vertical。
- direction 定义了按钮按照水平方向排列后，spacing 为主轴即水平方向的组件间距，runSpacing 表示新行与原来行的间距即垂直方向间距。
- alignment 表示沿主轴方向即水平方向的排列方式，这里 WrapAlignment.start 是默认情况，表示对齐起始位置。
- MyButton 是自己定义的按钮，封装了一个 RaisedButton，属性 disabledColor 表示按钮未被获取焦点时显示的颜色。

### 4.2.6　GridView 组件

GridView 组件可以构建一个二维网格列表，它常用的构造函数定义如下：

```
GridView({
  Axis scrollDirection = Axis.vertical,
  bool reverse = false,
  ScrollController controller,
  bool primary,
  ScrollPhysics physics,
  bool shrinkWrap = false,
  EdgeInsetsGeometry padding,
  @required SliverGridDelegate gridDelegate, //控制子组件布局
  bool addAutomaticKeepAlives = true,
  bool addRepaintBoundaries = true,
  double cacheExtent,
  List<Widget> children = const <Widget>[],})
```

注意：参数 gridDelegate 类型是 SliverGridDelegate，它的作用是控制 GridView 子组件如何排列（layout）。其他的参数和 ListView 差不多。

SliverGridDelegate 是一个抽象类，它有两个子类，分别是 SliverGridDelegateWithFixed-

CrossAxisCount 和 SliverGridDelegateWithMaxCrossAxisExtent。

### 1. SliverGridDelegateWithFixedCrossAxisCount

这个类是通过 crossAxisCount 和 childAspectRatio 两个参数共同决定的，可以确保子组件最大显示空间。具体示例如例 4-13 所示。

**【例 4-13】** GridView 组件 1

```
    Widget build(BuildContext context) {
        return MaterialApp(
          title:'电影海报实例',
          home: Scaffold(
            appBar:AppBar(
                title: new Text('电影海报实例 1'),
            ),
            body: GridView(
              gridDelegate: SliverGridDelegateWithFixedCrossAxisCount(
                crossAxisCount:3,
                mainAxisSpacing: 2.0,
                crossAxisSpacing: 2.0,
                childAspectRatio: 0.75                          //宽比高
                ),
              children: <Widget>[
                new Image.network('https://ss2.bdstatic.com/70cFvnSh_Q1YnxGkpoWK1HF6hhy/
it/u=3043715190,260564960&fm=26&gp=0.jpg',fit: BoxFit.cover),
                new Image.network('https://ss3.bdstatic.com/70cFv8Sh_Q1YnxGkpoWK1HF6hhy/
it/u=3723167747,3570787874&fm=26&gp=0.jpg',fit: BoxFit.cover),
                new Image.network('https://gimg2.baidu.com/image_search/src=http%3A%2F%-
2Fpic.baike.soso.com%2Fp%2F20130530%2F20130530171951-483654910.jpg&refer=http%3A-
%2F%2Fpic.baike.soso.com&app=2002&size=f9999,10000&q=a80&n=0&g=0n&fmt=jpeg?sec=161287
7485&t=271944821f98330c0a82eb9411597f4c',fit: BoxFit.cover),
                new Image.network('https://gimg2.baidu.com/image_search/src=http%3A%2-
F%2Fcrawl.nosdn.127.net%2F146ee1bfa923a829324464ea24c2ee8f.jpg&refer=http%3A%2F%2Fcra
wl.nosdn.127.net&app=2002&size=f9999,10000&q=a80&n=0&g=0n&fmt=jpeg?sec=1612877485&t=1
75608e580886be628677ce2be760162',fit: BoxFit.cover),
                new Image.network('https://gimg2.baidu.com/image_search/src=http%3A%2F%-
2Fa4.att.hudong.com%2F36%2F42%2F01300000397019130404423200830.jpg&refer=http%3A%2F%2F
a4.att.hudong.com&app=2002&size=f9999,10000&q=a80&n=0&g=0n&fmt=jpeg?sec=1612877485&t=
342f0fdd1707c53a7e6fe51734c08525',fit: BoxFit.cover),
                new Image.network('https://gimg2.baidu.com/image_search/src=http%3A%2F%-
2Fwww.cctv.com%2Fmovie%2Fspecial%2FC13743%2F20050322%2Fimages%2F100943_tianxia000011.
jpg&refer=http%3A%2F%2Fwww.cctv.com&app=2002&size=f9999,10000&q=a80&n=0&g=0n&fmt=jpeg
?sec=1612877485&t=b685e2404ccdbb620e05b7ff0402d9b7',fit: BoxFit.cover),
                new  Image.network('https://ss1.bdstatic.com/70cFvXSh_Q1YnxGkpoWK1HF6-
hhy/it/u=1067702723,1565905514&fm=26&gp=0.jpg',fit: BoxFit.cover),
                new Image.network('https://ss1.bdstatic.com/70cFuXSh_Q1YnxGkpoWK1HF6-
hhy/it/u=2331037488,2941789029&fm=26&gp=0.jpg',fit: BoxFit.cover),
                new Image.network('https://ss1.bdstatic.com/70cFuXSh_Q1YnxGkpoWK1HF6hhy/
it/u=2021620617,3164672916&fm=26&gp=0.jpg',fit: BoxFit.cover),
                new Image.network('https://ss2.bdstatic.com/70cFvnSh_Q1YnxGkpoWK1HF6hhy/
it/u=3043715190,260564960&fm=26&gp=0.jpg',fit: BoxFit.cover),
                new Image.network('https://ss3.bdstatic.com/70cFv8Sh_Q1YnxGkpoWK1HF6hhy/
it/u=3723167747,3570787874&fm=26&gp=0.jpg',fit: BoxFit.cover),
                new Image.network('https://gimg2.baidu.com/image_search/src=http%3A%2F%2
Fpic.baike.soso.com%2Fp%2F20130530%2F20130530171951-483654910.jpg&refer=http%3A%2F%2F
```

```
pic.baike.soso.com&app=2002&size=f9999,10000&q=a80&n=0&g=0n&fmt=jpeg?sec=1612877485&t
=271944821f98330c0a82eb9411597f4c',fit: BoxFit.cover),
              new Image.network('https://gimg2.baidu.com/image_search/src=http%3A%2F%2
Fcrawl.nosdn.127.net%2F146ee1bfa923a829324464ea24c2ee8f.jpg&refer=http%3A%2F%2Fcrawl.
nosdn.127.net&app=2002&size=f9999,10000&q=a80&n=0&g=0n&fmt=jpeg?sec=1612877485&t=1756
08e580886be628677ce2be760162',fit: BoxFit.cover),
              new Image.network('https://gimg2.baidu.com/image_search/src=http%3A%2F%
2Fa4.att.hudong.com%2F36%2F42%2F01300000397019130404423200830.jpg&refer=http%3A%2F%2F
a4.att.hudong.com&app=2002&size=f9999,10000&q=a80&n=0&g=0n&fmt=jpeg?sec=1612877485&t=
342f0fdd1707c53a7e6fe51734c08525',fit: BoxFit.cover),
              new Image.network('https://gimg2.baidu.com/image_search/src=http%3A%2F%
2Fwww.cctv.com%2Fmovie%2Fspecial%2FC13743%2F20050322%2Fimages%2F100943_tianxia000011.
jpg&refer=http%3A%2F%2Fwww.cctv.com&app=2002&size=f9999,10000&q=a80&n=0&g=0n&fmt=jpeg
?sec=1612877485&t=b685e2404ccdbb620e05b7ff0402d9b7',fit: BoxFit.cover),
            ],
          )
        ),
      );
    }
```

编译并运行程序结果如图 4-13 所示。

- crossAxisCount：横轴子元素的数量。此属性值确定后，子元素在横轴的长度就确定了，即 ViewPort 横轴长度除以 crossAxisCount 的商。
- mainAxisSpacing：主轴方向的间距。
- crossAxisSpacing：横轴方向子元素的间距。
- childAspectRatio：子元素在横轴长度和主轴长度的比例。由于 crossAxisCount 指定后，子元素横轴长度就确定了，然后通过此参数值就可以确定子元素在主轴的长度。

**2．SliverGridDelegateWithMaxCrossAxisExtent**

该子类实现了一个横轴子元素为固定最大长度的 layout 算法，具体示例如例 4-14 所示。

**【例 4-14】** GridView 组件 2

```
Widget build(BuildContext context) {
    return MaterialApp(
      title:'GridView2',
      home: Scaffold(
        appBar:AppBar(
            title: new Text('GridView2'),
        ),
        body: GridView(
  padding: EdgeInsets.zero,
  gridDelegate: SliverGridDelegateWithMaxCrossAxisExtent(
      maxCrossAxisExtent: 120.0,
      crossAxisSpacing: 130.0,
      childAspectRatio: 2.0 //宽高比为 2
  ),
  children: <Widget>[
    Icon(Icons.add_alert,size: 50,color: Color.fromARGB(225,255, 0, 0),),
    Icon(Icons.add_call,size: 50,color: Color.fromARGB(225,255, 0, 0),),
    Icon(Icons.backup,size: 50,color: Color.fromARGB(225,255, 0, 0),),
    Icon(Icons.camera,size: 50,color: Color.fromARGB(225,255, 0, 0),),
    Icon(Icons.delete,size: 50,color: Color.fromARGB(225,255, 0, 0),),
```

```
    Icon(Icons.keyboard,size: 50,color: Color.fromARGB(225,255, 0, 0),),],
  ) ), );
 }
```

编译并运行程序结果如图 4-14 所示。

图 4-13　GridView 组件 1

图 4-14　GridView 组件 2

📖 注意：用此类构造 GridView 组件的时候，横轴方向每个子元素的长度仍然是等分的，也就是说横向是等分的。

**3. GridView.count**

GridView.count 构造函数内部使用了 SliverGridDelegateWithFixedCrossAxisCount，用户通过它可以快速地创建横轴固定数量子元素的 GridView，因此创建 GridView 也可以用下面代码代替：

```
GridView.count(
        crossAxisCount:3,
        mainAxisSpacing: 2.0,
        crossAxisSpacing: 2.0,
        childAspectRatio: 0.75                          //宽比高
        ........),
```

### 4.2.7 ReorderableListView 组件

ReorderableListView 组件类似于 ListView 组件，也属于列表组件，它是通过长按拖动某一项到另一个位置来重新排序的列表组件。ReorderableListView 组件需要设置 children 和 onReorder 属性，children 是子控件，onReorder 是拖动完成后的回调。ReorderableListView 组件总是很擅长移动项目，但是它要求用户长按才能启动拖动。具体用法参考例 4-15。

【例 4-15】 ReorderableListView 组件

```
class MyApp15 extends StatelessWidget {
  List<String> items = ['A', 'B', 'C', 'D', 'E', 'F', 'G', 'H', 'I'];
  @override
  Widget build(BuildContext context) {
    return MaterialApp(
        title: 'ReorderableListView Demo',
        home: new Scaffold(
            appBar: AppBar(
              title: Text(
                "ReorderableListView Demo",
                style: TextStyle(fontSize: 30),
              ),  ),
            body: ReorderableListView(
              children: <Widget>[
                for (String item in items)
                  ListTile(
                    title: Text('letter $item',
                        style: TextStyle(fontSize: 25, color: Colors.red)),
                    key: ValueKey(item),
                  ),    ],
              onReorder: (int oldIndex, int newIndex) {
                if (oldIndex < newIndex) {
                  newIndex -= 1;  }
                var child = items.removeAt(oldIndex);
                items.insert(newIndex, child);
              },   )));
  }
}
```

编译并运行程序结果如图 4-15 所示。

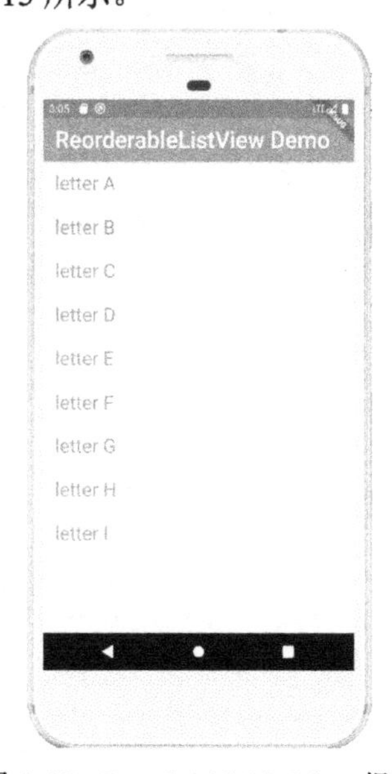


图 4-15　ReorderableListView 组件

## 4.3 本章小结

本章主要介绍了 Flutter 框架的容器类组件，这些组件的主要功能是可以创建一个大小定制化的容器，可以将子组件添加到这个容器里面。SizedBox 和 ConstrainedBox 组件可以定义一个容器，在这个容器中可以添加大小受容器限制的子组件，FittedBox 组件会在自己的尺寸范围内缩放并且调整 child 位置，使得 child 适合其尺寸。Container 组件中可以放置其他基本普通组件，Padding 组件可以定义一个可以给子组件添加指定的填充。具体组件详细参数，还需要查阅 Flutter 组件的 API 文档（https://api.flutter.dev/）。

## 4.4 习题与练习

**1．概念题**

1）简述 Flutter 框架的容器类组件的使用方式。

2）简述 ConstrainedBox 参数具体含义

3）利用 SizedBox 构造出一个容器。

4）如何使用 Flutter 框架的 Padding 组件？

**2．操作题**

使用 Flutter 框架中的容器组件，构建出一个电商购物页面。

# 第 5 章 Flutter 交互组件和导航栏

前面几章介绍的是 Flutter 主要的静态组件，本章主要介绍 Flutter 常用的交互型组件，例如拖拽、单击事件、手指划过事件、手势等动态效果，交互型组件需要继承有状态的 Widget，同时介绍 Flutter 常用的数据共享等功能型组件。

## 5.1 有状态 Widget

Flutter 的有状态 StatefulWidget 是动态的。用户可以和其交互（例如输入一个表单，或者移动一个 slider 滑块），或者可以随时间改变（也许是数据改变导致的 UI 更新）。Checkbox、Radio、Slider、InkWell、Form 和 TextField 都是 StatefulWidget，它们都是 StatefulWidget 类的子类。

要创建一个自定义有状态 StatefulWidget，需创建两个类：StatefulWidget 类和 State 类，其中 StatefulWidget 是控件本身，State 是控件的状态。即在 State 中编写控件的响应代码，而 StatefulWidget 只需要通过调用 CreateState()来返回一个新的实体就可以了。状态对象包含 Widget 的状态和 build() 方法。当 Widget 的状态改变时，状态对象调用 setState()，告诉框架重绘 Widget。具体步骤如下。

**步骤一**：决定哪个对象管理 Widget 的状态，Widget 的状态可以通过多种方式进行管理。

**步骤二**：创建 StatefulWidget 子类。

```
class FavoriteWidget extends StatefulWidget {
    @override
    _FavoriteWidgetState createState() => new _FavoriteWidgetState();
  }
```

FavoriteWidget 类管理自己的状态，因此它通过重写 createState()来创建状态对象。框架会在构建 Widget 时调用 createState()。在这个例子中，createState()创建_FavoriteWidgetState 的实例。

**步骤三**：创建 State 子类。自定义 State 类存储可变信息，可在 Widget 的生命周期内改变逻辑和内部状态。当应用第一次启动时，用户界面显示一个红色实心的星星形图标，表明该星已经被收藏，并有 20 个“喜欢”。状态对象存储这些信息在_isFavorited（是否喜欢）和_favoriteCount（点赞的数量）变量。

**步骤四**：将自定义 StatefulWidget 在 build 方法中添加到 Widget 树中。此 build 方法创建

一个包含红色 IconButton 和 Text 的行。该 Widget 使用 IconButton（而不是 Icon），因为它具有一个 onPressed 属性，该属性定义了处理单击的回调方法。IconButton 也有一个 Icon 的属性，持有 Icon。示例代码见例 5-1。

【例 5-1】 StatefulWidget

```
class MyApp extends StatelessWidget {
  Widget build(BuildContext context) {
    return new MaterialApp(
      title: 'Flutter Demo',
      home: new Scaffold(
        appBar: new AppBar(
          title: new Text('Flutter Demo'),
        ),
        body: new Center(
          child: new FavoriteWidget(),
        ), ), );
}
}
class FavoriteWidget extends StatefulWidget {
      @override
      _FavoriteWidgetState createState() => new _FavoriteWidgetState();
    }

class _FavoriteWidgetState extends State<FavoriteWidget> {
  bool _isFavorited = true;
  int _favoriteCount = 20;

  void _toggleFavorite() {
    setState(() {
      if (_isFavorited) {
        _favoriteCount -= 1;
        _isFavorited = false;
      } else {
        _favoriteCount += 1;
        _isFavorited = true;
      } });
  }
  Widget build(BuildContext context) {
    return new Row(
      mainAxisSize: MainAxisSize.min,
      children: [
        new Container(
          padding: new EdgeInsets.all(0.0),
          child: new IconButton(
            icon: (_isFavorited
                ? new Icon(Icons.star)
                : new Icon(Icons.star_border)),
            color: Colors.red[500],
            onPressed: _toggleFavorite,
          ), ),
        new SizedBox(
          child: new Container(
```

```
            child: new Text('$_favoriteCount',style:TextStyle(fontSize: 80)),
          ),),],);
    }
  }
```

编译并运行程序，单击点赞或收藏按钮前后的结果如图 5-1 和图 5-2 所示。

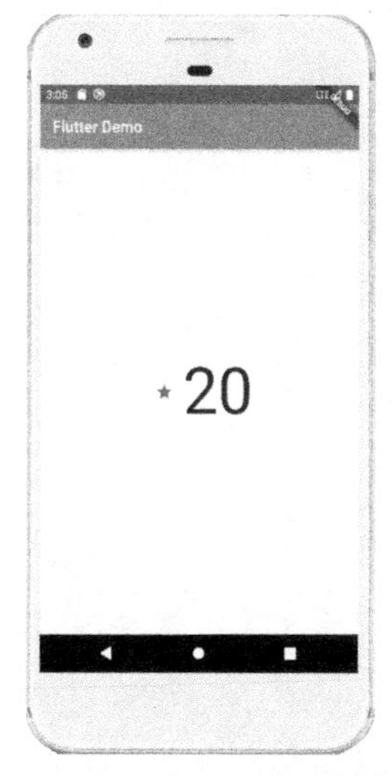


图 5-1　StatefulWidget 单击点赞或收藏按钮前

图 5-2　StatefulWidget 单击点赞或收藏按钮后

## 5.2 交互组件

交互组件是和用户进行一定的交互，形成互动。Flutter 的这类组件包括：Draggable、LongPressDraggable、DragTarget、Dismissible、IgnorePointer、Navigator、GestureDetector 等组件，这些组件都要继承有状态 StatefulWidget 类。

### 5.2.1 Draggable 组件

Draggable 组件可以使其子 Widget 可拖动，其构造函数属性见表 5-1。

表 5-1　Draggable 组件构造函数属性

| | |
|---|---|
| child | 子组件，未进行拖拽时显示 |
| feedback | 跟随拖拽的组件 |
| data | 用于对 DragTarget 传递 data |
| axis | axis 拖拽方向，可以设置只能横向或者纵向拖拽 |
| childWhenDragging | 拖拽时 child 子组件显示样式 |
| feedbackOffset | feedbackOffset = Offset.zero |
| dragAnchor = DragAnchor.child | 拖拽的锚地位置 |
| ignoringFeedbackSemantics = true | 当子 child 和 feedback 为同一个 Widget 时，可以设为 false，配合 GlobalKey 确保是同一个 Widget 减少绘制 |
| affinity | 此部件与其他手势的竞争方式，在非 affinity 方向上不响应拖动事件，一般用于滚动组件 |
| maxSimultaneousDrags | 同时支持拖动多少个点 |
| onDragStarted | 拖动开始时调用 |

（续）

| | |
|---|---|
| onDraggableCanceled | 在没有被 DragTarget 接受的情况下松开 Draggable 时调用 |
| onDragEnd | 拖动结束时调用 |
| onDragCompleted | Draggable 被删除并被 DragTarget 接受时调用 |

Draggable 组件示例代码如例 5-2 所示。

【例 5-2】 Draggable 组件

```
body: new Center(
  child: Draggable(
  child: Container(
    width: 80,
    height: 80,
    color: Colors.green,
  ),
  feedback: Container(
    color: Colors.red,
    width: 200,
    height: 200,
  ),
  childWhenDragging: Container(
    color: Colors.purple,
    width: 200,
    height: 200,
  ),
  feedbackOffset: Offset(0, 10),
  dragAnchor: DragAnchor.child,
  onDragStarted: () {
    print("onDragStarted");
  },
  onDragEnd: (DraggableDetails details) {
    print("onDragEnd : $details");
  },
  onDraggableCanceled: (Velocity velocity, Offset offset) {
    print('onDraggableCanceled velocity:$velocity,offset:$offset');
  },
  onDragCompleted: () {
    print('onDragCompleted');
  }, ), ),
```

编译并运行程序结果如图 5-3～图 5-5 所示。

### 5.2.2 LongPressDraggable 组件

LongPressDraggable 组件和 Draggable 组件差不多，只不过前者是长按组件拖拽事件，其构造函数的属性和 Draggable 组件属性基本一致，示例代码如下。

```
LongPressDraggable({
   Key key,
   @required Widget child,// 被长按的对象组件
   @required Widget feedback,// 鼠标拖动时，显示的组件
   T data,
```

```
    Axis axis,
    Widget childWhenDragging,//拖动时的子项对象
    Offset feedbackOffset = Offset.zero,
    DragAnchor dragAnchor = DragAnchor.child,
    int maxSimultaneousDrags,
    VoidCallback onDragStarted,// 拖动开始回调
    DraggableCanceledCallback onDraggableCanceled,// 拖动取消回调
    DragEndCallback onDragEnd,// 拖动结束回调
    VoidCallback onDragCompleted,// 拖动完成时的回调
    this.hapticFeedbackOnStart = true,
    bool ignoringFeedbackSemantics = true,
  })
```

图 5-3 Draggable 组件方块拖拽前

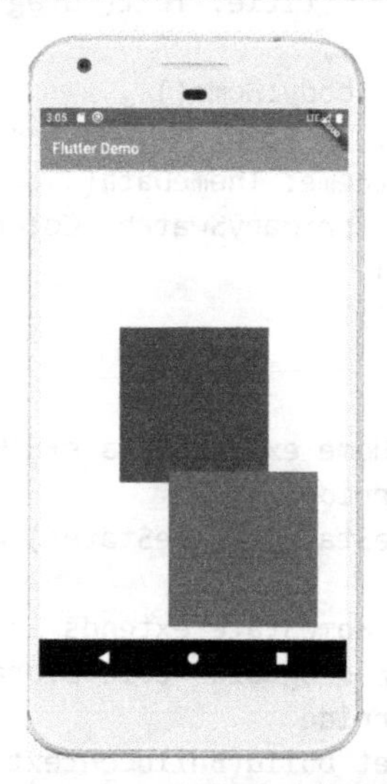


图 5-4 Draggable 组件方块拖拽后

```
TERMINAL   PROBLEMS 2   OUTPUT   DEBUG CONSOLE                                dart +
I/flutter (23946): onDragStarted
I/flutter (23946): onDragEnd : Instance of 'DraggableDetails'
I/flutter (23946): onDraggableCanceled velocity:Velocity(9.4, -75.0),offset:Offset(175.4, 466.0)
```

图 5-5 Draggable 组件方块拖拽后控制台打印结果

### 5.2.3 DragTarget 组件

DragTarget 是一个拖动的目标 Widget，在完成拖动时它可以接收数据，与 Draggable 用法类似。主要的构造函数属性如下。

- builder：candidateData 为 onWillAccept 回调为 true 时可接收的数据列表，rejectedData 为 onWillAccept 回调为 false 时拒绝时的数据列表。
- onWillAccept：当拖拽锚点进入 DragTarget 范围时回调，true 时会将 Data 数据添加到 candidateData 列表中；false 时会将 Data 数据添加到 rejectedData 列表中。
- onAccept：接收 Data 数据，只有 onWillAccept 返回 true 且拖拽结束时拖拽锚点位于 DragTarget 内，才会回调。
- onAcceptWithDetails：跟 onAccept 一样，只是多了 Offset（位移）的属性。

● onLeave：拖拽锚点进入 DragTarget 范围后再离开 DragTarget 范围时回调。

● onMove：拖拽锚点进入 DragTarget 范围后在 DragTarget 范围内移动时回调。

示例代码如例 5-3 所示。

【例 5-3】 DragTarget 组件

```
class MyApp03 extends StatelessWidget{
  @override
  Widget build(BuildContext context) {
    return MaterialApp(
      home:Scaffold(
        appBar:AppBar(
          title: Text('DragTarget Demo'),
        ),
        body:Home() ,
      ),
      theme: ThemeData(
        primarySwatch: Colors.blue
      ),
      );
  }
}
class Home extends StatefulWidget {
  @override
  _HomeState createState() => _HomeState();
}
class _HomeState extends State<Home> {
  Color dragColor=Colors.orange;
  @override
  Widget build(BuildContext context) {
    return Container(
       child: Stack(
         children: <Widget>[
         //拖动组件
            Drag(offset: Offset(80,80),widgetColor: Colors.yellow,),
            Drag(offset: Offset(180,80),widgetColor: Colors.purple,),
            Center(
              //拖拽接收组件
              child: DragTarget(
              //当组件拖动到该组件触发的回调，参数为拖动组件的 data 数据内容
                onAccept:(Color color){
                  this.dragColor=color;
                },
                //重写方法，表示待接收的组件
                builder: (context,candidayeData,rejectedData){
                  return Container(
                    width: 200,
                    height: 200,
                    color: this.dragColor,
                  );
                },
              ),
            )
```

```
        ],
      ),
    );
  }
}
```

下面是用 Draggable 定义组件的代码：

```
class Drag extends StatefulWidget {
//构造器传入坐标和参数
  Drag({ Key key,this.offset,this.widgetColor}) : super(key: key);
  final Offset offset;
  final Color widgetColor;
  @override
  _DragState createState() => _DragState();
}
class _DragState extends State<Drag> {
  Offset offset=Offset(0.0,0.0);
  @override
  void initState() {
    super.initState();
    //获取继承的状态类的数据
    offset=widget.offset;
  }
  @override
  Widget build(BuildContext context) {
    return Container(
    //Positioned 实现组件位置为鼠标停止位置
       child: Positioned(
         left:offset.dx,
         top:offset.dy,
         child: Draggable(
           //拖拽传递的数据
           data:widget.widgetColor,
           //拖动过程中的组件
           feedback:Container(
             width: 130,
             height: 130,
             color: Colors.red,
           ) ,
           //待拖动组件
           child: Container(
             width: 100,
             height: 100,
             color:widget.widgetColor,
           ),
           //拖动过程回调
           onDraggableCanceled: (Velocity velocity, Offset offset){
              setState(() {
                //第二个参数为拖动的动态坐标
                this.offset=offset;
              });
           },
```

```
            ),
          ),
        );
    }
}
```

编译并运行程序结果如图 5-6～图 5-8 所示。

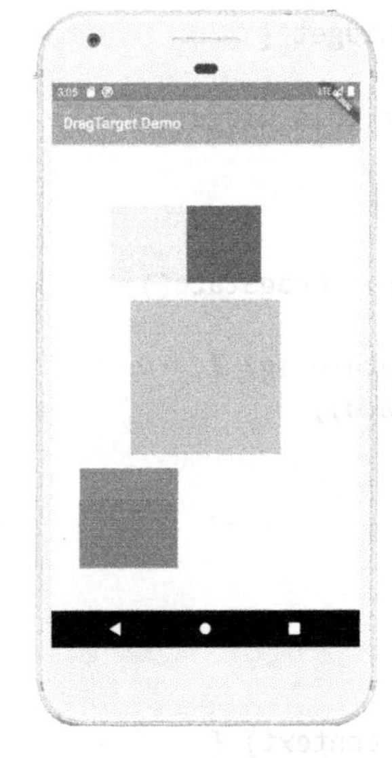


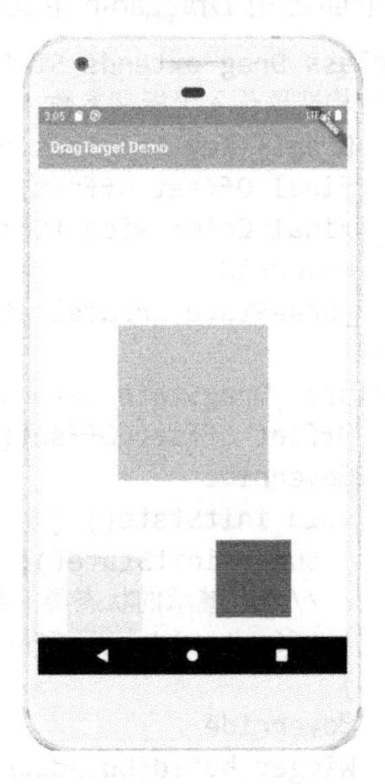


图 5-6　DragTarget 组件拖拽前　　图 5-7　DragTarget 组件拖拽中　　图 5-8　DragTarget 组件拖拽后

### 5.2.4　Dismissible 组件

Dismissible 组件可以实现拖拽后删除一项的效果，常用的构造函数的属性有以下几个：

```
* const Dismissible({
    @required Key key
    @required this.child
    this.background,//滑动时组件下一层显示的内容。没有设置 secondaryBackground（删除后的背景样式）时，从右往左或者从左往右滑动都显示该内容；设置了 secondaryBackground 后，从左往右滑动显示该内容，从右往左滑动显示 secondaryBackground 的内容
    //secondaryBackground 不能单独设置，只能在已经设置了 background 后才能设置，从右往左滑动时显示
    this.secondaryBackground
    this.onResize,//组件大小改变时回调
    this.onDismissed,//组件消失后回调
    this.direction = DismissDirection.horizontal
    this.resizeDuration = const Duration(milliseconds: 300),//组件大小改变的时长
    this.dismissThresholds = const <DismissDirection, double>{}
    this.movementDuration = const Duration(milliseconds: 200),//组件消失的时长
    this.crossAxisEndOffset = 0.0,// }) */
    })
```

示例代码如例 5-4 所示。

【例 5-4】 Dismissible 组件

```
class MyApp04 extends StatelessWidget{
 List<String> list=['a','b','c','e','f','g','h','i'];
 @override
  Widget build(BuildContext context) {
    return MaterialApp(
      home:Scaffold(
        appBar:AppBar(
          title: Text('DragTarget Demo'),
        ),
        body: ListView.builder(
            itemCount: list.length,
            itemBuilder: (context, index) {
              var item = list[index];
              return Dismissible(
                key: Key(item),
                child: ListTile(
                  title: Text(item,style: TextStyle(fontSize:40),),
                ),
                onDismissed: (direction) {
                  list.remove(index);
                  print(direction);
                },
                background: Container(
                  color: Colors.red,
                  child: Center(
                    child: Text("删除",
                      style: TextStyle(
                          color: Colors.white
                      ),
                    ),
                  )
                ),
                secondaryBackground: Container(
                  color: Colors.green,
                ),
              );
            },
        )
      )
    );
  }
}
```

编译并运行程序结果如图 5-9、图 5-10 和图 5-11 所示。

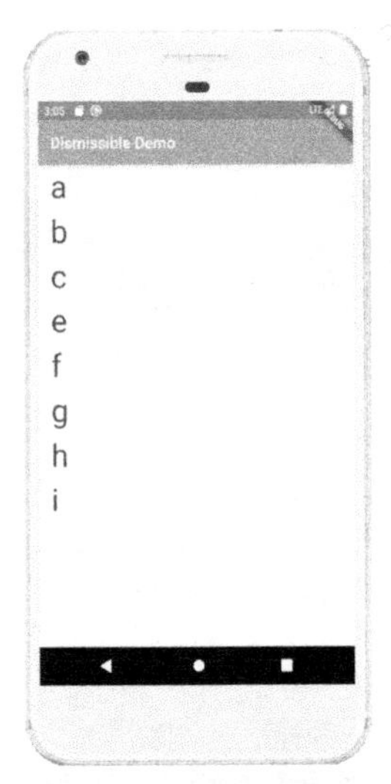


图 5-9　Dismissible 组件拖拽前

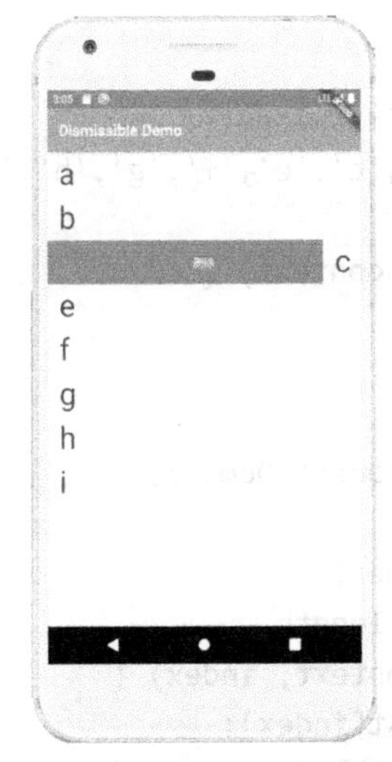


图 5-10　Dismissible 组件拖拽中

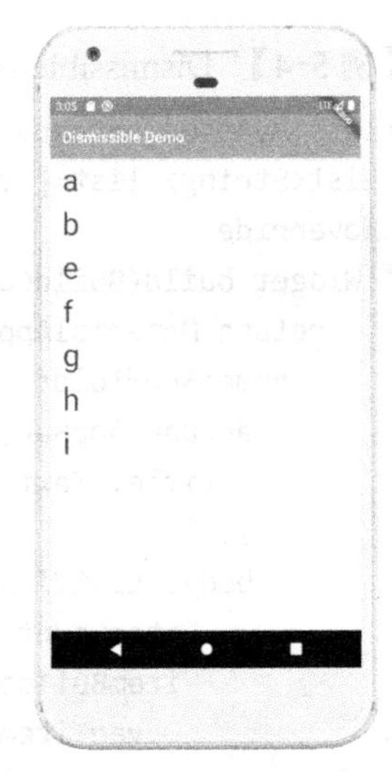


图 5-11　Dismissible 组件拖拽后

## 5.2.5　IgnorePointer 组件

IgnorePointer 组件可以禁用组件，是一种禁止用户输入的控件，例如按钮的单击、输入框的输入、ListView 的滚动等。可能有人会说将按钮的 onPressed 设置为 null，一样也可以实现，但是这个组件可以提供多组件的统一控制，而不需要单独为每一个组件设置。如下面代码所示。

```
IgnorePointer(
  child: Row(
    children: <Widget>[
      RaisedButton(onPressed: (){},),
      RaisedButton(onPressed: (){},),
      RaisedButton(onPressed: (){},),
      RaisedButton(onPressed: (){},),
    ],
  ),
)
```

另一个组件 AbsorbPointer 和 IgnorePointer 组件类似，这里就不再赘述。

示例代码如例 5-5 所示。

**【例 5-5】** IgnorePointer 组件

```
 class MyApp05 extends StatelessWidget {
  static const String _title = 'IgnorePointer Demo';
  Widget build(BuildContext context) {
    return new MaterialApp(
      title: _title,
      home: MyStatefulWidget(),);
  }}
class MyStatefulWidget extends StatefulWidget {
  _MyStatefulWidgetState createState() => new _MyStatefulWidgetState();
}
class _MyStatefulWidgetState extends State<MyStatefulWidget> {
```

```
    bool ignoring = false;
    void setIgnoring(bool newValue) {
      setState(() {
        ignoring = newValue;
      });
    }
    Widget build(BuildContext context) {
      return Scaffold(
        appBar: AppBar(
          centerTitle: true,
          title: RaisedButton(
            onPressed: () {
              setIgnoring(!ignoring);
            },
            child: Text(
              ignoring ? '我可以被单击 true' : '我可以被单击 false',
            ),), ),
        body: Center(
          child: IgnorePointer(
            ignoring: ignoring,
            child: Column(
              mainAxisAlignment: MainAxisAlignment.spaceEvenly,
              children: <Widget>[
                Text('我可以被单击: $ignoring'),
               RaisedButton(
                 onPressed: () {},
                 child: const Text('单击我 1, 没反应!'),
               ),
                RaisedButton(
                 onPressed: () {},
                 child: const Text('单击我 2, 没反应!'),
               ),
                RaisedButton(
                 onPressed: () {},
                 child: const Text('单击我 3, 没反应!'),
               ),
                RaisedButton(
                 onPressed: () {},
                 child: const Text('单击我 4, 没反应!'),
               ),   ],),),),), ); }
  }
```

编译并运行程序结果如图 5-12 和图 5-13 所示。

### 5.2.6 Navigator 组件

在 Flutter 中通过 Navigator 组件来管理路由导航。Navigator 组件目前有 1.0 和 2.0 两个版本。Navigator 1.0 是通过 Navigator 来管理处理路由，而 Navigator 2.0 则是通过 Router 来处理的，但是也需要 Navigator，实际上是用 Router 将 Navigator 包裹起来。Router 相对来说功能强大很多，但同时使用起来也复杂很多。后面讲到路由的时候会详细讲解这部分。MaterialApp 和 CupertinoApp 已经使用 Navigator。您可以使用 Navigator.of()访问它，也可以使用 Navigator.push()显示一个新页面，并使用 Navigator.pop()返回上一个页面。

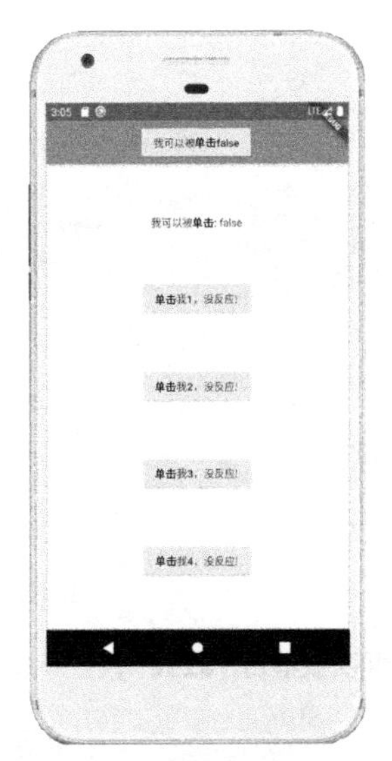

图 5-12　IgnorePointer 组件单击按钮 1，按钮 2 前

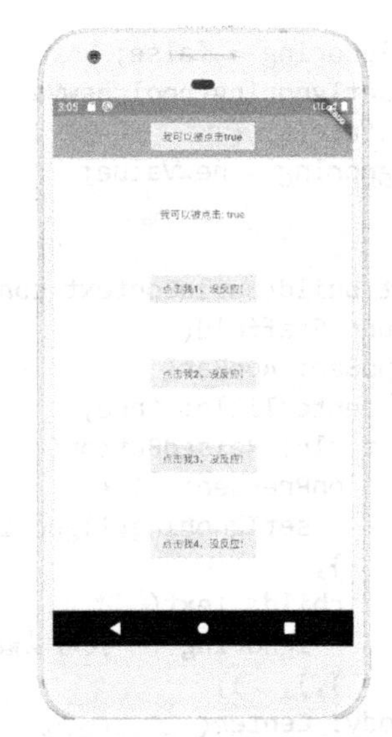

图 5-13　IgnorePointer 组件单击按钮 1，按钮 2 后

下面是 Navigator 常用属性：

```
Navigator({
    Key key,
    this.initialRoute,//初始路由
    @required this.onGenerateRoute,//路由生成器,
    this.onUnknownRoute,//OnGenerateRoute 无法生成路由时调用
    this.observers = const <NavigatorObserver>[] // 此导航器的观察者列表
})
```

示例代码如例 5-6 所示。

【例 5-6】 Navigator 组件

```
class MyApp06 extends StatelessWidget {
  Widget build(BuildContext context) {
    return MaterialApp(
      title: 'Navigator Demo',
      theme: ThemeData(
        primarySwatch: Colors.green,
        primaryColor: Colors.pink
      ),
      initialRoute: '/',
       home: MyHomePage(),
      routes: {
        '/lgx': (BuildContext context) => HomePage(),
      },  );  }
}
class MyHomePage extends StatelessWidget {
  @override
  Widget build(BuildContext context) {
    return Center(
      child:Column(
        children: <Widget>[
          RaisedButton(
```

```
              color: Colors.red,
              onPressed: (){
                  Navigator.pushNamed(context, "/lgx");
              },
              child: Text("第一个页面"),
            ),  ],), );  }
    }
    // 路由 lgx 指向的页面
    class HomePage extends StatelessWidget {
      Widget build(BuildContext context) {
        return Scaffold(
          appBar: AppBar(
            title: Text("lgx"),
            leading:IconButton(
               icon: const Icon(Icons.arrow_back),
               onPressed: () {Navigator.pop(context);},
            ),
          ),
          body:  DefaultTextStyle(
            style: Theme.of(context).textTheme.display1,
            child: Container(
              color: Colors.white,
              alignment: Alignment.center,
              child: Text('我是第一个页面'),
            ),), );  }
    }
```

编译并运行程序结果如图 5-14 和图 5-15 所示。

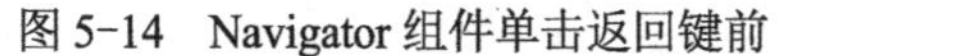

图 5-14　Navigator 组件单击返回键前　　　图 5-15　Navigator 组件单击返回键后

Navigator 2.0 API 为框架增加了新的类，以便使应用的屏幕成为应用状态的函数，并从底层提供解析路由的能力（如 Web URL）。

- Page：一个不可更改的对象，用于设置 Navigator 的历史堆栈。
- Router：配置要由 Navigator 显示的页面列表。通常此页面列表根据平台或应用的状态变化而变化。

- RouteInformationParser：从 RouteInformationProvider 中获取 RouteInformation，并将其解析为用户定义的数据类型。
- RouterDelegate：定义了 Router 如何学习应用状态变化以及如何响应这些变化的应用特定行为。它的工作是监听 RouteInformationParser 和应用状态，并利用当前的 Pages 列表构建 Navigator。
- BackButtonDispatcher：向 Router 报告返回按钮按下的情况。

### 5.2.7 GestureDetector 组件

在 Flutter 中通过 GestureDetector 组件来负责处理跟用户的简单手势交互。GestureDetector 控件没有图像展示，只是检测用户输入的手势，并做出相应的处理，包括单击、拖动和缩放。许多控件使用 GestureDetector 为其他控件提供回调，例如 IconButton、RaisedButton 和 FloatingActionButton 控件有 onPressed 回调，当用户单击控件时触发回调。

下面是 Navigator 常用属性：

```
GestureDetector({
   Key key,
   this.child,
   this.onTapDown,
   this.onTapUp,
   this.onTap,
   this.onTapCancel,
   this.onDoubleTap,
   this.onLongPress,
   this.onLongPressUp,
   this.onVerticalDragDown,
   this.onVerticalDragStart,
   this.onVerticalDragUpdate,
   this.onVerticalDragEnd,
   this.onVerticalDragCancel,
   this.onHorizontalDragDown,
   this.onHorizontalDragStart,
   this.onHorizontalDragUpdate,
   this.onHorizontalDragEnd,
   this.onHorizontalDragCancel,
   this.onForcePressStart,
   this.onForcePressPeak,
   this.onForcePressUpdate,
   this.onForcePressEnd,
   this.onPanDown,
   this.onPanStart,
   this.onPanUpdate,
   this.onPanEnd,
   this.onPanCancel,
   this.onScaleStart,
   this.onScaleUpdate,
   this.onScaleEnd,
   this.behavior,
   this.excludeFromSemantics = false
 })
```

下面示例代码说明了常用手势的使用，如例 5-7 所示。

**【例 5-7】** GestureDetector 组件

```
class MyApp08 extends StatelessWidget {
  static const String _title = 'GestureDetector Demo';
  Widget build(BuildContext context) {
    return new MaterialApp(
        home: Scaffold(
      appBar: AppBar(
        title: Text(_title),
      ),
      body: GestureDetectorTestRoute(),
    ));  }
}

class GestureDetectorTestRoute extends StatefulWidget {
  _GestureDetectorTestRouteState createState() =>
      new _GestureDetectorTestRouteState();
}
class _GestureDetectorTestRouteState extends State<GestureDetectorTestRoute> {
  String _operation = "没有检测到任何手势！"; //保存事件名
  @override
  Widget build(BuildContext context) {
    return Center(
      child: GestureDetector(
        child: Container(
          alignment: Alignment.center,
          color: Colors.blue,
          width: 300.0,
          height: 200.0,
          child: Text(
            _operation,
            style: TextStyle(color: Colors.red, fontSize: 30),
          ),
        ),
        onTap: () => updateText("单击"),
        onDoubleTap: () => updateText("双击"),
        onLongPress: () => updateText("长按"),
        onTapDown: (e) => updateText("按下"),
        onTapCancel: () => updateText("取消"),
        onTapUp: (e) => updateText("松开"),
      ),
    );
  }
  void updateText(String text) {
    setState(() {
      _operation = text;
    });
  }
}
```

编译并运行程序结果如图 5-16 至图 5-19 所示。

图 5-16　GestureDetector 组件未单击窗口前

图 5-17　GestureDetector 组件未单击窗口时

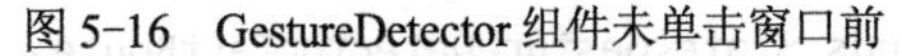

图 5-18　GestureDetector 组件双击窗口时

图 5-19　GestureDetector 组件长按窗口时

📖 组件中的“按下”没有截图是因为按下键的瞬间就会显示，但是再过一小会就瞬间变为“长按”。手机真机上体验会比较明显，而在模拟器上“单击”和“按下”的差别却并不明显，“单击”会按下，再松开按键，“按下”却不松开。“取消”在模拟器上也不好演示，是按下组件，然后拖拽组件，但瞬间就会消失，因此这里也没有截图。

## 5.3　导航栏

导航栏是一个 App 的基本 UI 设计者首先要考虑的问题，用户可以看到每个 App 尤其是大型 App 都有底部、顶部导航栏等，如微信、QQ、京东、淘宝等 App，这些漂亮、方便操作的导航栏是怎么做出来的？

Flutter 常用的导航栏有 BottomNavigationBar、TabBar、TabBarView、Drawer 等组件。

### 5.3.1 BottomNavigationBar 组件

BottomNavigationBar 组件是底部导航栏，这个组件是使用最为频繁的一个组件，因为每个 App 都需要导航栏，当然现在可以使用各种不同的导航栏，下面介绍 BottomNavigationBar 组件的常用属性。

构造方法的主要属性有：

```
BottomNavigationBar({
    Key key,
    @required this.items,
    this.onTap,
    this.currentIndex = 0,
    BottomNavigationBarType type,
    this.fixedColor,
    this.iconSize = 24.0,
  })
```

上面构造方法的组件属性说明见表 5-2。

**表 5-2　BottomNavigationBar 组件属性说明**

| 属性 | 说明 |
|---|---|
| tems | 底部导航栏的显示项 |
| onTap | 单击导航栏子项时的回调 |
| currentIndex | 当前显示项的下标 |
| type | 底部导航栏的类型，有 fixed 和 shifting 两个类型，显示效果不一样 |
| fixedColor | 底部导航栏 type 为 fixed 时导航栏的颜色，如果为空的话，默认使用 ThemeData. primaryColor |
| iconSize | BottomNavigationBarItem icon 的大小 |

本组件最主要的属性是 BottomNavigationBarItem，它是由底部导航栏，是要显示的 Item（项），由图标和标题组成。

```
const BottomNavigationBarItem({
    @required this.icon,
    this.title,
    Widget activeIcon,
    this.backgroundColor,
     })
```

下面示例代码说明 BottomNavigationBar 的使用，如例 5-8 所示。

**【例 5-8】** BottomNavigationBar 组件 1

```
class MyApp10 extends StatelessWidget {
  static const String _title = 'BottomNavigationBar Demo';
  Widget build(BuildContext context) {
    return new MaterialApp(
        home: Scaffold(
```

```
        appBar: AppBar(
          title: Text(_title),
        ),
        body: MyHomePage(),
      )); }
  }
  class MyHomePage extends StatefulWidget {
    _BarState createState() =>new _BarState();
  }
  class _BarState extends State<MyHomePage> {
    //默认选择第一个底部导航菜单(Home)
    int _currentIndex = 0;
    //List 里面为同一个构造方法，这里是同一个界面，只是设置背景颜色不一样，
    //也可以在此处加入不同页面的构造方法，就会加载相应的界面了
    final List<Widget> _children = [
        PlaceholderWidget(Colors.green),
        PlaceholderWidget(Colors.deepOrange),
        PlaceholderWidget(Colors.red)
    ];
    Widget build(BuildContext context) {
      return new Scaffold(
        body: _children[_currentIndex], //body 内容颜色随角标值变化
        bottomNavigationBar: BottomNavigationBar(
          onTap: selectOption, //tap 单击事件，会切换菜单选项
          currentIndex: _currentIndex,
          items: [
            BottomNavigationBarItem(
              icon: new Icon(Icons.home),
              title: new Text('Home'),
            ),
            BottomNavigationBarItem(
              icon: new Icon(Icons.mail),
              title: new Text('Messages'),
            ),
            BottomNavigationBarItem(
              icon: Icon(Icons.person),
              title: Text('Profile')
            )],  ), );
    }
    void selectOption(int index) {
      setState(() {
            _currentIndex = index;
      }); }
  }
  class PlaceholderWidget extends StatelessWidget {
   final Color color;
   PlaceholderWidget(this.color);
   @override
   Widget build(BuildContext context) {
     return Container(
       color: color, ); }
  }
```

编译并运行程序结果如图 5-20 至图 5-22 所示。

图 5-20　BottomNavigationBar 组件 Home 主页

图 5-21　BottomNavigationBar 组件 Message 页面

图 5-22　BottomNavigationBar 组件 Profile 页面

BottomNavigationBar 也有其他使用效果，下面示例代码是 BottomNavigationBar 的另一种使用，如例 5-9 所示。

**【例 5-9】** BottomNavigationBar 组件 2

```
class MyApp11 extends StatelessWidget {
  Widget build(BuildContext context) {
    return new MaterialApp(
        home: Scaffold(
      body: IndexPage(),
    ));  }}
class IndexPage extends StatefulWidget {
  @override
  State<StatefulWidget> createState() {
    return _IndexState();
  }}
class _IndexState extends State<IndexPage> {
  final List<BottomNavigationBarItem> bottomNavItems = [
    BottomNavigationBarItem(
      backgroundColor: Colors.blue,
      icon: Icon(Icons.home),
      title: Text("首页"),
    ),
    BottomNavigationBarItem(
      backgroundColor: Colors.green,
      icon: Icon(Icons.message),
      title: Text("消息"),
    ),
    BottomNavigationBarItem(
      backgroundColor: Colors.amber,
      icon: Icon(Icons.shopping_cart),
```

```
        title: Text("购物车"),
      ),
      BottomNavigationBarItem(
        backgroundColor: Colors.red,
        icon: Icon(Icons.person),
        title: Text("个人中心"),
      ),  ];
    int currentIndex;
    final pages = [HomePage(), MsgPage(), CartPage(), PersonPage()];
    void initState() {
      super.initState();
      currentIndex = 0;
    }
    Widget build(BuildContext context) {
      return Scaffold(
        bottomNavigationBar: BottomNavigationBar(
          items: bottomNavItems,
          currentIndex: currentIndex,
          type: BottomNavigationBarType.shifting,
          onTap: (index) {
            _changePage(index);
          },     ),
        body: pages[currentIndex],
      );  }

    /*切换页面*/
    void _changePage(int index) {
      /*如果单击的导航项不是当前项  切换 */
      if (index != currentIndex) {
        setState(() {
          currentIndex = index;
        }); } }
  }
  class HomePage extends StatefulWidget {
   @override
   HomePageState createState() => new HomePageState();
  }
  class HomePageState extends State<HomePage> {
   Widget build(BuildContext context) {
   return new MaterialApp(
    home: new Scaffold(
    appBar: new AppBar(
     title: new Text("Home"),
     backgroundColor: Color.fromARGB(255, 119, 136, 213),
     centerTitle: true, //设置标题是否居中
    ),
    body: new Center(
     child: new Text('Home'),
    ), ), ); }
  }
  ......
```

上面代码省略了 MsgPage()、CartPage()、PersonPage()页面代码，代码与 HomePage()相似，这里不再赘述。

编译并运行程序结果如图 5-23 至图 5-25 所示。

图 5-23　BottomNavigationBar 组件 Home 页面

图 5-24　BottomNavigationBar 组件消息页面

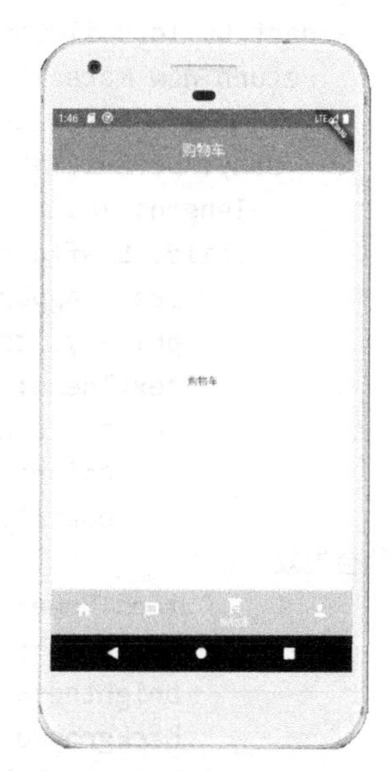


图 5-25　BottomNavigationBar 组件购物车页面

### 5.3.2　TabBar 组件

TabBar 组件和 BottomNavigationBar 组件一样也是导航栏，既可以作为导航栏底部 Tabbar 切换，也可用于顶部 Tabbar 切换，在工作中使用频率都比较高。Flutter 很人性化，这些组件都提供好了。其主要构造函数属性有：

```
    const TabBar({
    Key key,
    @required this.tabs,//显示的标签内容，一般使用 Tab 对象,也可以是其他的
    Widget this.controller,//TabController 对象
    this.isScrollable = false,//是否可滚动
    this.indicatorColor,//指示器颜色
    this.indicatorWeight = 2.0,//指示器高度
    this.indicatorPadding = EdgeInsets.zero,//底部指示器的 Padding
    this.indicator,//指示器 decoration，例如边框等
    this.indicatorSize,//指示器大小计算方式，TabBarIndicatorSize.label 跟文字等宽，
TabBarIndicatorSize.tab 跟每个 tab 等宽
    this.labelColor,//选中 label 的颜色
    this.labelStyle,//选中 label 的 Style
    this.labelPadding,//每个 label 的 padding 值
    this.unselectedLabelColor,//未选中 label 的颜色
    this.unselectedLabelStyle,//未选中 label 的 Style
     })
```

TabBar 组件通常是配合 AppBar 使用，下面示例代码是 AppBar+TabBar 组件的一个例子，如例 5-10 所示。

【例 5-10】 AppBar+TabBar 组件

```
class MyApp12 extends StatelessWidget {
  @override
  Widget build(BuildContext context) {
    return new MaterialApp(
        home: Scaffold(
      body: DefaultTabController(
        length: 14,
        child: Scaffold(
          appBar: AppBar(
            primary: true,
            textTheme: TextTheme(),
            actionsIconTheme: IconThemeData(
                color: Colors.blue,
                opacity: 0.6), //设置导航右边图标的主题颜色，此时 IconTheme 对于右边图
标颜色会失效
            iconTheme: IconThemeData(
                color: Colors.black, opacity: 0.6), //设置 AppBar 上面 Icon 的主题颜色
            brightness: Brightness.dark, //设置导航条上面的状态栏显示字体颜色
            backgroundColor: Colors.amber, //设置背景颜色
            bottom: TabBar(
                onTap: (int index) {
                  print('Selected......$index');
                },
                unselectedLabelColor:Colors.grey,
  //设置未选中时的字体颜色，tabs 里面的字体样式优先级最高
                unselectedLabelStyle:TextStyle(fontSize: 20),
  //设置未选中时的字体样式，tabs 里面的字体样式优先级最高
                labelColor: Colors.black,
  //设置选中时的字体颜色，tabs 里面的字体样式优先级最高
                labelStyle:TextStyle(fontSize: 20.0),
  //设置选中时的字体样式，tabs 里面的字体样式优先级最高
                isScrollable: true, //允许左右滚动
                indicatorColor: Colors.red, //选中下划线的颜色
              indicatorSize: TabBarIndicatorSize.label, //选中下划线的长度，为
label 时跟文字内容长度一样，为 tab 时跟一个 Tab 的长度一样
              indicatorWeight: 6.0, //选中下划线的高度，值越大高度越高，默认为 2.0
                tabs: [
                  Text(
                    '精选',
                    style: TextStyle(color: Colors.green, fontSize: 16.0),
                  ),
                  Text(
                    '猜你喜欢',
                    style:
                        TextStyle(color: Colors.indigoAccent, fontSize: 16.0),
                  ),
                  Text('母婴'),
                  Text('儿童'),
```

```
              Text('女装'),
              Text('百货'),
              Text('美食'),
              Text('美妆'),
              Text('母婴'),
              Text('儿童'),
              Text('女装'),
              Text('百货'),
              Text('美食'),
              Text('美妆'),
            ]),
          centerTitle: true,
          title: Text('AppBar Demo'),
          leading: IconButton(
              icon: Icon(Icons.add),
              onPressed: () {
                print('add click....');
              }),
          actions: <Widget>[
            IconButton(
                icon: Icon(Icons.search),
                onPressed: () {
                  print('search....');
                }),
            IconButton(
                icon: Icon(Icons.history),
                onPressed: () {
                  print('history....');
                }),    ],
        ),
        body: TabBarView(children: [
          Text('精选'),
          Text('猜你喜欢'),
          Text('母婴'),
          Text('儿童'),
          Text('女装'),
          Text('百货'),
          Text('美食'),
          Text('美妆'),
          Text('母婴'),
          Text('儿童'),
          Text('女装'),
          Text('百货'),
          Text('美食'),
          Text('美妆'),
        ]),  ), ),  ));  }
}
```

编译并运行程序结果如图 5-26 至图 5-28 所示。

图 5-26 AppBar+TabBar 组件首页页面

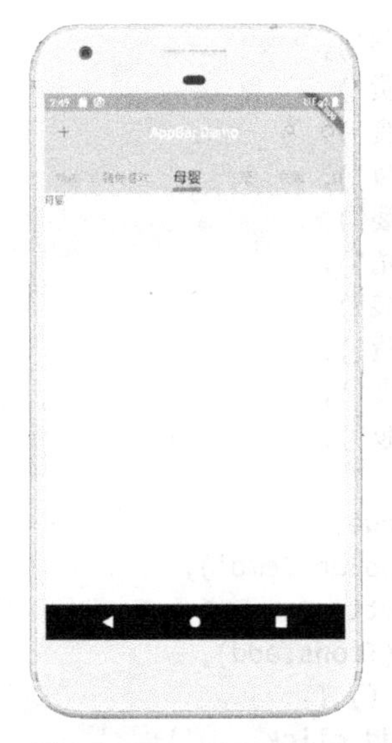

图 5-27 AppBar+TabBar 组件单击母婴页面

图 5-28 AppBar+TabBar 组件单击百货页面

本示例中单击 App 左上角“+”，打印输出“add click...”，单击右上角放大镜，输出“search....”，单击右上角钟表，控制台打印“history....”，打印结果如图 5-29 所示。

```
TERMINAL    PROBLEMS 39    OUTPUT    DEBU

I/flutter ( 5569): add click....
I/flutter ( 5569): Selected......1
I/flutter ( 5569): Selected......2
I/flutter ( 5569): history....
I/flutter ( 5569): search....
I/flutter ( 5569): Selected......0
I/flutter ( 5569): Selected......1
I/flutter ( 5569): Selected......2
I/flutter ( 5569): Selected......3
```

图 5-29 AppBar+TabBar 组件单击切换按钮控制台打印日志

### 5.3.3 TabBarView 组件

TabBarView 组件和 TabBar 组件一样也是导航栏，既可以作为导航栏底部 TabBar 切换，也可用于顶部 TabBar 切换。其主要构造函数属性有：

```
const TabBarView({
  Key key,
  @required this.children,
  this.controller,
  this.physics,
  this.dragStartBehavior = DragStartBehavior.start,
})
```

TabBar 和 TabBarView 都必须放在一个开发者提供的 TabController 或者 DefaultTabController（默认的 TabController）中。例如下面代码：

```
body: DefaultTabController(
```

```
    length: 9,
    child: Column(
      children: <Widget>[
        Container(
          color: Colors.pink,
          child: TabBar(
            labelColor: Colors.yellow,
            unselectedLabelColor: Colors.white,
            indicatorWeight: 1,
            isScrollable: true,
            // labelPadding: EdgeInsets.fromLTRB(10, 0, 0, 0),
            labelStyle: TextStyle(fontSize: 14),
            tabs: <Widget>[
              Tab(text: 'Tab1'),
              Tab(text: 'Tab1'),
              Tab(text: 'Tab1'),
              Tab(text: 'Tab1'),
              Tab(text: 'Tab1'),
              Tab(text: 'Tab1'),
              Tab(text: 'Tab1'),
              Tab(text: 'Tab1'),
              Tab(text: 'Tab1'),
            ],
          ),
        )
      ],
    ),)
```

使用 TabBarView 是有条件要求的，TabBarView 的父 Widget 必须知道宽高才能布局，但是用户在实际项目使用的时候一般又不会写死宽高，因此都会在一个 Expanded 中使用 TabBarView。

例如上面示例，TabBar 已经放在了 Column 中，因此整个剩下的 Column 空间都是用来给 TabBarView 使用的。下面是 TabBar 和 TabBarView 的关系。

- TabBar：Tab 页的选项组件，默认为水平排列。
- TabBarView：Tab 页的内容容器，Tab 页内容一般处理为随选项卡的改变而改变。
- TabController：TabBar 和 TabBarView 的控制器，它是关联这两个组件的桥梁。

下面是 TabBar 和 TabBarView 组件结合起来使用的例子，如例 5-11 所示。

**【例 5-11】** TabBarView 组件

```
class MyApp13 extends StatelessWidget{
  final List<Tab> _myTabs = <Tab>[
    Tab(text: '选项一',icon: Icon(Icons.add_shopping_cart),),
    Tab(text: '选项二',icon: Icon(Icons.wifi_tethering),),
    Tab(text: '选项三',icon: Icon(Icons.airline_seat_flat_angled),)
  ];
  Widget build(BuildContext context) {
    return new MaterialApp(
      debugShowCheckedModeBanner: false,
      title: 'TabBar Demo',
      home: new Scaffold(
```

```
        body: DefaultTabController(
            length: _myTabs.length,
            initialIndex: 1,
            child: Scaffold(
              appBar: new AppBar(
                title: new Text('TabBar Demo'),
                leading: Icon(Icons.menu),
                actions: <Widget>[
                  Icon(Icons.search)
                ],
                bottom: new TabBar(
                  tabs: _myTabs,
                  indicatorColor: Colors.black,
                  indicatorWeight: 5,
                  indicatorSize: TabBarIndicatorSize.label,
                  labelColor: Colors.limeAccent,
                  unselectedLabelColor: Colors.deepOrange,
                ), ),
              body: new TabBarView(
                  children: _myTabs.map((Tab tab){
                    return Center(
                        child: new Column(
                          mainAxisSize: MainAxisSize.min,
                          children: <Widget>[
                            Icon(Icons.tab),
                            Text(tab.text)
                          ],  ),  );
                  }).toList(),
              ), ) ),   ),); }
}
```

编译并运行程序结果如图 5-30 至图 5-32 所示。

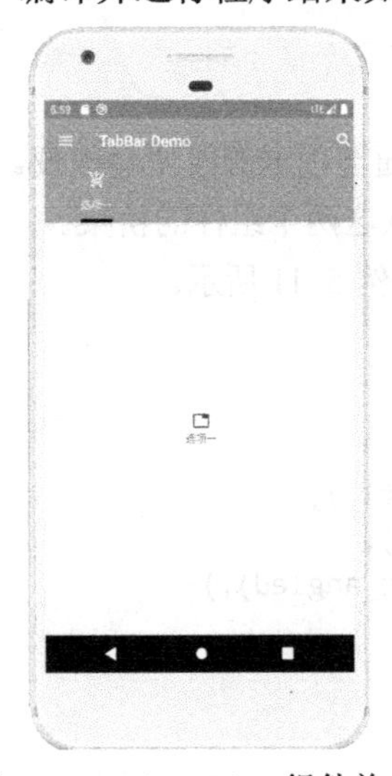


图 5-30　TabBarView 组件单击选项一页面

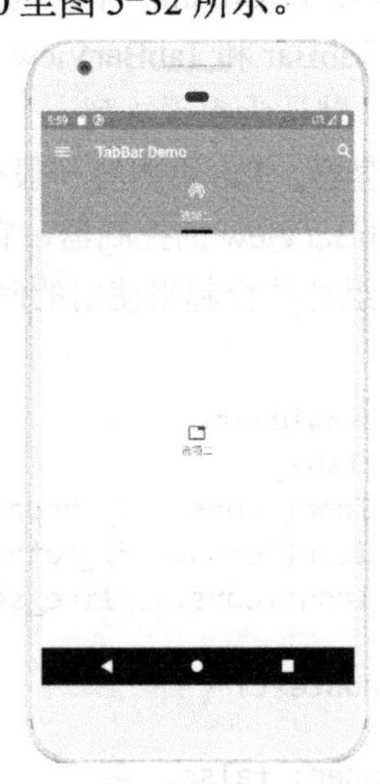


图 5-31　TabBarView 组件单击选项二页面

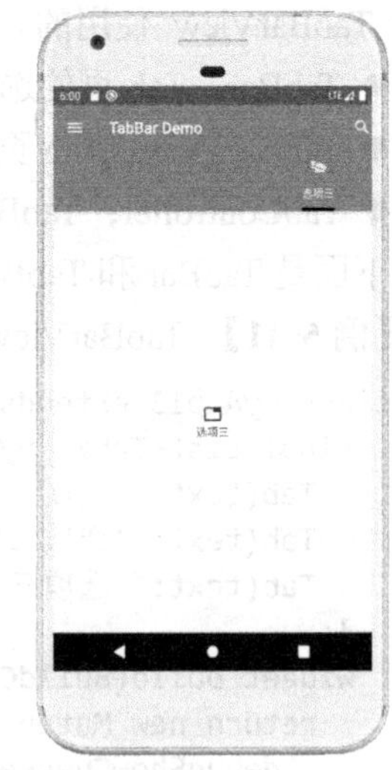


图 5-32　TabBarView 组件单击选项三页面

### 5.3.4　Drawer 组件

Drawer 是一个抽屉组件，一般是从左边跳到右边，在 Scaffold 组件里面传入 drawer 参数可以定义左侧边栏，传入 endDrawer 可以定义右侧边栏。侧边栏默认是隐藏的，可以通过手指滑动显示侧边栏，也可以通过单击按钮显示侧边栏。

Drawer 主要属性为 child，它的属性定义了其展示的内容，通常是用一个 ListView 来实现，而在 ListView 最上面通常会有个 DrawerHeader 来设置当前用户的基本信息。DrawerHeader 最常用的属性有：

- decoration：header 区域的 decoration，通常用来设置背景颜色或者背景图片。
- duration 和 curve：如果 decoration 发生了变化，则会使用 curve 设置的变化曲线和 duration 设置的动画时间来做一个切换动画。
- child：Header 里面所显示的内容控件。
- padding：Header 里面内容控件的 padding 值，如果 child 为 null，则这个值无效。
- margin：Header 四周的间隙。

UserAccountsDrawerHeader 是一个特别的 DrawerHeader，可以设置用户头像、用户名、Email 等信息，其常用属性如下：

- margin：Header 四周的间隙。
- decoration：header 区域的 decoration，通常用来设置背景颜色或者背景图片。
- currentAccountPicture：用来设置当前用户的头像。
- otherAccountsPictures：用来设置当前用户的其他账号的头像（最多显示三个）。
- accountName：当前用户的名字。
- accountEmail：当前用户的 Email。
- onDetailsPressed：当 accountName 或者 accountEmail 被单击的时候所触发的回调函数，可以用来显示其他额外的信息。

下面是 Drawer 组件使用 DrawerHeader 的具体例子，如例 5-12 所示。

**【例 5-12】** Drawer 组件使用 DrawerHeader

```
return new MaterialApp(
    home: new Scaffold(
      appBar: AppBar(
        title: const Text('Drawer Demo'),
      ),
      drawer: Drawer(
        child: ListView(
          padding: EdgeInsets.zero,
          children: <Widget>[
            DrawerHeader(
              decoration: BoxDecoration(
                color: Colors.blue,
              ),
              child: Text(
                'Drawer Header',
                style: TextStyle(
                  color: Colors.white,
                  fontSize: 24,
```

```
            ), ),    ),
          ListTile(
            leading: Icon(Icons.message),
            title: Text('消息'),
          ),
          ListTile(
            leading: Icon(Icons.account_circle),
            title: Text('档案'),
          ),
          ListTile(
            leading: Icon(Icons.settings),
            title: Text('设置'),
          ),   ],   ),   ), ),   );
```

编译并运行程序结果如图 5-33 和图 5-34 所示。

图 5-33　Drawer 组件使用 DrawerHeader 未单击抽屉效果

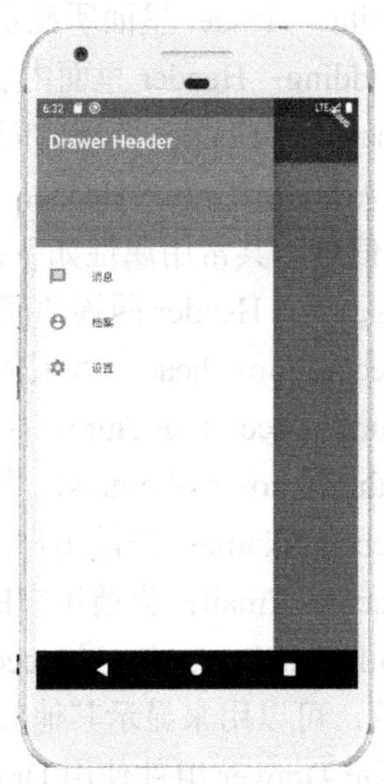


图 5-34　Drawer 组件使用 DrawerHeader 单击抽屉后效果

下面是 Drawer 组件使用 UserAccountsDrawerHeader 的具体例子，如例 5-13 所示。

**【例 5-13】** Drawer 组件使用 UserAccountsDrawerHeader

```
class MyApp15 extends StatelessWidget {
  Widget build(BuildContext context) {
    Widget userHeader = UserAccountsDrawerHeader(
      accountName: new Text('Mark'),
      accountEmail: new Text('mark@xxx.com'),
      currentAccountPicture: new CircleAvatar(
        backgroundImage: AssetImage('assets/images/2.jpeg'),
        radius: 35.0,
      ),
    );
    return new MaterialApp(
      home: new Scaffold(
        appBar: AppBar(
          title: const Text('Drawer Demo'),
        ),
```

```
        drawer: Drawer(
          child: ListView(
            padding: EdgeInsets.zero,
            children: <Widget>[
              userHeader,
              ListTile(
                leading: Icon(Icons.message),
                title: Text('消息'),
              ),
              ListTile(
                leading: Icon(Icons.account_circle),
                title: Text('档案'),
              ),
              ListTile(
                leading: Icon(Icons.settings),
                title: Text('设置'),
              ),   ], ),),), ),  );
    }
  }
```

这里需要注意两点：

- 需要在项目根目录（即平行于 lib 目录）创建一个 assets 目录，在 assets 下创建 images 文件夹，再将图片复制到该文件夹。
- 修改 pubspec.yaml 文件，加入图片资源声明，代码如下。

```
assets:
    - assets/images/2.jpeg
```

编译并运行程序结果如图 5-35 所示。

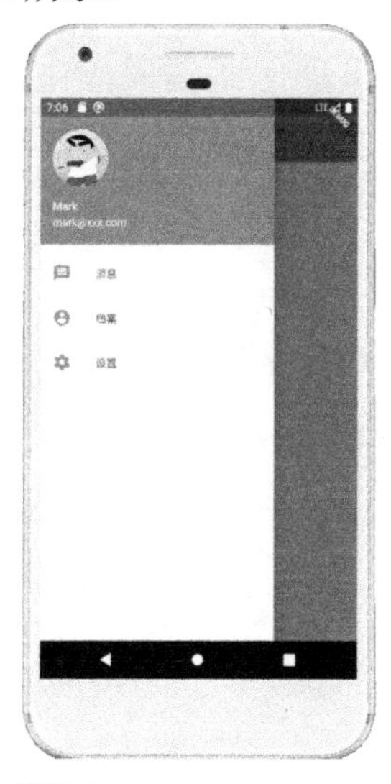

图 5-35　Drawer 组件使用 UserAccountsDrawerHeader 单击抽屉后效果

## 5.4　本章小结

本章主要介绍了 Flutter 的主要交互组件和导航栏。主要介绍的交互组件有 Draggable、

LongPressDraggable、DragTarget、Dismissible 等，这些组件都要继承有状态 StatefulWidget 类。通过交互组件的介绍让大家了解了如何创建一个动态的交互组件，如单击、拖拽、触摸屏幕的动作交互效果，以及该组件如何使用。本章还介绍了常用导航栏，常用的顶部导航栏有 TabBar、BottomNavigationBar、Drawer 等，通过导航栏可以导航到目标页面，当然这也涉及动态路由、页面跳转等，在后面的章节中会详细讲解。

## 5.5 习题与练习

**1．概念题**

1）简述什么是 Flutter 有状态 Widget。

2）简述 Flutter 交互组件有哪些？说明其主要用法和区别。

3）简述 Navigator 组件的几种用法，用示例说明。

4）导航栏有哪几种？说明它们的使用和区别。

**2．操作题**

模仿微信底部导航栏，制作导航首页。

# 第6章 Flutter 的对话框组件

本章包括对话框组件和脚手架组件，包括 AlertDialog、SimpleDialog 等对话框组件和自定义对话框组件等。之前用的每个例子都加上了脚手架组件，但是对于脚手架组件的具体用法还没有系统地学习，本章将具体讲解脚手架组件的使用。

## 6.1 对话框组件

Flutter 的对话框组件即可以弹出对话框，主要包括：AlertDialog、SimpleDialog、CupertinoAlertDialog、BottomSheet、AboutDialog 等。下面将介绍一些常用的对话框组件。

### 6.1.1 AlertDialog 组件

AlertDialog（警报对话框）组件可以通知用户需要确认的情况。警报对话框具有可选的标题和可选的操作列表。标题显示在内容上方，操作列表显示在内容下方，其构造函数属性见表 6-1。

**表 6-1 AlertDialog 组件构造函数属性**

| 属性 | 说明 |
| --- | --- |
| title | 标题 |
| titlePadding | 标题内边距 |
| titleTextStyle | 标题文字样式 |
| content | 内容 |
| contentPadding | 内容的内边距，默认 EdgeInsets.fromLTRB(24.0, 20.0, 24.0, 24.0) |
| contentTextStyle | 内容文字样式 |
| actions | 对话框下边的 Widget 组件集合 |
| backgroundColor | 背景颜色 |
| elevation | 阴影高度 |
| shape | 对话框形状 |

AlertDialog 组件示例代码如例 6-1 所示。

【例 6-1】 AlertDialog 组件

```
class MyApp01 extends StatelessWidget {
```

```
    Widget build(BuildContext context) {
      return MaterialApp(
        title: "Dialog",
        home: AlertDialogDemo(),
        theme: ThemeData(
          primarySwatch: Colors.yellow,
          highlightColor: Color.fromRGBO(255, 255, 255, 0.5),
          splashColor: Colors.white70,
          accentColor: Color.fromRGBO(3, 54, 255, 1.0),
        ), ) }
  }
  enum Actiton {
    Ok,
    Cancel,}

  class AlertDialogDemo extends StatefulWidget {
    _AlertDialogDemoState createState() => _AlertDialogDemoState();
  }
  class _AlertDialogDemoState extends State<AlertDialogDemo> {
    String _choice = '未选择';
    Future _openAlert() async {
      final action = await showDialog(
        context: context,
        barrierDismissible: false,
        builder: (BuildContext context) {
          return AlertDialog(
            title: Text('AlertDialog'),
            content: Text('您确认要选择这个吗?'),
            actions: <Widget>[
              FlatButton(
                child: Text('取消'),
                onPressed: () {
                  Navigator.pop(context, Actiton.Cancel);
                },
              ),
              FlatButton(
                child: Text('确认'),
                onPressed: () {
                  Navigator.pop(context, Actiton.Ok);
                },    ),
            ],
            backgroundColor: Colors.yellowAccent,
            elevation: 20,
            // 设置成圆角
            shape:
              RoundedRectangleBorder(borderRadius: BorderRadius.circular(10)),
          ); },
      );
      switch (action) {
        case Actiton.Ok:
          setState(() {
            _choice = '确认';
          });
```

```
          break;
        case Actiton.Cancel:
          setState(() {
            _choice = '取消';
          });
          break;
        default:
      }}
    @override
    Widget build(BuildContext context) {
      return Scaffold(
        appBar: AppBar(
          title: Text('AlertDialogDemo'),
          elevation: 0.0,
        ),
        body: Container(
          padding: EdgeInsets.all(16.0),
          child: Column(
            mainAxisAlignment: MainAxisAlignment.center,
            children: <Widget>[
              Text('您的选择是 $_choice'),
              SizedBox(height: 16.0),
              Row(
                mainAxisAlignment: MainAxisAlignment.center,
                children: <Widget>[
                  RaisedButton(
                    child: Text('单击 AlertDialog'),
                    onPressed: _openAlert,
                  )],  )  ],   ),),  );
    }
  }
```

编译并运行程序，单击对话框前后的结果如图 6-1～图 6-3 所示。

图 6-1　AlertDialog 组件单击前

图 6-2　AlertDialog 组件单击后

图 6-3　AlertDialog 组件单击确认后

有几个需要注意的地方：

- 这里使用了异步关键字 async，因此需要导入异步包：import 'dart:async'，通常 async 要配合 await 使用，后面讲到网络异步请求时会详细讲到。
- 这里使用一个 MaterialApp 并且使用了 theme 属性，定义了示例的背景样式风格。

### 6.1.2 SimpleDialog 组件

简单的对话框为用户提供了多个选项之间的选择。一个简单的对话框有一个可选的标题，显示在选项上方。其常用构造函数属性和 AlertDialog 几乎一样，可参考表 6-1。

SimpleDialog 组件示例代码如例 6-2 所示。

**【例 6-2】** SimpleDialog 组件

```
class SimpleDialogDemo extends StatefulWidget {
  _SimpleDialogDemoState createState() => _SimpleDialogDemoState();
}
class _SimpleDialogDemoState extends State<SimpleDialogDemo> {
  _simpleDialog() async {
    var result = await showDialog(
        context: context,
        builder: (context) {
          return SimpleDialog(
            title: Text('请选择下面选项内容：'),
            children: <Widget>[
              SimpleDialogOption(
                child: Text('Option A'),
                onPressed: () {
                  print('Option A');
                  Navigator.pop(context, 'A');
                },
              ),
              Divider(),
              SimpleDialogOption(
                child: Text('Option B'),
                onPressed: () {
                  print('Option B');
                  Navigator.pop(context, 'B');
                },
              ),
              Divider(),
              SimpleDialogOption(
                child: Text('Option C'),
                onPressed: () {
                  print('Option C');
                  Navigator.pop(context, 'C');
                },),
              Divider(),
            ], );
        });
    print(result);
  }
  Widget build(BuildContext context) {
```

```
      return Scaffold(
        appBar: AppBar(
          title: Text('SimpleDialogDemo'),
          elevation: 0.0,
        ),
        body: Container(
          padding: EdgeInsets.all(16.0),
          child: Column(
            mainAxisAlignment: MainAxisAlignment.center,
            children: <Widget>[
              SizedBox(height: 16.0),
              Row(
                mainAxisAlignment: MainAxisAlignment.center,
                children: <Widget>[
                  RaisedButton(
                    child: Text('单击 SimpleDialog'),
                    onPressed: _simpleDialog,
                  ) ], )  ], ), ), ); }
  }
```

编译并运行程序，单击对话框前后的结果如图 6-4 和图 6-5 所示。

图 6-4　SimpleDialog 组件单击前

图 6-5　SimpleDialog 组件单击后

有几个需要注意的地方：

- 由于本例与示例 6-1 的样式相同，因此省去了前面的 MaterialApp 风格样式部分代码。
- 这里的选项采用了 SimpleDialogOption 小部件来表示选项，这是比较常用的。
- 这里的 Divider 是 Material Design 的一种风格，表示分隔符，常用在列表组件、抽屉组件、对话框组件等。

### 6.1.3　CupertinoAlertDialog 组件

CupertinoAlertDialog 组件是具有 iOS 风格的弹出对话框，它的属性也和前面讲的两个对话框差不多，不过 Google 官方并没有 CupertinoAlertDialog 组件的文档，很明显，是由于

CupertinoAlertDialog 组件是 iOS 风格的 Material Design，而 Google 是想推自己风格的。这种对话框简单明了，中规中矩，但代码需要导入包：import 'package:flutter/cupertino.dart'。

具体示例如例 6-3 所示。

**【例 6-3】** CupertinoAlertDialog 组件

```
import 'package:flutter/material.dart';
import 'package:flutter/cupertino.dart';
class MyApp03 extends StatelessWidget {
  Widget build(BuildContext context) {
    return MaterialApp(
      home: DialogPage(),
    );  }
}
class DialogPage extends StatelessWidget {
  @override
  Widget build(BuildContext context) {
    return Scaffold(
      appBar: AppBar(
        title: Text('Demo'),
      ),
      body: Center(
        child: RaisedButton(
          onPressed: () {
            _showDialog(context);
          },
          child: Text('单击显示弹窗'),
        ), ),  );  }
}
void _showDialog(widgetContext) {
  showCupertinoDialog(
    context: widgetContext,
    builder: (context) {
      return CupertinoAlertDialog(
        title: Text('确认删除'),
        actions: [
          CupertinoDialogAction(
            child: Text('确认'),
            onPressed: () {
              Navigator.of(context).pop();
            },
          ),
          CupertinoDialogAction(
            child: Text('取消'),
            isDestructiveAction: true,
            onPressed: () {
              Navigator.of(context).pop();
            }, ),  ], );   }, );
}
```

编译并运行程序结果如图 6-6 和图 6-7 所示。

图 6-6　CupertinoAlertDialog 组件单击前

图 6-7　CupertinoAlertDialog 组件单击后

### 6.1.4　BottomSheet 组件

BottomSheet 是一个从屏幕最下方弹出的对话框，BottomSheet 组件主要属性见表 6-2。

**表 6-2　BottomSheet 组件主要属性**

| 属性 | 说明 |
| --- | --- |
| context | 上下文 |
| builder | WidgetBuilder |
| backgroundColor | 背景颜色 |
| elevation | 阴影 |
| shape | 形状 |
| isScrollControlled | 滚动控制　默认 false |

示例代码见例 6-4。

**【例 6-4】** BottomSheet 组件

```
class MyApp04 extends StatelessWidget {
  Widget build(BuildContext context) {
    return MaterialApp(
      home: DialogPage(),
    );}
}
class DialogPage extends StatefulWidget {
  _DialogPageState createState() => _DialogPageState();
}
class _DialogPageState extends State<DialogPage> {
 _modelBottomSheet() async{
    var result = await showModelBottomSheet(
        context: context,
        builder: (context){
          return Container(
```

```
            height: 250,  //配置底部弹出框高度
            child: Column(
              children: <Widget>[
                ListTile(
                  title: Text('分享 A'),
                  onTap: (){
                    Navigator.pop(context,'分享 A');
                  },
),
                Divider(),
                ListTile(
                  title: Text('分享 B'),
                  onTap: (){
                    Navigator.pop(context,'分享 B');
                  },
                ),
                Divider(),
                ListTile(
                  title: Text('分享 C'),
                  onTap: (){
                    Navigator.pop(context,'分享 C');
                  }, ), ],), );   }
);
    print(result);
  }

  @override
  Widget build(BuildContext context) {
    return Scaffold(
      appBar: AppBar(
        title: Text('Demo'),
      ),
      body: Center(
        child: RaisedButton(
          onPressed: () {
            _modelBottomSheet();
          },
          child: Text('单击显示弹窗'),
        ),   ),);
  }
}
```

编译并运行程序结果如图 6-8 和图 6-9 所示。

需要注意以下几点：

- 示例定义了 _modelBottomSheet()方法，然后调用 showModelBottomSheet()方法，传入 context 上下文定义的 Widget。
- 在 showModelBottomSheet()方法中，Widget 定义了一个 Container 包裹着一个 Column，并且里面包含着 3 个 ListTile。
- 这 3 个 ListTile 是用来显示对话框的 3 个条目，同时通过 onTap()方法来触发单击对话框条目后事件，通过 Navigator.pop(context,XXX')来实现对话框与页面之间的跳转事件。

图 6-8　BottomSheet 组件单击前

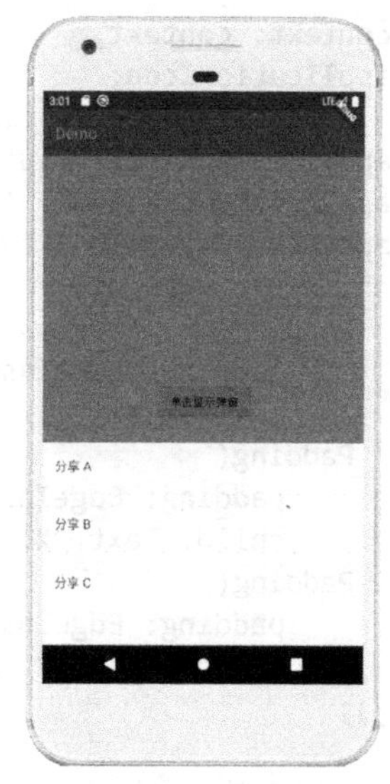


图 6-9　BottomSheet 组件单击后

### 6.1.5　AboutDialog 组件

AboutDialog 对话框是一个包含应用程序的图标、名称、版本号和版权，以及显示应用程序使用的软件许可证的按钮。这个组件的主要属性见表 6-3。

表 6-3　AboutDialog 组件主要属性

| 属性 | 说明 |
|---|---|
| context | 上下文 |
| applicationName | 用程序的名称 |
| applicationVersion | 用程序的版本号 |
| applicationIcon | 用程序的图标 |
| applicationLegalese | 用程序的许可证 |
| children | 子 Widget 组件集合 |

AboutDialog 组件示例代码如例 6-5 所示。

【例 6-5】 AboutDialog 组件

```
class MyApp05 extends StatelessWidget {
  Widget build(BuildContext context) {
    return MaterialApp(
      home: DialogPage(),
    );  }
}

class DialogPage extends StatefulWidget {
  _DialogPageState createState() => _DialogPageState();
}
class _DialogPageState extends State<DialogPage> {
  _aboutDialog() async {
    var result = await showAboutDialog(
```

```
        context: context,
        applicationIcon:
          Container(child: Image.asset('assets/images/1.jpg'), width: 80.0),
        applicationName: 'Flutter AboutDialog',
        applicationLegalese: '所有解释权归本人所有！',
        applicationVersion: 'V1.0.2',
        children: <Widget>[
          Padding(
              padding: EdgeInsets.only(top: 10.0),
              child: Text('1. AboutDialog 对话框!')),
          Padding(
              padding: EdgeInsets.only(top: 10.0),
              child: Text('2. SimpleDialog 对话框!')),
          Padding(
              padding: EdgeInsets.only(top: 10.0),
              child: Text('3. AlertDialog 对话框!'))
        ]);
  }

  @override
  Widget build(BuildContext context) {
    return Scaffold(
      appBar: AppBar(
        title: Text('AboutDialog'),
      ),
      body: Center(
        child: RaisedButton(
          onPressed: () {
            _aboutDialog();
          },
          child: Text('单击显示弹窗'),
        ), ), ); }
}
```

编译并运行程序结果如图 6-10 和图 6-11 所示。

图 6-10　AboutDialog 组件单击前

图 6-11　AboutDialog 组件单击后

## 6.2　自定义对话框组件

虽然 Flutter 提供了许多对话框组件，但实际应用上有很多都是自定义，即定制化的对话框，因此下面介绍定制化的对话框。

### 6.2.1　自定义 Loading 组件

这里通过 showDialog+AlertDialog 来实现自定义 Loading 对话框组件，具体示例如例 6-6 所示。

**【例 6-6】** 自定义 Loading 组件

```
class MyApp06 extends StatelessWidget {
  @override
  Widget build(BuildContext context) {
    return MaterialApp(
      home: DialogPage(),
    );  }
}
class DialogPage extends StatefulWidget {
  @override
  _DialogPageState createState() => _DialogPageState();
}
class _DialogPageState extends State<DialogPage> {
  _showLoadingDialog(context) async {
  showDialog(
      context: context,
    // 单击遮罩不关闭对话框
    barrierDismissible: false,
    builder: (context) {
        return AlertDialog(
          content: Column(
            mainAxisSize: MainAxisSize.min,
            children: <Widget>[
              CircularProgressIndicator(),
              Padding(
                padding: const EdgeInsets.only(top: 26),
                child: Text("正在加载，请稍后..."),
              )    ], ),    ); }  );
  }
  @override
  Widget build(BuildContext context) {
    return Scaffold(
      appBar: AppBar(
        title: Text('AboutDialog'),
      ),
      body: Center(
        child: RaisedButton(
          onPressed: () {
            _showLoadingDialog(context);
          },
```

```
            child: Text('单击显示弹窗'),
          ),), );}
    }
```

编译并运行程序结果如图 6-12、图 6-13 所示。

图 6-12　自定义 Loading 组件单击前

图 6-13　自定义 Loading 组件单击后

### 6.2.2　自定义个性化组件

由于一般的对话框组件无法满足用户需求，因此 Flutter 经常会使用到定制化对话框组件，如增加图片、样式、文字等，下面的例 6-7 为一个定制化对话框组件的例子。

【例 6-7】　自定义个性化组件

```
class MyApp07 extends StatelessWidget {
  @override
  Widget build(BuildContext context) {
    return MaterialApp(
      home: DialogPage(),
    );  }
}

class DialogPage extends StatefulWidget {
  @override
  _DialogPageState createState() => _DialogPageState();
}

class _DialogPageState extends State<DialogPage> {
  _showCustomDialog(context) async {
    showDialog(
        context: context,
        builder: (context) {
          return MyDialog();
        });
```

```
  }
  @override
  Widget build(BuildContext context) {
    return Scaffold(
      appBar: AppBar(
        title: Text('CustomDialog'),
      ),
      body: Center(
        child: RaisedButton(
          onPressed: () {
            _showCustomDialog(context);
          },
          child: Text('单击显示弹窗'),
        ),),  ); }
}

class MyDialog extends Dialog {
  var gender;
  @override
  Widget build(BuildContext context) {
    return new Padding(
        padding: const EdgeInsets.all(12.0),
        child: new Material(
            type: MaterialType.transparency,
            child: new Column(
                mainAxisAlignment: MainAxisAlignment.center,
                children: <Widget>[
                  new Container(
                      decoration: ShapeDecoration(
                          color: Color(0xFFFFFFFF),
                          shape: RoundedRectangleBorder(
                              borderRadius: BorderRadius.all(
                            Radius.circular(8.0),
                          ))),
                      margin: const EdgeInsets.all(12.0),
                      child: new Column(children: <Widget>[
                        new Padding(
                            padding: const EdgeInsets.fromLTRB(
                                10.0, 40.0, 10.0, 28.0),
                            child: Center(
                                child: new Text('请选择你喜欢的人物',
                                    style: new TextStyle(
                                      fontSize: 20.0,
                                    )))),
                        new Row(
                            mainAxisAlignment: MainAxisAlignment.center,
                            mainAxisSize: MainAxisSize.max,
                            crossAxisAlignment: CrossAxisAlignment.center,
                            children: <Widget>[
                              Image.asset('assets/images/5.jpg',
```

```
                                width: 110.0, height: 60.0),
                            Image.asset('assets/images/6.jpg',
                                width: 110.0, height: 60.0),
                          ]),
                      new Row(children: <Widget>[
                        Container(
                          width: 105.0,
                          height: 100.0,
                            alignment: Alignment.center,
                             margin: const EdgeInsets.fromLTRB(75, 0, 0, 0),
                          child:
                              Text('我是帅哥', style: TextStyle(fontSize: 20.0)),
                        ),
                        Container(
                          width: 105.0,
                          height: 100.0,
                        alignment: Alignment.center,
                             margin: const EdgeInsets.fromLTRB(0,0,5, 0),
                          child:
                              Text('我是美女', style: TextStyle(fontSize: 20.0)),
                        ) ])]))]))));
  }
}
```

编译并运行程序结果如图 6-14、图 6-15 所示。

图 6-14　自定义个性化组件单击前

图 6-15　自定义个性化组件单击后

### 6.2.3　简约 iOS 风格对话框

有时候需要使用简单型对话框，iOS 比较经典的对话框可能会使用到。下面如例 6-8 所示即为简约型对话框。

【例 6-8】 简约 iOS 风格对话框

```
import 'package:flutter/cupertino.dart';
import 'package:flutter/material.dart';
class MyApp08 extends StatelessWidget {
  @override
  Widget build(BuildContext context) {
    return MaterialApp(
      home: DialogPage(),
    );  }
}
class DialogPage extends StatefulWidget {
  @override
  _DialogPageState createState() => _DialogPageState();
}
class _DialogPageState extends State<DialogPage> {
  _showCupertinoDialog(context) async {
    showDialog(
        barrierDismissible: false,
        context: context,
        builder: (context) {
          return CupertinoAlertDialog(
            title: Text('提示'),
            content: Text('确认删除吗? '),
            actions: <Widget>[
              CupertinoDialogAction(
                child: Text('取消'),
                onPressed: () {},
              ),
              CupertinoDialogAction(
                child: Text('确认'),
                onPressed: () {},
              ),  ],);   });
  }

  @override
  Widget build(BuildContext context) {
    return Scaffold(
      appBar: AppBar(
        title: Text('简约对话框'),
      ),
      body: Center(
        child: RaisedButton(
          child: Text('切换'),
          onPressed: () {
            _showCupertinoDialog(context);
          }, ),),),); }
}
```

编译并运行程序结果如图 6-16、图 6-17 所示。

图 6-16　简约 iOS 风格对话框单击前

图 6-17　简约 iOS 风格对话框单击后

这里需要注意的是，要使用 iOS 风格的组件时，必须导入 iOS 风格的包，代码如下。

```
import 'package:flutter/cupertino.dart';
```

### 6.2.4　Toast 组件

Toast 是一个简易的提示框，Android 有这个组件，Flutter 的这个组件是需要通过第三方库插入这个组件的。要使用这个组件，就要在 pubspec.yaml 文件中先添加依赖，再在代码中导入所需要的 Toast 包，然后才能使用，如例 6-9 所示。

**【例 6-9】** Toast 组件

```
import 'package:flutter/material.dart';
import 'package:fluttertoast/fluttertoast.dart'
class MyApp09 extends StatelessWidget {
  @override
  Widget build(BuildContext context) {
    return MaterialApp(
      home: DialogPage(),
    );  }
}

class DialogPage extends StatefulWidget {
  @override
  _DialogPageState createState() => _DialogPageState();
}
class _DialogPageState extends State<DialogPage> {
      _showInfo(String  str) {
     Fluttertoast.showToast(
         msg: str,
         toastLength: Toast.LENGTH_SHORT,
         gravity: ToastGravity.CENTER,
         timeInSecForIosWeb: 3,
         backgroundColor: Colors.black,
```

```
          textColor: Colors.white,
          fontSize: 16.0,
        );
    }

    @override
    Widget build(BuildContext context) {
      return Scaffold(
        body: Center(
          child: RaisedButton(
            child: Text('Toast Demo'),
            onPressed: () {
              _showInfo("我是 Toast 对话框..........");
            },    ),    ), );
    }
}
```

编译并运行程序结果如图 6-18 和图 6-19 所示。

图 6-18　Toast 组件未单击效果

图 6-19　Toast 组件单击后效果

需要注意的是，Toast 组件需要插入第三方插件，在 pubspec.yaml 中插入下面代码：

```
fluttertoast: ^4.0.0
```

## 6.3　特殊组件

有一些特殊组件，几乎每个示例都会使用到，但是前面没有真正涉及这些组件的具体用法，这里列出它们的主要用法。

### 6.3.1　AppBar 组件

AppBar 是最为常用的顶部导航栏，它是一个普遍使用的组件，几乎每个 App 都会使用到。这个组件的主要属性有：

- leading→Widget：在标题前面显示的一个控件，在首页通常显示应用的 logo；在其他界面通常显示为返回按钮。
- title→Widget：Toolbar 中主要内容，通常显示为当前界面的标题文字。
- actions→List：一个 Widget 列表，代表 Toolbar 中所显示的菜单，对于常用的菜单，通常使用 IconButton 来表示；对于不常用的菜单，通常使用 PopupMenuButton 来显示为三个点，单击后弹出二级菜单。
- bottom→PreferredSizeWidgrt：一个 AppBarBottomWidget 对象，通常是 TabBar。用来在 Toolbar 标题下面显示一个 Tab 导航栏。
- elevation→double：控件的 z 坐标顺序，默认值为 4。对于可滚动的 SliverAppBar，当 SliverAppBar 和内容同级的时候，该值为 0。当内容滚动 SliverAppBar 变为 Toolbar 的时候，修改 elevation 的值。
- flexibleSpace→Widget：一个显示在 AppBar 下方的控件，高度和 AppBar 高度一样，可以实现一些特殊的效果。该属性通常在 SliverAppBar 中使用。
- backgroundColor→Color：AppBar 的颜色，默认值为 ThemeData.primaryColor。该值通常和下面的三个属性一起使用。
- brightness→Brightness：AppBar 的亮度，有白色和黑色两种主题，默认值为 ThemeData.primaryColorBrightness。
- iconTheme→IconThemeData：AppBar 上图标的颜色、透明度和尺寸信息。默认值为 ThemeData.primaryIconTheme。
- textTheme→TextTheme：AppBar 上的文字样式。
- centerTitle→bool：标题是否居中显示，默认根据不同的操作系统，显示方式不一样。
- toolbarOpacity→double：应用工具栏透明度。

AppBar 导航栏的属性如图 6-20 所示。

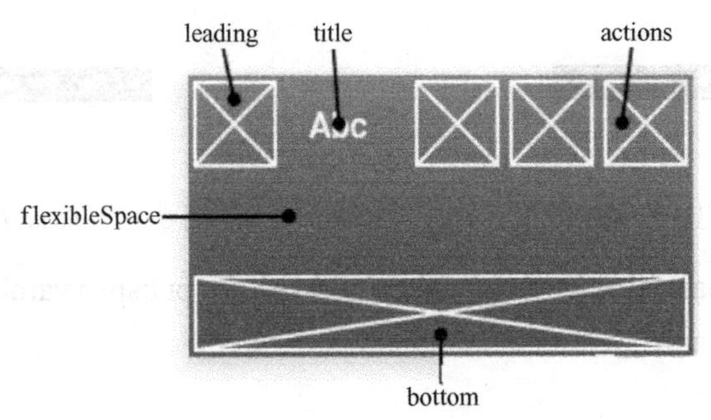


图 6-20　AppBar 导航栏属性

示例代码具体见例 6-10。

**【例 6-10】** AppBar 组件 1

```
class MyApp10 extends StatelessWidget {
  @override
  Widget build(BuildContext context) {
    return MaterialApp(
      //debug 标签
      debugShowCheckedModeBanner: true,
      home: Scaffold(
```

```
        appBar: AppBar(
          title: Text('Flutter AppBar 组件'),
          //标题不居中
          centerTitle: false,
          leading: IconButton(
            icon: Icon(Icons.menu),
            onPressed: () {
              print('我是 leading 按钮');
            },
          ),
          actions: <Widget>[
            IconButton(
              icon: Icon(Icons.add_a_photo),
              onPressed: () {
                print('我是右 3 按钮');
              },
            ),
            IconButton(
              icon: Icon(Icons.save),
              onPressed: () {
                print('我是右 2 按钮');
              },
            ),
            IconButton(
              icon: Icon(Icons.close),
              onPressed: () {
                print('我是右 1 按钮');
              },  ), ],  ), ),);}
}
```

编译并运行程序结果如图 6-21 和图 6-22 所示。

图 6-21　AppBar 组件单击前

图 6-22　AppBar 组件单击后

AppBar 组件也可以配合 TabBar 使用，在前面的章节中也提到了。这里使用 AppBar+TabBar 配合起来使用是最为常用的页面切换使用效果，具体参照例 6-11。

【例 6-11】 AppBar 组件 2

```
class MyApp11 extends StatelessWidget {
  @override
  Widget build(BuildContext context) {
    return MaterialApp(
      home: DefaultTabController(
        //指定 TabBar 个数
        length: 3,
        initialIndex:0,
        child: Scaffold(
```

```
          appBar: AppBar(
            title: Text('Flutter AppBar 组件'),
            bottom: TabBar(
              tabs: <Widget>[
                Tab(text: 'PageA',),
                Tab(text: 'PageB',),
                Tab(text: 'PageC',),
              ],   ),
          ),

          body: TabBarView(
            children: <Widget>[
             ListView(
               children: <Widget>[
                 ListTile(title: Text("这是第一个 tab")),
                 ListTile(title: Text("这是第一个 tab")),
                 ListTile(title: Text("这是第一个 tab"))
               ],
             ),
             ListView(
               children: <Widget>[
                 ListTile(title: Text("这是第二个 tab")),
                 ListTile(title: Text("这是第二个 tab")),
                 ListTile(title: Text("这是第二个 tab"))
               ],
             ),
             ListView(
               children: <Widget>[
                 ListTile(title: Text("这是第三个 tab")),
                 ListTile(title: Text("这是第三个 tab")),
                 ListTile(title: Text("这是第三个 tab"))
               ],   )  ], ), ),  ), );}
}
```

编译并运行程序结果如图 6-23 和图 6-24 所示。

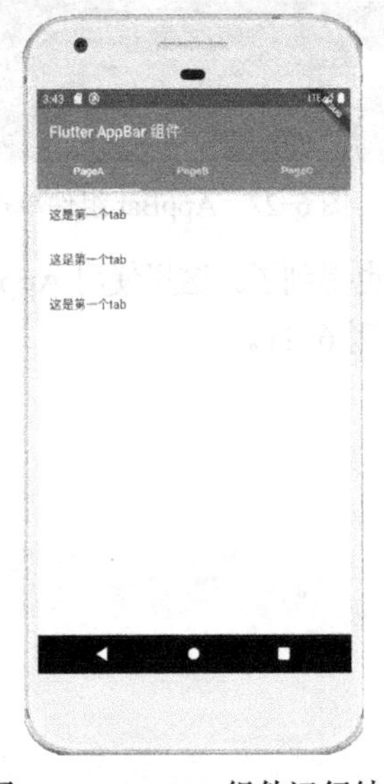


图 6-23　AppBar 组件运行结果

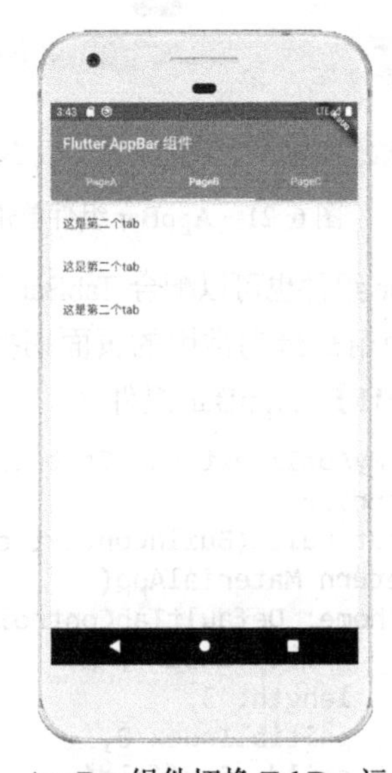


图 6-24　AppBar 组件切换 TabBar 运行结果

AppBar 组件示例代码见例 6-12。

【例 6-12】 AppBar 组件 3

```
import 'package:flutter/material.dart';
class MyApp12 extends StatelessWidget {
  @override
  Widget build(BuildContext context) {
    return MaterialApp(
      home: TabBarAndTopTab(),
    );  }
}
  class TabBarAndTopTab extends StatefulWidget {
  TabBarAndTopTab();
  @override
  _DemoStateWidgetState createState() => _DemoStateWidgetState();
}
class _DemoStateWidgetState extends State<TabBarAndTopTab>
    with SingleTickerProviderStateMixin {
  _DemoStateWidgetState();
  List tabs = ["首页", "发现", "我的", "设置"];
  //用于控制/监听 Tab 菜单切换
  //TabBar 和 TabBarView 正是通过同一个 Controller 来实现菜单切换和滑动状态同步的
  TabController tabController;
  @override
  void initState() {
    ///初始化，这个函数在生命周期中只调用一次
    super.initState();
    tabController = TabController(length: tabs.length, vsync: this);
  }
  @override
  void didChangeDependencies() {
    ///在 initState 之后调用，当一个独立的对象状态改变时被调用
    super.didChangeDependencies();
  }
  @override
  Widget build(BuildContext context) {
    return buildTabScaffold();
  }
  //通过 bottom 属性来添加一个导航栏底部 tab 按钮组，将要实现的效果如下：
  Widget buildTabScaffold() {
    return Scaffold(
      appBar: AppBar(
        title: Text('标题'),
        //设置选项卡
        bottom: buildTabBar(),
        //设置标题居中
        centerTitle: true,
      ),
      //设置选项卡对应的 page
      body: buildBodyView(),
```

```
    );
  }
  //当整个页面关闭时，记得把控制器也关闭掉，释放内存
  @override
  void dispose() {
    tabController.dispose();
    super.dispose();
  }
  buildBodyView() {
    //构造 TabBarView
    Widget tabBarBodyView = TabBarView(
      controller: tabController,
      //创建 Tab 页
      children: tabs.map((e) {
        return Container(
          alignment: Alignment.center,
          child: Text(e, textScaleFactor: 1),
        );
      }).toList(),
    );
    return tabBarBodyView;
  }
  buildTabBar() {
    //构造 TabBar
    Widget tabBar = TabBar(
        //tab 的长度超出屏幕宽度后，TabBar 是否可滚动
        //设置为 false，tab 将平分宽度，为 true，tab 将会自适应宽度
        isScrollable: false,
        //设置 tab 文字的类型
        labelStyle: TextStyle(fontSize: 15, fontWeight: FontWeight.bold),
        //设置 tab 选中的颜色
        labelColor: Colors.white,
        //设置 tab 未选中的颜色
        unselectedLabelColor: Colors.white70,
        //设置自定义 tab 的指示器，CustomUnderlineTabIndicator
        //若不需要自定义，可直接通过
        //indicatorColor 设置指示器颜色
        //indicatorWight 设置指示器厚度
        //indicatorPadding 设置指示器内边距
        //indicatorSize  设置指示器大小计算方式
    ///指示器大小计算方式，TabBarIndicatorSize.label
    //跟文字等宽，TabBarIndicatorSize.tab 跟每个 tab 等宽
        indicatorSize: TabBarIndicatorSize.tab,
        //生成 Tab 菜单
        controller: tabController,
        //构造 Tab 集合
        tabs: tabs.map((e) => Tab(text: e)).toList());
    return tabBar;
  }
}
```

编译并运行程序结果如图 6-25～图 6-27 所示。

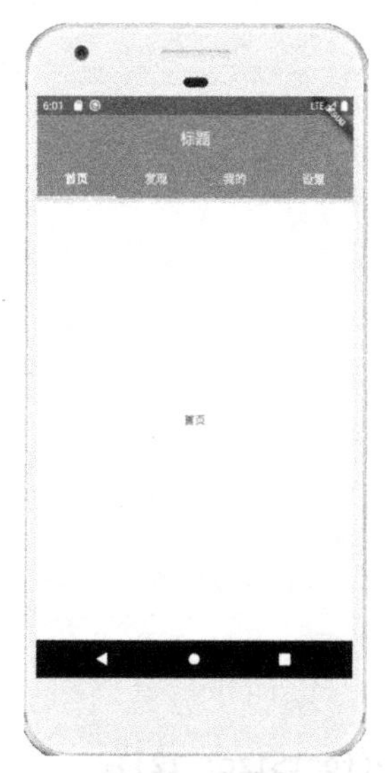


图 6-25　AppBar 组件运行结果 1

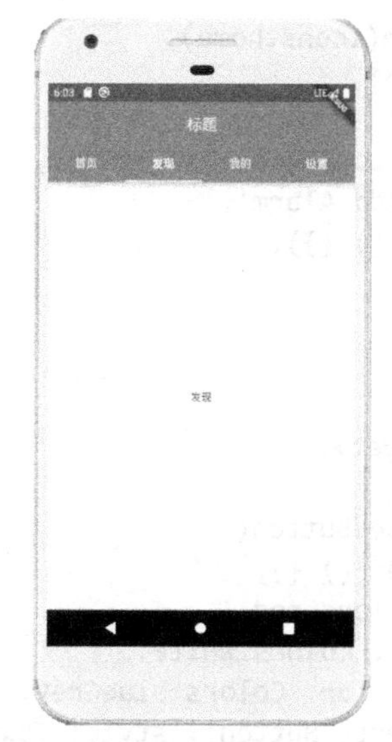


图 6-26　AppBar 组件运行结果 2

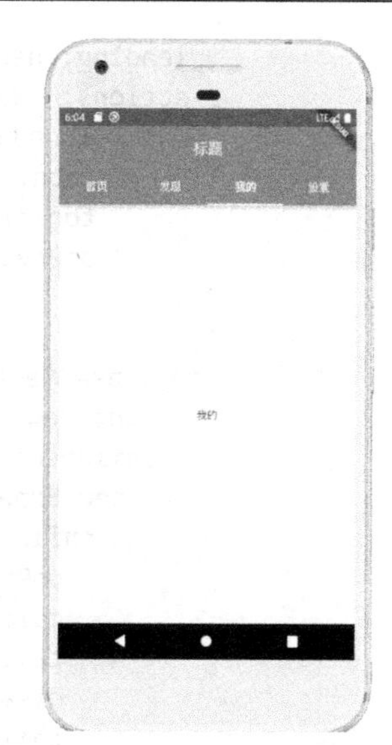


图 6-27　AppBar 组件运行结果 3

### 6.3.2　Scoffold 组件

Scoffold 组件也是 Material 组件中一个重要的常用组件，主要用于构造 App 上导航栏、下导航栏或者下拉抽屉菜单等，它的主要属性有：

- appBar：界面顶部的一个导航栏，上一章已经详细阐述。
- body：当前界面所显示的主要内容。
- floatingActionButton：一个悬浮在 body 上的按钮，默认显示在右下角。
- floatingActionButtonLocation：用于设置 floatingActionButton 显示的位置。
- persistentFooterButtons：固定在下方显示的按钮，例如对话框下方的“确定”、“取消”按钮。
- drawer：左侧的抽屉菜单。
- endDrawer：右侧的抽屉菜单。
- bottomNavigationBar：显示在页面底部的导航栏。
- bottomSheet：显示在底部的工具栏。这里的布局会持续地待在底部，如果软键盘被唤起则跟随软键盘一起升高。常用的场景类似微信聊天界面的底部的文字输入框。
- resizeToAvoidBottomPadding：控制界面内容 body 是否重新布局来避免底部被覆盖，例如当键盘显示的时候，重新布局以避免被键盘盖住内容。

Scoffold 具体使用方法如例 6-13 所示。

**【例 6-13】** Scoffold 组件

```
class MyApp13 extends StatelessWidget {
  @override
  Widget build(BuildContext context) {
    return MaterialApp(
      home: Scaffold(
        appBar: new AppBar(
          title: new Text('首页'),
```

```
          leading: new Icon(Icons.home),
          actions: <Widget>[
            new IconButton(
                icon: new Icon(Icons.add_alarm),
                tooltip: 'Add Alarm',
                onPressed: () {}),
          ],
        ),
        body: new Center(
          child: new Row(
            children: <Widget>[
              new Expanded(
                child: RaisedButton(
                  onPressed: () {},
                  color: Colors.red,
                  textColor: Colors.white,
                  disabledColor: Colors.blueGrey,
                  child: Text('Button', style: TextStyle(fontSize: 12)),
                ),
              ),
              new Expanded(
                child: new Text(
                  'Scoffold',
                  textAlign: TextAlign.center,
                  style: TextStyle(
                      fontSize: 35.0,
                      background: Paint()..color = Colors.red[50]),
                ),),],),
        ),
        drawer: new Drawer(
          child: new UserAccountsDrawerHeader(
            accountName: new Text(
              "Flutter",
            ),
            accountEmail: new Text(
              "Flutter@gmail.com",
            ), ),
        ),
        backgroundColor: Colors.purple,
        persistentFooterButtons: <Widget>[
          Icon(Icons.person),
          Icon(Icons.add),
          Text("确认"),
          Text("取消")
        ],
        floatingActionButton: FloatingActionButton(
          onPressed: () {},
          child: Text('单击'),
        ),
        floatingActionButtonLocation: FloatingActionButtonLocation.centerFloat,
        bottomNavigationBar: BottomNavigationBar(
          type: BottomNavigationBarType.fixed,
          items: [
```

```
            BottomNavigationBarItem(icon: Icon(Icons.home), title: Text("首页")),
            BottomNavigationBarItem(
                icon: Icon(Icons.message), title: Text("消息")),
          ],
          fixedColor: Colors.blue,
        ), ),);}
}
```

编译并运行程序结果如图 6-28 和图 6-29 所示。

图 6-28　Scoffold 组件运行结果

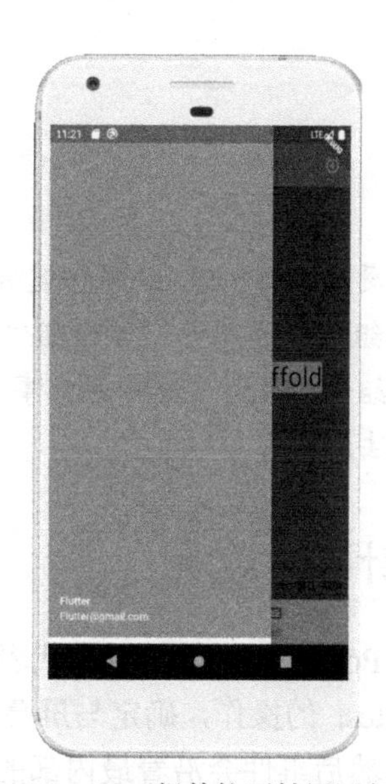


图 6-29　Scoffold 组件拉开抽屉运行结果

## 6.4　本章小结

本章主要介绍了 Flutter 的对话框组件，包括 Draggable 组件、SimpleDialog 组件、CupertinoAlertDialog 组件、BottomSheet 组件和 AboutDialog 组件；然后介绍了自定义对话框组件，包括自定义 Loading 组件、个性化组件、简约 iOS 风格对话框和 Toast 组件；最后介绍了常用特殊组件，包括 AppBar 组件和 Scoffold 组件。

## 6.5　习题与练习

**1．概念题**

1）简述 Flutter 有哪些对话框组件。

2）简述 SimpleDialog 组件的使用方法。

3）简述 BottomSheet 组件的用法，用示例说明。

4）自定义一个个性化对话框。

**2．操作题**

创建一般 App 的下导航栏和上导航栏，每个页面创建一个对话框，至少创建两种对话框。

# 第 7 章 事件监听和处理

本章主要介绍 Flutter 的事件监听和处理，包括指针事件监听、Gesture 手势识别、Listener 监听器、跨组件传递事件、监听组件事件等。对于前面章节的组件也会涉及，例如按钮、图片、文字等组件的监听和单击触发事件等。本章将讲解各种组件的监听、各种手势触发事件的详细使用方法。

## 7.1 指针事件监听

指针（Pointer）事件监听，代表的是人机界面交互的原始数据。在指针落下时，框架做了一个 hit test 的操作，确定与屏幕发生接触的位置上有哪些 Widget 以及分发给最内部的组件去响应；然后事件会沿着最内部的组件向组件树的根冒泡分发；并且不存在用于取消或者停止指针事件进一步分发的机制。一共有四种指针事件：

- PointerDownEvent 指针在特定位置与屏幕接触。
- PointerMoveEvent 指针从屏幕的一个位置移动到另外一个位置。
- PointerUpEvent 指针与屏幕停止接触。
- PointerCancelEvent 指针因为一些特殊情况被取消。

Pointer 指针事件监听示例代码如例 7-1 所示。

【例 7-1】 Pointer 指针事件监听

```
import 'package:flutter/material.dart';
class MyApp1 extends StatelessWidget {
 @override
 Widget build(BuildContext context) {
  return new MaterialApp(
   title: 'point 指针事件效果',
   home:new Scaffold(
     body: new Center(child:
     new HomeContent()),
   )
  );
 }
}
```

```
class HomeContent extends StatelessWidget {
  @override
  Widget build(BuildContext context) {
    return Center(
      child: Listener(
        child: Container(
          width: 200,
          height: 200,
          color: Colors.red,
        ),
        onPointerDown: (event) => print("手指按下:$event"),
        onPointerMove: (event) => print("手指移动:$event"),
        onPointerUp: (event) => print("手指抬起:$event"),
      ),
    );
  }
}
```

编译并运行程序，运行结果如图 7-1 所示；单击红色容器按钮即 container 按钮，如图 7-2 所示；当鼠标按下时控制台打印“手指按下”，鼠标移动时控制台打印“手指移动”，如图 7-3 所示，手指松开鼠标时控制台打印“手指抬起”，如图 7-4 所示。

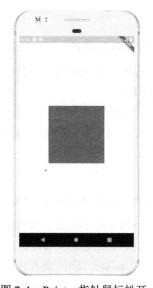

图 7-1　Pointer 指针鼠标松开

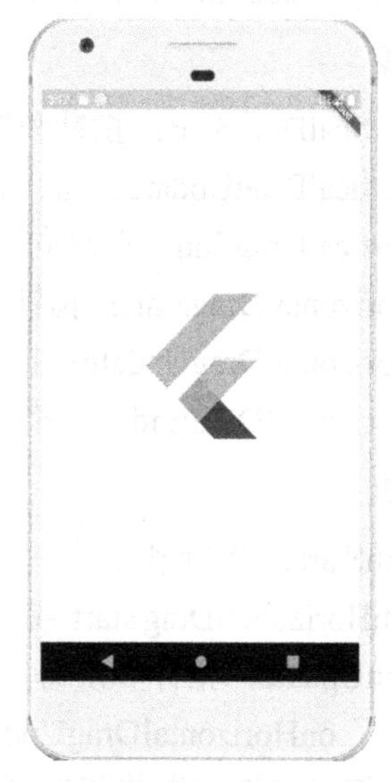

图 7-2　Gesture 手势单击屏幕事件

```
OUTPUT   PROBLEMS 150   DEBUG CONSOLE   TERMINAL                                   dart

The Flutter DevTools debugger and profiler on Android SDK built for x86 is available at:
http://127.0.0.1:9101?uri=http://127.0.0.1:61334/SqcAj-vwzwQ=/
I/flutter ( 9315): 手指按下:_TransformedPointerDownEvent#b9847(position: Offset(225.1, 342.0))
I/flutter ( 9315): 手指移动:_TransformedPointerMoveEvent#74898(position: Offset(226.3, 342.0))
I/flutter ( 9315): 手指移动:_TransformedPointerMoveEvent#784ff(position: Offset(227.4, 343.1))
I/flutter ( 9315): 手指移动:_TransformedPointerMoveEvent#2c6c1(position: Offset(227.4, 345.4))
I/flutter ( 9315): 手指移动:_TransformedPointerMoveEvent#414dd(position: Offset(228.6, 345.4))
```

图 7-3　Pointer 指针鼠标按下和移动效果

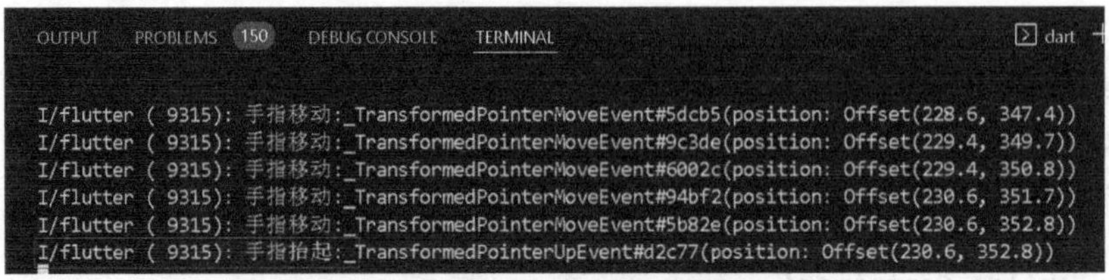

图 7-4　Pointer 指针鼠标松开效果

## 7.2　Gesture 手势识别

Gesture 是对 Pointer 的封装，它和 Pointer 有很多相似的地方，官方推荐大家尽量使用 Gesture 而不是 Pointer，下面对 Gesture 进行说明。

**1. 单击屏幕**

- onTap：用户单击事件完成按钮。
- onTapCancel：事件按下过程中被取消。
- onDoubleTap：快速单击了两次。

**2. 长按屏幕**

- onLongPress：在屏幕上保持了一段时间。
- onLongPressCancel：在屏幕按住过程中取消。

**3. 拖拽**

- onVerticalDragStart：指针和屏幕产生接触并可能开始纵向移动。
- onVerticalDragUpdate：指针和屏幕产生接触，在纵向上发生移动并保持移动。
- onVerticalDragEnd：在纵向指针和屏幕产生接触结束。
- onHorizontalDragStart：指针和屏幕产生接触并可能开始横向移动。
- onHorizontalDragUpdate：指针和屏幕产生接触，在横向上发生移动并保持移动。
- onHorizontalDragEnd：在横向指针和屏幕产生接触结束。

**4. 移动**

- onPanStart：指针和屏幕产生接触并可能开始横向移动或者纵向移动。如果设置了 onHorizontalDragStart 或者 onVerticalDragStart，该回调方法会引发崩溃。
- onPanUpdate：指针和屏幕产生接触，在横向或者纵向上发生移动并保持移动。如果设置了 onHorizontalDragUpdate 或者 onVerticalDragUpdate，该回调方法会引发崩溃。
- onPanEnd：指针先前和屏幕产生了接触，并且以特定速度移动，此后不再在屏幕接触上发生移动。如果设置了 onHorizontalDragEnd 或者 onVerticalDragEnd，该回调方法会引发崩溃。

Gesture 手势单击屏幕事件监听示例代码如例 7-2 所示。

**【例 7-2】** Gesture 手势单击屏幕事件监听

```
class MyApp02 extends StatelessWidget {
  @override
  Widget build(BuildContext context) {
```

```
      return new MaterialApp(
        title: 'GestureDetector： 屏幕单击事件',
        home: new SampleApp(),
      );
    }
  }
  class SampleApp extends StatelessWidget {
    @override
    Widget build(BuildContext context) {
      return new Scaffold(
          body: new Center(
        child: new GestureDetector(
          child: new FlutterLogo(
            size: 200.0,
          ),
          onTap: () {
            print("用户单击事件完成");
          },
          onDoubleTap: () {
            print("快速单击了两次");
          },
          onTapCancel: () {
            print("用户发生手指按下的操作");
          },
        ),
      ));
    }}
```

编译并运行程序，运行结果如图 7-2 所示；单击 Flutter Logo 按钮，当鼠标按下时控制台打印“手指按下”，鼠标连续两次单击时运行如图 7-5 所示，单击鼠标然后中间松开鼠标时运行如图 7-6 所示。

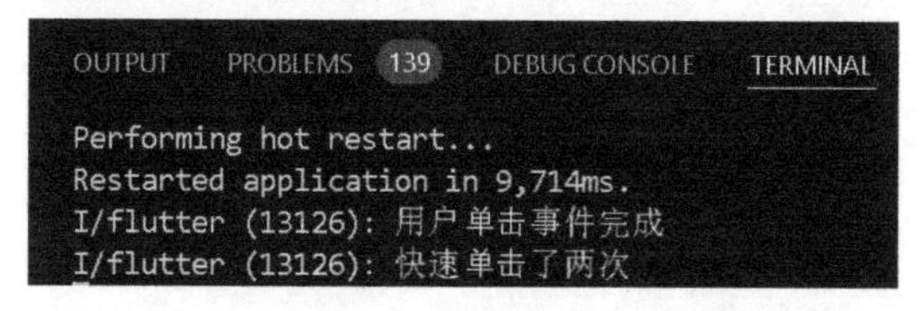


图 7-5　鼠标单击一次和连续单击两次效果

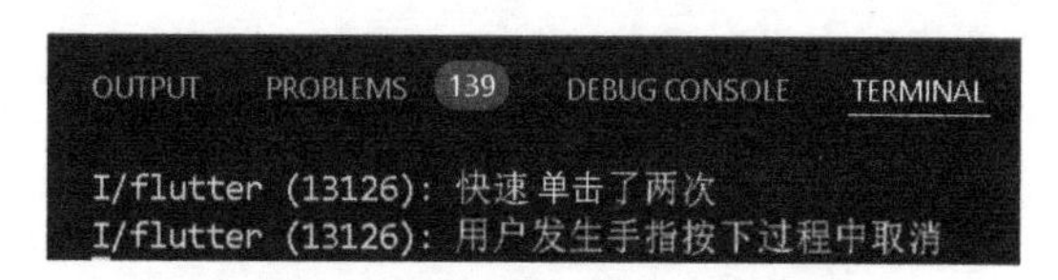


图 7-6　鼠标单击然后松开效果

按钮单击事件和长按事件，也可以使用 onPressed()方法和 onLongPress()方法表示，方法书写格式和样式与前面的 onTap()差不多。按钮 onPressed 单击事件示例代码如例 7-3 所示。

**【例 7-3】** 按钮 onPressed 单击事件

```
class MyApp03 extends StatelessWidget {
  @override
  Widget build(BuildContext context) {
    return new MaterialApp(
      title: 'FlatButton 按钮 onPressed 单击事件',
      home: new SampleApp(),
    );
  }
```

```
}
class SampleApp extends StatelessWidget {
  @override
  Widget build(BuildContext context) {
    return new Scaffold(
        appBar: AppBar(
          title: Text('onPressed单击事件'),
        ),
        body: new Center(
          child: new GestureDetector(
              child: new FlatButton(
            onPressed: () {
              print("click");
            },
            onLongPress: () {
              print("LongPresssed");
            },
            child: new Text("Button"),color: Color.fromARGB(56, 255, 0, 0),

          )),
        ));
  }
}
```

编译并运行程序，运行结果如图 7-7 所示；单击 Button 按钮，长按按钮，运行如图 7-8 所示。

图 7-7　按钮 onPressed

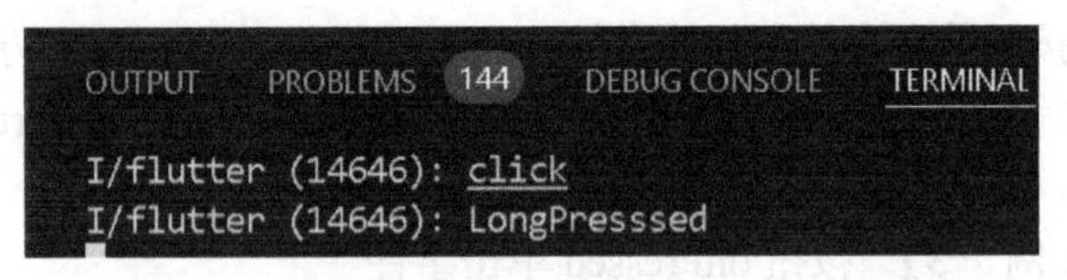


图 7-8　按钮 onPressed 和 onLongPress 运行效果

下面案例中双击 Flutter Logo 加入动画效果，双击 Logo 后，Logo 按照动画要求进行一定角度的旋转，具体代码如例 7-4 所示。

【例 7-4】　双击事件

```
class MyApp04 extends StatelessWidget {
 @override
```

```
  Widget build(BuildContext context) {
   return new MaterialApp(
    title: 'GestureDetector：onDoubleTap 单击 Logo 旋转动画效果',
    home: new MyAppHome(),
   ); }
 }
 class MyAppHome extends StatefulWidget{
  @override
  _MyAppHomeState createState() => _MyAppHomeState();
 }
 class _MyAppHomeState extends State<MyAppHome> with TickerProviderStateMixin{
  late AnimationController controller;
  late CurvedAnimation curve;
  @override
  void initState() {
  super.initState();
  controller = new AnimationController(
   duration: const Duration(milliseconds: 2000), vsync: this);
  curve = new CurvedAnimation(parent: controller, curve: Curves.easeIn);
  }
  @override
  Widget build(BuildContext context) {
  return new Scaffold(
   body: new Center(
   child: new GestureDetector(
   child: new RotationTransition(
    turns: curve,
    child: new FlutterLogo(
     size: 200.0,
    )),
   onDoubleTap: () {
    if (controller.isCompleted) {
    controller.reverse();
    } else {
    controller.forward();
    }},), )); }
 }
```

编译并运行程序，运行结果如图 7-9 所示，双击 Logo 运行顺时针和逆时针 360°旋转 Logo，运行结果也如图 7-9 所示。

下面示例是自定义一个按钮，单击 Count 按钮，激发 onPressed 事件，利用一个计数器自增的方法，使得计数器的数据增加。具体示例如例 7-5 所示。

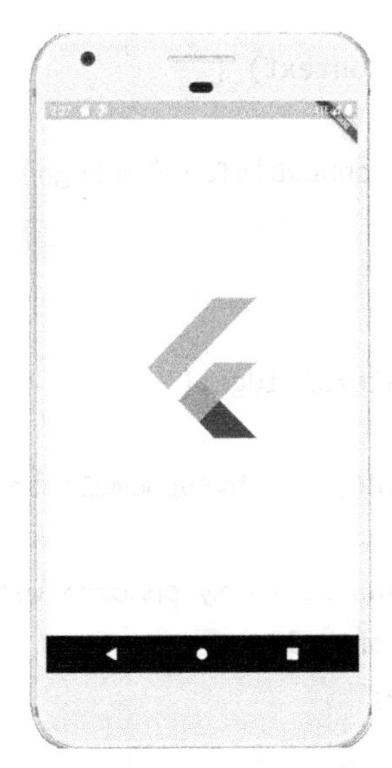

图 7-9　双击事件运行结果

【例 7-5】 按钮 onPressed 单击事件

```
class MyApp05 extends StatelessWidget {
 @override
 Widget build(BuildContext context) {
  return new MaterialApp(
   title: 'MyButton 按钮单击事件',
   home: new Counter(),
  );
 }
}
class Counter extends StatefulWidget{
  @override
  _CounterState createState() => new _CounterState();
}
class _CounterState extends State<Counter>{
  int _counter=0;
  void _increment(){
    setState((){_counter++;});
  }
  @override
  Widget build(BuildContext context) {
    return new Row(children: <Widget>[new FloatingActionButton(onPressed: _increment,
      //不使用 FloatingActionButton，使用 RaisedButton 会报错
      child: new Text('增加'),),
    new Text('Count = $_counter')],);// $_counter 表示获取_counter 的值
  }
}
```

编译并运行程序结果如图 7-10 所示，单击计数器按钮 5 次，页面显示单击按钮次数为 5，如图 7-11 所示。

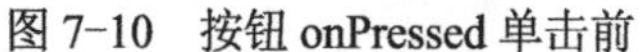

图 7-10　按钮 onPressed 单击前

图 7-11　按钮 onPressed 单击后

单击开关按钮，可以控制按钮状态，下面的例子可以看出开关按钮对单击按钮的控制，switch 像一个总开关，具体示例如例 7-6 所示。

【例 7-6】 开关控制按钮单击

```
class MyApp06 extends StatelessWidget {
 @override
 Widget build(BuildContext context) {
  return new MaterialApp(
   title: 'MyButton 按钮单击事件',
   theme: ThemeData(primarySwatch: Colors.red, primaryColor: Colors.green),
   home: new PointerIgnorePage(),
  );}
}
class PointerIgnorePage extends StatefulWidget {
  @override
  State<StatefulWidget> createState() => PointerIgnorePageState();
}
class PointerIgnorePageState extends State<PointerIgnorePage> {
  bool _ifIgnore = false;
  @override
  Widget build(BuildContext context) {
    return Scaffold(
      appBar: AppBar(title: Text('测试忽略单击事件'),),
      body:
          Container(
            alignment: Alignment.center,
            child:
              Column(
                children: <Widget>[
                  Switch(
                    value: _ifIgnore,
                    onChanged: (value) => setState((){_ifIgnore = value;}),
                  ),
                  GestureDetector(
```

```
                        onTap: () => print('外层 tap1'),
                        child: IgnorePointer(
                          ignoring: _ifIgnore,
                 child: FlatButton(child: Text('点我'), onPressed: () => print('单击
了 button1'),),
                        ),
                      ),
                      GestureDetector(
                        onTap: () => print('外层 tap2'),
                        child: AbsorbPointer(
                          absorbing: _ifIgnore,
                 child: FlatButton(child: Text('点我'), onPressed: () => print('单击
了 button2'),),
                        ),), ],),),),);}
    }
```

编译并运行程序结果如图 7-12 所示，单击上下两个按钮，运行结果如图 7-13 所示，打开开关后，运行结果如图 7-14 所示，单击上面的按钮没有任何反应，单击下面的按钮，控制台运行结果如图 7-15 所示。

图 7-12　控制开关打开前运行结果

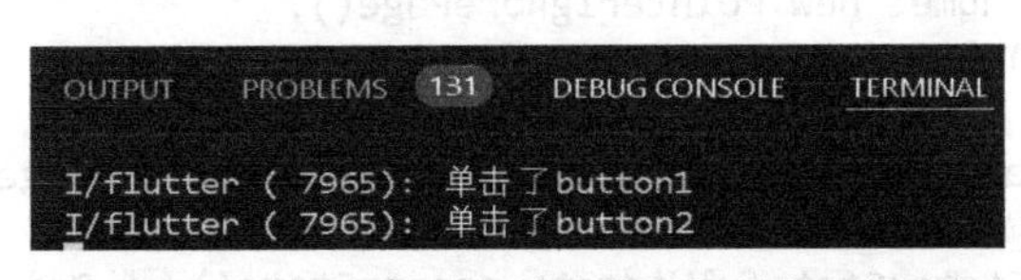


图 7-13　开关打开前单击按钮控制台运行结果

图 7-14　控制开关打开后运行结果

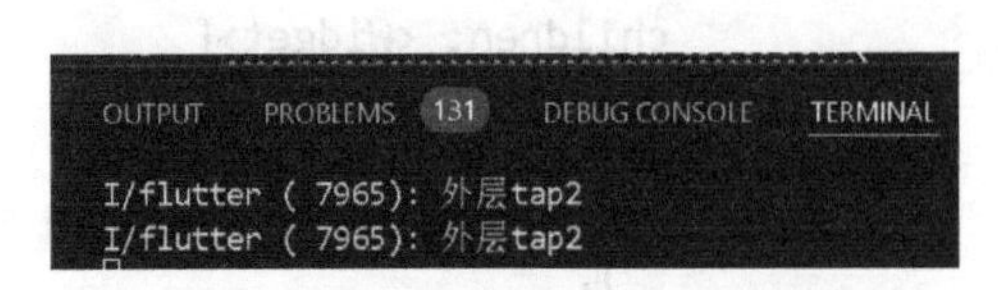


图 7-15　开关打开后单击按钮控制台运行结果

## 7.3　Listener 监听器

Flutter 中使用 Listener 来监听相关触摸事件，一次完整的事件包括：手指按下、手指滑动、手指抬起。使用 Listener 可监听各个阶段的事件。

Listener 有下面主要的属性：

```
Listener({
    Key key,
    ...
    this.onPointerDown, // 手指按下触发
    this.onPointerMove, // 手指滑动触发
    this.onPointerUp, // 手指抬起触发
    this.behavior = HitTestBehavior.deferToChild, // //在命中测试期间如何表现
    Widget child,
  })
```

下面的 Listener 监听器示例（见例 7-7）可以监听触摸屏幕的坐标：

**【例 7-7】** Listener 监听器

```
class MyApp07 extends StatelessWidget {
 @override
 Widget build(BuildContext context) {
  return new MaterialApp(
   title: 'RaisedButton 按钮单击事件',
   home: new ListenerDemo(),
  ); }
}
class ListenerDemo extends StatefulWidget{
  @override
  _ListenerDemoState createState() => _ListenerDemoState();
}
class _ListenerDemoState extends State<ListenerDemo>{
  Offset offset = Offset(0.0, 0.0);
  String status = 'noPoint';
  @override
  Widget build(BuildContext context) {
    return Center(
      child: Column(
        mainAxisAlignment: MainAxisAlignment.center,
        crossAxisAlignment: CrossAxisAlignment.center,
        children: <Widget>[
          Listener(
            child: Container(
              width: 300.0,
              height: 200.0,
              color: Theme.of(context).primaryColor,
              margin: EdgeInsets.only(bottom: 30.0),
              child: Text(
                '在此区域滑动',
                style: TextStyle(
                  color: Color(0xffffffff),
```

```
                fontSize: 26
              ),),
            alignment: Alignment.center,
          ),
          onPointerDown: (event) {
            setState(() {
              status = 'pointDown';
              offset = event.position;
            });
          },
          onPointerMove: (event) {
            setState(() {
              status = 'pointMove';
              offset = event.position;
            }); },
          onPointerUp: (event) {
            setState(() {
              status = 'pointUp';
              offset = event.position;
            }); }, ),
        Text(
          '$status:$offset',
          style: TextStyle(
            fontSize: 22.0
          ), ),],),);}
}
```

编译并运行程序结果如图 7-16 所示，鼠标改变位置，坐标也会跟着改变，运行结果如图 7-17 所示。

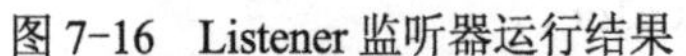

图 7-16 Listener 监听器运行结果

图 7-17 Listener 监听器鼠标单击后结果

上面 Listener 监听器示例中回调函数的 event 参数包含了一些相关信息：

- position：触控点相对于全局坐标的偏移。
- localPosition：触控点相对于当前 Widget 的坐标的偏移。

- delta：两次指针移动事件（PointerMoveEvent）的距离。

## 7.4 跨组件传递事件

传递事件还可以使用 EventBus、Notification 和 Controller 方法，下面对这几个传递事件的方法进行介绍。

### 7.4.1 EventBus 传递事件

EventBus 是一种常用的传递事件总线方法。

下面是 EventBus 的控件监听案例，在界面上放置了一个按钮，每次单击按钮后就会发送一个随机数通知，上层 Widget 通过监听获得下层发送的通知并通过 SetState 方法来更新 UI。

由于需要引入第三方库，因此在 pubspec.yaml 中引入下面代码：

```
dependencies:
 event_bus: ^2.0.0
```

EventBus 这个第三方包的具体说明可以参考 https://pub.flutter-io.cn/packages/event_bus。

需要首先创建事件类：

```
class CustomEvent {
  String info;
  CustomEvent(this.info);}
```

然后创建 EventBus 并监听事件，在任意位置调用 eventBus.fire()即可发送事件。具体代码如例 7-8 所示。

**【例 7-8】** EventBusDemo 传递事件

```
class EventBusDemo extends StatefulWidget {
  @override
  _MyState createState() => _MyState();
}
class _MyState extends State<EventBusDemo> {
  EventBus eventBus = new EventBus();
  String info = "";
  @override
  void initState() {
    super.initState();
    eventBus.on<CustomEvent>().listen((event) {
      setState(() {
        info = event.info;
      });
    });
  }
  @override
  void dispose() {
    eventBus.destroy();
    super.dispose();
```

```
    }
    @override
    Widget build(BuildContext context) {
      return Scaffold(
        appBar: AppBar(
          title: Text("EventBusTitle"),
        ),
        body: Container(
          child: Center(
            child: Column(
              children: [
                Text(info),
                RaisedButton(
                  child: Text("发送"),
                  onPressed: () {
                    eventBus.fire(
                        CustomEvent("我是随机下面发送的数据：${Random().nextInt(1000)}"));
                  }, ) ],),),),), );
    }
  }
```

编译并运行程序，单击“发送”按钮，运行如图 7-18 所示，再单击“发送”按钮，运行结果如图 7-19 所示。

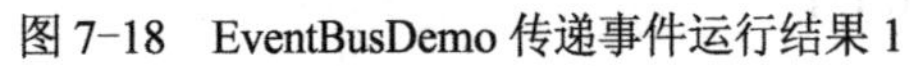

图 7-18　EventBusDemo 传递事件运行结果 1　　图 7-19　EventBusDemo 传递事件运行结果 2

### 7.4.2　Notification 传递事件

Notification 中文意思是通知，与 Android 中的广播机制类似，在 Flutter 中 Notification 的功能是子节点状态变更，并发送通知上报。

Notification 的数据变更是通过 Widget 树向上冒泡的，往往在下层 Widget 发送通知，然后在上层处理通知。具体代码如例 7-9 所示。

【例 7-9】 Notification 传递事件

```
class MyApp10 extends StatelessWidget {
  @override
  Widget build(BuildContext context) {
    return MaterialApp(
      home: NotificationDemo(),
    );
  }
}

class NotificationDemo extends StatefulWidget {
  @override
  _MyAppState createState() => _MyAppState();
}

class _MyAppState extends State<NotificationDemo> {
  //声明 controller
  ScrollController scrollController = new ScrollController();
  //标识是否显示返回最顶部按钮
  bool toTop = false;
  //滚动位置百分比
  String percent = "0%";

  @override
  void initState() {
    scrollController.addListener((){
      //打印监听位置
      print(scrollController.offset);
      if(scrollController.offset<1000 && toTop){
        //更新状态
        setState(() {
          toTop = false;
        });
      }else if(scrollController.offset>=1000 && toTop == false){
        setState(() {
          toTop = true;
        });
      }
    }
    );
  }

  //为了避免内存泄露，需要调用_controller.dispose
  @override
  void dispose() {
    scrollController.dispose();
    super.dispose();
  }

  @override
  Widget build(BuildContext context) {
    return MaterialApp(
```

```
        home: Scaffold(
          appBar: AppBar(title: Text("滚动监听"),),
          body: Scrollbar(
              child: NotificationListener<ScrollNotification>(
                  onNotification: (ScrollNotification sn){
                    //计算
                    double progress = sn.metrics.pixels / sn.metrics.maxScrollExtent;
                    //重新构建
                    setState(() {
                      percent = "${(progress*100).toInt()}%";
                    });
                    return true;
                  },
                  child: Stack(
                    alignment: Alignment.center,
                    children: <Widget>[
                      ListView.builder(
                        itemCount: 100,
                        itemExtent: 50,
                        controller: scrollController,
                        itemBuilder: (context,index){
                          return ListTile(title: Text("编号: $index"),);
                        },
                      ),
                      CircleAvatar(
                        backgroundColor: Colors.black12,
                        radius: 30,
                        child: Text(percent,style: TextStyle(color: Colors.red),),
                      )
                    ],
                  )
              )
          ),
          floatingActionButton: !toTop ? null : FloatingActionButton(
            onPressed: (){
              //返回到顶部时执行动画
              scrollController.animateTo(
              0,
              duration: Duration(seconds: 2),
              curve: Curves.ease);
            },
            child: Icon(Icons.arrow_upward),
          ),
        )
    );
  }
}
```

Notification 的属性如图 7-20 和图 7-21 所示。

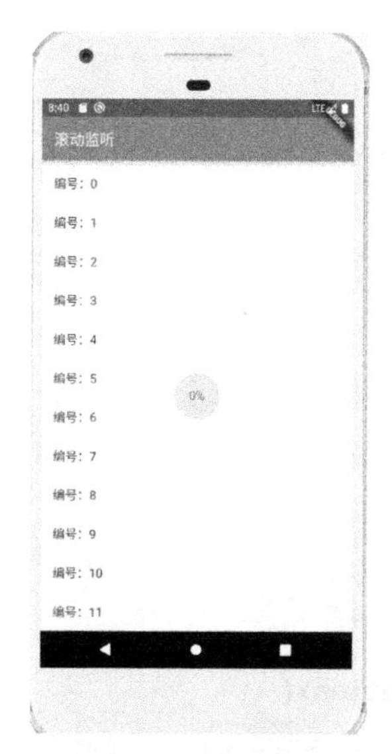


图 7-20　Notification 传递事件运行结果

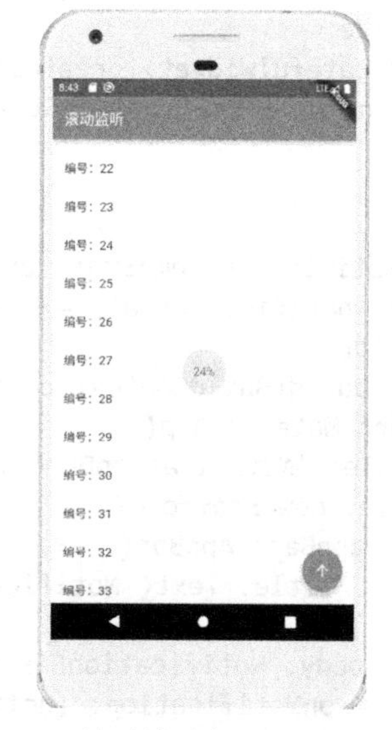


图 7-21　滚动滚动条 Notification 示例

Notification 使用时需要注意以下几个方面：

- 通知的 NotificationListener 和之前写的事件的 Listener 一样，都是功能性的组件，而且也都是从子节点顺着 Widget 树向上冒泡，不同的是，事件的 Listener 不可以被终止，但是通知的 NotificationListener 是可以被终止的。
- 通知 Notification 的发送是通过 disPatch 进行分发的。就好像 Android 里面的事件分发，当 NotificationListener 监听到了通知事件，这时候会走到其 onNotification 回调中，根据回调中的返回值类型（true 还是 false）来决定是否还继续向父亲节点发送通知。
- 返回 true 就是继续分发，返回 false 就是终止分发。返回 false 就意味着上层节点的 NotificationListener 就不会接收到通知事件了。

下面示例两层 NotificationListener 嵌套，子节点的 NotificationListener 返回 true，那么父节点的 NotificationListener 可以接收到通知事件，反之如果返回 false，那么父节点的 NotificationListener 就不会接收到通知事件了。下面是简单的发送通知，监听到通知事件后改变 text 的内容。具体示例如例 7-10 所示。

**【例 7-10】** NotificationListener 使用

```
class MyApp11 extends StatelessWidget {
  @override
  Widget build(BuildContext context) {
    return MaterialApp(
      title: "NotificationDemo",
      home: NotificationDemo(),
    );
  }
}
class MyNotification extends Notification{
  String notificationStr;
  MyNotification(this.notificationStr);
}
class NotificationDemo extends StatefulWidget {
```

```
  @override
  State<StatefulWidget> createState() {
    return _NotificationDemoState();
  }
}

class _NotificationDemoState extends State {
  String _notificationData = 'default_data';
  @override
  Widget build(BuildContext context) {
    return MaterialApp(
      title: 'NotificationDemo',
      home: new Scaffold(
          appBar: AppBar(
            title: Text('NotificationDemo'),
          ),
          body: NotificationListener<MyNotification>(
            onNotification: (notification) {
              setState(() {
                _notificationData = notification.notificationStr;
              });
              return true;
            },
            child: Column(
              children: <Widget>[
                Text(_notificationData),
                Builder(
                  builder: (context) {
                    return Container(
                      width: double.infinity,
                      child: RaisedButton(
                          child: Text('发送通知'),
                          onPressed: () {
                            MyNotification('notification_data')
                                .dispatch(context);
                          }), );}, ) ], ),
          )),
    );
  }
}
```

编译并运行程序结果如图 7-22 和图 7-23 所示。

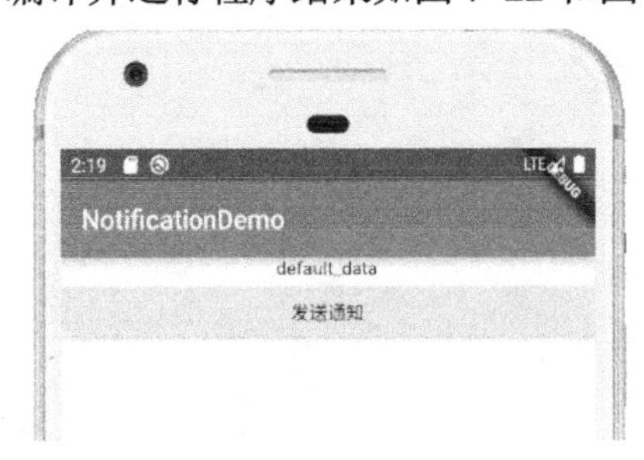


图 7-22　NotificationListener 运行结果

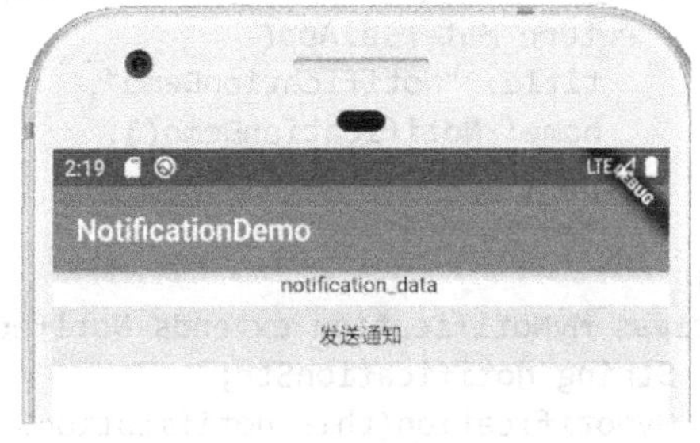


图 7-23　NotificationListener 单击发送通知按钮后运行结果

### 7.4.3 Controller 传递事件

在无状态组件中，组件的 UI 是由传入它的参数决定的，组件本身的不需要管理状态。而有状态组件会有多种状态，而它的状态是可以通过外部控制器来控制的。例如 TextField，创建一个 Controller 可以给 TextField 赋初始值，也可以通过 Controller 来获取到变化之后的 value 值，而这个控制器就是 Controller。它可以用来控制一个有状态组件的行为以及状态的一个类。具体示例见例 7-11。

**【例 7-11】** Controller 传递事件

```
class MyApp12 extends StatelessWidget {
  @override
  Widget build(BuildContext context) {
    return MaterialApp(
      title: "ControlDemo",
      home: MyApp(),
    ); }
}

class MyApp extends StatefulWidget {
  @override
  _MyAppState createState() => _MyAppState();
}

class _MyAppState extends State<MyApp> {
  ColorController _colorController = ColorController();
  @override
  Widget build(BuildContext context) {
    return Container(
      color: Colors.white,
      padding: EdgeInsets.only(top: 100),
      child: Column(
        children: [
          TextButton(onPressed: () {
            _colorController.switchToRed();
          }, child: Text('切换到红色')),
          TextButton(onPressed: () {
            _colorController.switchToYellow();
          }, child: Text('切换到黄色')),
          ColorWidget(colorController: _colorController),
        ], ), );}
}

class ColorController {
  late VoidCallback switchToRed;
  late VoidCallback switchToYellow;

  void dispose() {
    switchToRed ;
    switchToYellow;
  }
}
```

```
class ColorWidget extends StatefulWidget {
  final ColorController colorController;
  ColorWidget({required this.colorController});
  @override
  _ColorWidgetState createState() => _ColorWidgetState();
}

class _ColorWidgetState extends State<ColorWidget> {

  MaterialColor _color = Colors.red;

  @override
  void initState() {
    super.initState();
    bindController();
  }
  bindController() {
    widget.colorController.switchToRed = switchToRed;
    widget.colorController.switchToYellow = switchToYellow;
  }
  switchToYellow() {
    setState(() {
      _color = Colors.yellow;
    });
  }
  switchToRed() {
    setState(() {
      _color = Colors.red;
    });
  }
  @override
  Widget build(BuildContext context) {
    return Container(
      margin: EdgeInsets.only(top: 20),
      color: _color,
      width: 100,
      height: 100,
    );
  }
}
```

编译并运行程序结果如图 7-24 和图 7-25 所示。

Controller 除了可以控制文本的颜色，还可以控制滚动条行为或者输入框文字等。可以自己试着实现以下例子：

- 如 ScrollController，通过创建一个实例，可以通过该 Controller 来控制可滚动组件的滚动行为，例如滚动到某个像素，这个时候就没有办法通过传参数来实现滚动，当然也可以通过传参数来实现，只不过官方没有提供传参数的途径而已，官方提供的是通过 Controller 来控制滚动组件的行为，也可以通过 Controller 去实时拿到当前滚动组件滚动的距离。

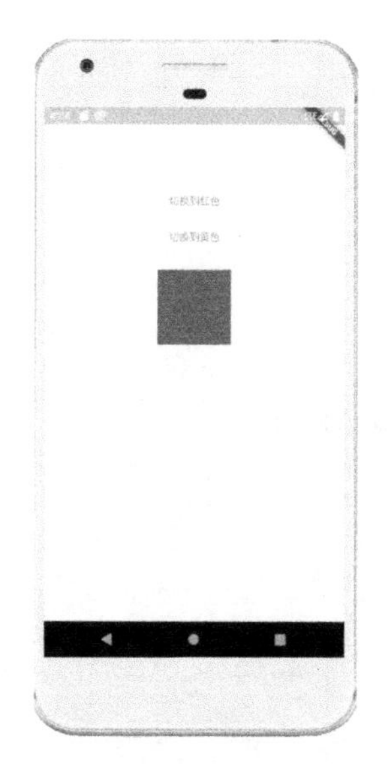

图 7-24　Controller 传递事件运行结果

图 7-25　Controller 传递事件单击黄色按钮切换运行结果

- 如 TextField 的 controller，通过它的实例，可以很方便地让父组件获取到当前 TextField 的信息，而不需要父组件去通过设置 onChanged 来获取 value，也不需要写不太优雅的监听事件来监听光标所在的位置。

## 7.5　监听组件事件

监听组件除了可以监听按钮单击，还可以有别的事件监听，例如进行按键返回主页面、文本输入等操作。

### 7.5.1　返回键监听

Flutter 用 WillPopScope 可以实现对返回键单击事件的监听，通过 onWillPop 回调函数可以处理响应单击事件。单击 Icon 按钮，可将页面返回到其他页面，如例 7-12 所示。

**【例 7-12】** WillPopScope 返回键监听

```
class MyApp13 extends StatelessWidget {
  @override
  Widget build(BuildContext context) {
    return MaterialApp(
      title: "ReturnButtonDemo",
      home: MyApp(),
    );
  }
}
class MyApp extends StatefulWidget {
  @override
  _MyAppState createState() => _MyAppState();
}
class _MyAppState extends State<MyApp> {
  @override
```

```
    Widget build(BuildContext context) {
      return WillPopScope(
        onWillPop: _requestPop,
        child: Scaffold(
          appBar: AppBar(
            title: Text('返回页面'),
            leading: IconButton(
              icon: Icon(Icons.arrow_back),
              onPressed: () {
                print("退出${Navigator.canPop(context)}");
                if (Navigator.canPop(context)) {
                  Navigator.pop(context);
                } else {
                  SystemNavigator.pop();
                }
              },
            ),
          ),
        ),
      );
    }

    Future<bool> _requestPop() {
      print("POP");
      if (Navigator.canPop(context)) {
        Navigator.pop(context);
      } else {
        SystemNavigator.pop();
      }
      return Future.value(false);
    }
  }
```

编译并运行程序结果如图 7-26 和图 7-27 所示。

图 7-26 WillPopScope 返回键监听运行结果

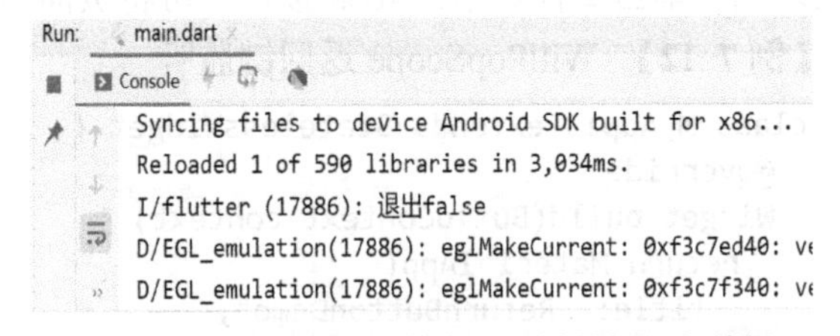


图 7-27 WillPopScope 单击返回键按钮运行结果

### 7.5.2 输入框组件监听

用户经常需要监听输入框的内容，下面示例有三个输入框组件，第一个输入框组件是监听获得焦点和失去焦点的；第二个输入框是监听使用 TextField 的 Controller 属性进行监听输入内容的；第三个输入框是使用 onChanged: (value){},方法来进行输入内容监听。如例 7-13 所示。

【例 7-13】 TextField 输入框组件监听

```
FocusNode focusNode = FocusNode();
//定义一个 controller
TextEditingController _unameController = TextEditingController();
class MyApp14 extends StatelessWidget {
  @override
  Widget build(BuildContext context) {
    return MaterialApp(
      title: "InputListenerDemo",
      home: MyApp(),
    );
  }
}
class MyApp extends StatefulWidget {
  @override
  MyAppState createState() => MyAppState();
}
class MyAppState extends State<MyApp> {
  /// 输入框焦点事件的捕捉与监听
  @override
  void initState() {
    super.initState();
    //输入内容的监听
    _unameController.addListener(() {
      print("你输入的内容为：${_unameController.text}");
    });
    //添加 Listener 监听
    //对应的 TextField 失去焦点或者获得焦点都会回调此监听
    focusNode.addListener(() {
      if (focusNode.hasFocus) {
        print('得到焦点');
      }
      else {
        print('失去焦点');
      }
    }
    );
    //页面销毁
    @override
    void dispose() {
      super.dispose();
      //释放
      focusNode.dispose();
    }
  }

    @override
    Widget build(BuildContext context) {
      return MaterialApp(
        home:Scaffold(
          appBar: AppBar(
            title: Text('InputListenerDemo'),
          ),
          body:Column(
```

```
          children: [
            new TextField(
              controller: _unameController,
              //引用 FocusNode
              focusNode: focusNode,
              decoration: InputDecoration(
                  label:Text("聚焦焦点"),
                  hintText: "聚焦焦点与否"
              ),
            ),
            TextField(
              //设置监听
              controller: _unameController,
              autofocus: true,
              decoration: const InputDecoration(
                //文本
                labelText:"用户名",
                //提示信息
                hintText: "用户名或邮箱",
                //图标
                prefixIcon: Icon(Icons.person),
              ),
              //设置最大行数
              maxLines: 1,
            ),
            TextField(
              autofocus: true,
              decoration:const  InputDecoration(
                labelText:"密码",
                hintText: "您的登录密码",
                prefixIcon: Icon(Icons.lock),
              ),
              //隐藏文本
              obscureText: true,
              //表单改变事件
              onChanged: (value){
                print("你输入的内容为$value");
              }, ) ], ), ) , );
    }
}
```

编译并运行程序结果如图 7-28～图 7-31 所示。

图 7-28　TextField 输入内容前

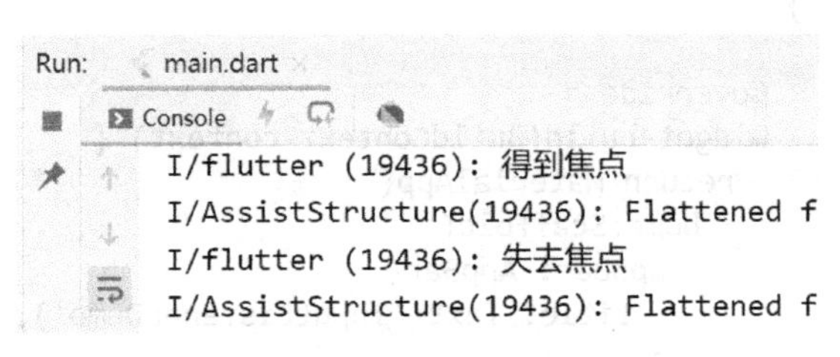


图 7-29　TextField 获得焦点和失去焦点

图 7-30　TextField 输入内容运行结果

```
I/flutter (19436): 你输入的内容为: z
I/flutter (19436): 你输入的内容为: zs
I/flutter (19436): 你输入的内容为: zs
W/IInputConnectionWrapper(19436): ge
W/IInputConnectionWrapper(19436): ge
I/AssistStructure(19436): Flattened
W/IInputConnectionWrapper(19436): ge
I/flutter (19436): 你输入的内容为1
I/flutter (19436): 你输入的内容为12
```

图 7-31　TextField 输入内容控制台打印内容

## 7.6　本章小结

本章主要介绍 Flutter 的事件监听和处理。包括指针事件监听、Gesture 手势识别、Listener 监听器、跨组件传递事件、监听组件事件等，还介绍了 EventBus、Notification 和 Controller 的用法，最后又介绍了几个组件监听事件，例如输入框、图标按钮的事件监听等，深入浅出地通过实例介绍了这些监听组件的实际用法，实际学习时需要举一反三，通过实际例子掌握 Flutter 事件监听组件的用法。

## 7.7　习题与练习

**1．概念题**

1）简述 Flutter 有哪些事件监听组件。

2）举例说明手势监听组件的使用方法。

3）简述按钮监听组件的用法，用示例说明。

4）简述 EventBus 和 Notification 的用法，举例说明。

**2．操作题**

创建按钮和输入框组件，模拟登录页面，单击登录按钮将用户名和密码打印输出在控制台。

# 第 8 章 Flutter 的动画和导航

本章介绍 Flutter 的动画。在 Flutter 中动画分为两类：基于图形动画（以图形的形式制作动画，三方库 AnimationTextKit、Rive、Lottie）、基于代码动画（主要针对 Widget 的大小、颜色、形状变动）。本章主要讲解基于代码动画类型的动画。

在 Flutter 中基于代码动画，也主要分为两种形式：补间（Tween）动画、拟物（Hero）动画。

## 8.1 Tween 动画

Tween 意为在两者之间。在 Tween 动画中定义开始点、结束点、时间线以及定义转换时间和速度的曲线，由框架完成如何从开始点过渡到结束点的动画效果。

在 CSS 中如果要先让一个元素发生平移，使用的是 transform：translate，那么在 Flutter 中，已经封装起组件进行使用，只用填入平移的位置即可。

**1．平移操作**

```
Transform.translate(
  offset: Offset(xValue,yValue),
  child: Text("Hello world"),
),
```

**2．旋转**

```
Transform.rotate(
    //旋转角度
    angle:math.pi/2,
    child: Text("Hello world"),
  )
```

**3．缩放**

```
Transform.scale(
      scale: 1.5, //缩放倍数
      child: Text("Hello world")
  )
```

Tween 生成不同范围或数据类型的值，它用来定义从输入范围到输出范围的映射。也就是变化范围。要使用 Tween 对象，需要调用其 animate()方法，然后传入一个控制器对象。例如，以下代码在 500ms 内生成从 0 到 255 的整数值。

```
animation = Tween(begin: 0.0, end: 30.0).animate(curve)
```

下面举个示例说明 Fluter 动画效果，其具体示例如例 8-1 所示。

**【例 8-1】** Tween 动画组件

```
class AnimationDemo extends StatefulWidget {
  @override
  State<StatefulWidget> createState()=>AnimationDemoWidget();
}
class AnimationDemoWidget extends State<AnimationDemo> with SingleTickerProviderStateMixin{
  late AnimationController controller;
  late Animation<double> animation;
  void initState() {
    super.initState();
    // 创建动画周期为 1s 的 AnimationController 对象
    controller = AnimationController(vsync: this, duration: const Duration(milliseconds:
3000));
    final CurvedAnimation curve = CurvedAnimation(
        parent: controller, curve: Curves.elasticOut);

    // 创建从 50 到 200 线性变化的 Animation 对象
    // 普通动画需要手动监听动画状态，刷新 UI
    animation = Tween(begin: 0.0, end: 30.0).animate(curve)
      ..addListener(()=>setState((){}))
      ..addStatusListener((status){
        if(status == AnimationStatus.completed){
          controller.reset();
          controller.forward();
        }
      });
// 启动动画
    controller.forward();
//    controller.repeat();
  }
  @override
  Widget build(BuildContext context) {
    return RotationTransition(
      //设置动画的旋转中心
      alignment: Alignment.center,
      //动画控制器
      turns: controller,
      //将要执行动画的子 view
      child: Image.network("http://www.devio.org/img/avatar.png"),
    );
  }
  @override
  void dispose() {
    // 释放资源
    controller.dispose();
    super.dispose();
  }
```

```
}
```

编译并运行程序，运行结果如图 8-1 和图 8-2 所示。

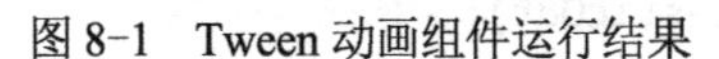

图 8-1　Tween 动画组件运行结果　　图 8-2　Tween 动画组件运行过程中

有几个需要注意的地方：

- AnimationController 用来控制动画，它包含动画的启动 forward()、停止 stop()、反向播放 reverse()。AnimationController 会在动画的每一帧生成一个值。
- Animation 是一个抽象类，它保存着动画的状态。Animation 对象在动画执行的过程中输出的值由 Curve 来决定。
- Flutter 中通过 Curve 来描述动画过程，把匀速动画称为线性的，非匀速动画称为非线性的。

## 8.2　Hero 动画

另外一种基于代码动画是 Hero 动画，Hero 动画是从源路由飞到目标路由的 Widget，可以在源路由定义一个 Hero，为目标路由定义另一个 Hero，并为每个标签分配相同的标签。Flutter 为具有匹配标签的 Hero 配对。具体示例如例 8-2 所示。

【例 8-2】 Hero 动画

```
class MyApp02 extends StatelessWidget {
  @override
  Widget build(BuildContext context) {
    return  MaterialApp(
      home: HeroAnimation()
    ); }
}
class HeroAnimation extends StatelessWidget {
  Widget build(BuildContext context) {
    timeDilation = 5.0; // 1.0 意味着正常的动画速度
    return new Scaffold(
```

```
        appBar: new AppBar(
          title: const Text('Basic Hero Animation'),
        ),
        body: new Center(
          child: PhotoHero(
            photo: 'images/pic01.png',
            width: 300.0,
            onTap: () {
              Navigator.of(context).push(new MaterialPageRoute<Null>(
                  builder: (BuildContext context) {
                    return new Scaffold(
                      appBar: new AppBar(
                        title: const Text('Flippers Page'),
                      ),
                      body: new Container(
                        color: Colors.lightBlueAccent,
                        padding: const EdgeInsets.all(16.0),
                        alignment: Alignment.topLeft,
                        child:  PhotoHero(
                          photo: "images/pic01.png",
                          width: 100.0,
                          onTap: () {
                            Navigator.of(context).pop();
                          }, key: Key(""),
                        ), ),); }
              ));
            }, key: Key(""),
          ),),
    );
  }
  }
  class PhotoHero extends StatelessWidget {
    const PhotoHero({ required Key key, required this.photo,
      required this.onTap, required this.width }) : super(key: key);
    final String photo;
    final VoidCallback onTap;
    final double width;
    Widget build(BuildContext context) {
      return new SizedBox(
        width: width,
        child: new Hero(
          tag: photo,
          child: new Material(
            color: Colors.transparent,
            child: new InkWell(
              onTap: onTap,
              child: new Image.asset(
                photo,
                fit: BoxFit.contain,
              ),
            ),
          ),
        ),
```

```
    );
  }
}
```

编译并运行程序，运行结果如图 8-3 所示，单击图片后，图片飞到左上角变小，如图 8-4 所示。

图 8-3　Hero 动画组件运行结果

图 8-4　Hero 动画单击图片后运行结果

有几个需要注意的地方：

- 单击主页路由的图片，将其放到一个新的路由上，在不同的位置和比例显示相同的照片。
- 通过单击图片或使用设备的返回键返回到前一个路由。
- 可以使用该 timeDilation 属性进一步减缓过渡。
- 需要项目根目录中添加 images 文件夹，images 中添加需要的图片，然后在 pubspec.yaml 文件中加入下面代码，最后单击 Pub get 按键，使得项目得到同步，这样在本地才可以找到图片。

```
assets:
  - images/pic01.png
```

## 8.3　第三方包动画

Flutter 除了有 Tween 动画和 Hero 动画，还有第三方包动画，例如 AnimatedTextKit、Animation、Rive、Lottie 组件等，使用它们之前需要插入第三方库，需要将依赖项添加到 pubspec.yaml 文件中。下面将用具体示例说明它们的具体用法。

### 8.3.1　AnimatedTextKit 组件

AnimatedTextKit 包是展示一组酷炫的文本动画。animation_text_kit 包链接为：https://pub.dev/packages/animated_text_kit。Flutter 动画小部件包 animated_text_kit 其中包含一些相

当酷炫的内容动画。下面，将利用 animated_text_kit 包来制作非常个性、精美的内容动画。AnimatedTextKit 组件的主要属性有：

- animatedTexts：该属性用于列出 [AnimatedText]，它们随后会显示在动画中。
- isRepeatingAnimation：该属性的值改为 false 后，动画就不会重复播放。它的默认值设置为 true。
- totalRepeatCount：该属性用来设置动画应重复的次数。它的默认值设置为 3。
- repeatForever：该属性用来设置动画是否应该一直重复下去。如果想让动画永远重复播放，[isRepeatingAnimation] 也需要设置为 true。
- onFinished：该属性用来将 onFinished[VoidCallback] 添加到动画小部件中。仅当 [isRepeatingAnimation] 设置为 false 时，此方法才会运行。
- onTap：该属性用来将 onTap[VoidCallback] 添加到动画小部件中。
- stopPauseOnTap：该属性设置为 true 时，动画暂停时单击一下就会继续播放。它的默认值设置为 false。

示例 8-3 是在主页屏幕上创建九个不同的按钮，当用户单击按钮时，动画就会开始播放。每个按钮上的动画都是不一样的，后面会具体讨论。

**【例 8-3】** AnimatedTextKit 组件

```
class MyHomePage extends StatefulWidget {
MyHomePage({Key? key}) : super(key: key);

@override
_MyHomePageState createState() => _MyHomePageState();
}

class _MyHomePageState extends State<MyHomePage> {
 late List<AnimatedTextExample> _examples;
 int _index = 0;
 int _tapCount = 0;

 @override
 void initState() {
  super.initState();
  _examples = animatedTextExamples(onTap: () {
   print('Tap Event');
   setState(() {
    _tapCount++;
   });
  });
 }

 @override
 Widget build(BuildContext context) {
  final animatedTextExample = _examples[_index];

  return Scaffold(
   appBar: AppBar(
    title: Text(
```

```
            animatedTextExample.label,
            style: TextStyle(fontSize: 30.0, fontWeight: FontWeight.bold),
          ),
        ),
        body: Column(
          children: <Widget>[
            Expanded(
              child: Container(),
            ),
            Container(
              decoration: BoxDecoration(color: animatedTextExample.color),
              height: 300.0,
              width: 300.0,
              child: Center(
                key: ValueKey(animatedTextExample.label),
                child: animatedTextExample.child,
              ),
            ),
            Expanded(
              child: Container(
                alignment: Alignment.center,
                child: Text('Taps: $_tapCount'),
              ),
            ),
          ],
        ),
        floatingActionButton: FloatingActionButton(
          onPressed: () {
            setState(() {
              _index = ++_index % _examples.length;
              _tapCount = 0;
            });
          },
          tooltip: 'Next',
          child: const Icon(
            Icons.play_circle_filled,
            size: 50.0,
          ),
        ),
      );
    }
  }

  class AnimatedTextExample {
    final String label;
    final Color? color;
    final Widget child;

    const AnimatedTextExample({
      required this.label,
      required this.color,
      required this.child,
    });
```

```
}

// 彩色化文本样式
const _colorizeTextStyle = TextStyle(
  fontSize: 50.0,
  fontFamily: 'Horizon',
);

// 着色颜色
const _colorizeColors = [
  Colors.purple,
  Colors.blue,
  Colors.yellow,
  Colors.red,
];

List<AnimatedTextExample> animatedTextExamples({VoidCallback? onTap}) =>
    <AnimatedTextExample>[
      AnimatedTextExample(
        label: 'Rotate',
        color: Colors.orange[800],
        child: ListView(
          scrollDirection: Axis.horizontal,
          children: <Widget>[
            Row(
              mainAxisSize: MainAxisSize.min,
              children: <Widget>[
                const SizedBox(
                  width: 20.0,
                  height: 100.0,
                ),
                const Text(
                  '开始',
                  style: TextStyle(fontSize: 43.0),
                ),
                const SizedBox(
                  width: 20.0,
                  height: 100.0,
                ),
                DefaultTextStyle(
                  style: TextStyle(
                    fontSize: 40.0,
                    fontFamily: 'Horizon',
                  ),
                  child: AnimatedTextKit(
                    animatedTexts: [
                      RotateAnimatedText('AWESOME'),
                      RotateAnimatedText('OPTIMISTIC'),
                      RotateAnimatedText(
                        'DIFFERENT',
                        textStyle: const TextStyle(
                          decoration: TextDecoration.underline,
                        ),
```

```
                ),
              ],
              onTap: onTap,
              isRepeatingAnimation: true,
              totalRepeatCount: 10,
            ),
          ),
        ],
      ),
    ],
  ),
),
AnimatedTextExample(
  label: 'Fade',
  color: Colors.brown[600],
  child: DefaultTextStyle(
    style: const TextStyle(
      fontSize: 32.0,
      fontWeight: FontWeight.bold,
    ),
    child: AnimatedTextKit(
      animatedTexts: [
        FadeAnimatedText('!看我的 Fade 变化效果!'),
        FadeAnimatedText('!!看我的 Fade 变化效果!!'),
        FadeAnimatedText('!!!看我的 Fade 变化效果!!!'),
      ],
      onTap: onTap,
    ),
  ),
),
AnimatedTextExample(
  label: 'Typer',
  color: Colors.lightGreen[800],
  child: SizedBox(
    width: 250.0,
    child: DefaultTextStyle(
      style: const TextStyle(
        fontSize: 30.0,
        fontFamily: 'Bobbers',
      ),
      child: AnimatedTextKit(
        animatedTexts: [
          TyperAnimatedText('我是 Typer 动画变化效果'),
          TyperAnimatedText('我是 Typer 动画变化效果! '),
          TyperAnimatedText('我是 Typer 动画变化效果!! '),
          TyperAnimatedText('我是 Typer 动画变化效果!!!! '),
        ],
        onTap: onTap,
      ),
    ),
  ),
),
AnimatedTextExample(
```

```
        label: 'Typewriter',
        color: Colors.teal[700],
        child: SizedBox(
          width: 250.0,
          child: DefaultTextStyle(
            style: const TextStyle(
              fontSize: 30.0,
              fontFamily: 'Agne',
            ),
            child: AnimatedTextKit(
              animatedTexts: [
                TypewriterAnimatedText('我是 Typewriter 动画变化效果'),
                TypewriterAnimatedText('我是 Typewriter 动画变化效果！', cursor: '|'),
                TypewriterAnimatedText('我是 Typewriter 动画变化效果!! ',
                    cursor: '<|>'),
                TypewriterAnimatedText('我是 Typewriter 动画变化效果!!! ',
                    cursor: ''),
              ],
              onTap: onTap,
            ),
          ),
        ),
      ),
      AnimatedTextExample(
        label: 'Scale',
        color: Colors.blue[700],
        child: DefaultTextStyle(
          style: const TextStyle(
            fontSize: 70.0,
            fontFamily: 'Canterbury',
          ),
          child: AnimatedTextKit(
            animatedTexts: [
              ScaleAnimatedText('Scale--思考！'),
              ScaleAnimatedText('Scale--创造！'),
              ScaleAnimatedText('Scale--创新！'),
            ],
            onTap: onTap,
          ),
        ),
      ),
      AnimatedTextExample(
        label: 'Colorize',
        color: Colors.blueGrey[50],
        child: AnimatedTextKit(
          animatedTexts: [
            ColorizeAnimatedText(
              '张三',
              textStyle: _colorizeTextStyle,
              colors: _colorizeColors,
            ),
            ColorizeAnimatedText(
              '李四',
```

```
              textStyle: _colorizeTextStyle,
              colors: _colorizeColors,
            ),
            ColorizeAnimatedText(
              '王五',
              textStyle: _colorizeTextStyle,
              colors: _colorizeColors,
            ),
          ],
          onTap: onTap,
        ),
      ),
      AnimatedTextExample(
        label: 'TextLiquidFill',
        color: Colors.white,
        child: TextLiquidFill(
          text: 'TextLiquidFill 效果',
          waveColor: Colors.blueAccent,
          boxBackgroundColor: Colors.redAccent,
          textStyle: const TextStyle(
            fontSize: 70,
            fontWeight: FontWeight.bold,
          ),
          boxHeight: 300,
        ),
      ),
      AnimatedTextExample(
        label: 'Wavy Text',
        color: Colors.purple,
        child: DefaultTextStyle(
          style: const TextStyle(
            fontSize: 20.0,
          ),
          child: AnimatedTextKit(
            animatedTexts: [
              WavyAnimatedText(
                'Hello World',
                textStyle: const TextStyle(
                  fontSize: 24.0,
                  fontWeight: FontWeight.bold,
                ),
              ),
              WavyAnimatedText('文字波浪效果'),
              WavyAnimatedText('神奇的文字波浪效果'),
            ],
            onTap: onTap,
          ),
        ),
      ),
      AnimatedTextExample(
        label: 'Flicker',
        color: Colors.pink[300],
        child: DefaultTextStyle(
```

```
          style: const TextStyle(
            fontSize: 35,
            color: Colors.white,
            shadows: [
              Shadow(
                blurRadius: 7.0,
                color: Colors.white,
                offset: Offset(0, 0),
              ),
            ],
          ),
          child: AnimatedTextKit(
            repeatForever: true,
            animatedTexts: [
              FlickerAnimatedText('我是 Flicker 效果'),
              FlickerAnimatedText('我是 Flicker 效果！'),
              FlickerAnimatedText("我是 Flicker 效果!!! "),
            ],
            onTap: onTap,
          ),
        ),
      ),
      AnimatedTextExample(
        label: 'Combination',
        color: Colors.pink,
        child: AnimatedTextKit(
          onTap: onTap,
          animatedTexts: [
            WavyAnimatedText(
              '你的目标 ？',
              textStyle: const TextStyle(
                fontSize: 24.0,
              ),
            ),
            FadeAnimatedText(
              '每天默念 100 遍',
              textStyle: const TextStyle(
                fontSize: 32.0,
                fontWeight: FontWeight.bold,
              ),
            ),
            ScaleAnimatedText(
              '时刻为目标做好准备！',
              textStyle: const TextStyle(
                fontSize: 48.0,
                fontWeight: FontWeight.bold,
              ),
            ),
            RotateAnimatedText(
              '努力奋斗吧!',
              textStyle: const TextStyle(
                fontSize: 64.0,
              ),
```

```
                rotateOut: false,
                duration: const Duration(milliseconds: 400),
              )
            ],
          ),
        ),
      ];
```

编译并运行程序，系统会报错，如图 8-5 所示。

```
Error: Cannot run with sound null safety, because the following dependencies
don't support null safety:

 - package:animations
```

图 8-5　程序运行 AS 控制台报错信息

原来是默认情况下 Flutter 不可为空，除非开发者明确告知 Dart 变量可以为 null，否则它将认为该变量不可为空。选择这个作为默认选项，因为发现非空指针是迄今为止 API 中最常见的选择。所以 Dart 的 null safety（安全）是可靠的，将整个项目和依赖项迁移到 null safety 之后，将获得稳健性带来的全部好处。

因此在控制台输入下面命令，即可解决问题。

```
flutter run --no-sound-null-safety
```

在控制台输入下面命令，让系统接受 null safety，如图 8-6 所示。

```
Terminal:  Local  +
D:\flutter_mark\code\ch07\demo2>flutter run --no-sound-null-safety
Flutter assets will be downloaded from https://storage.flutter-io.cn. Make sure you trust this source!
Using hardware rendering with device Android SDK built for x86. If you notice graphics artifacts, consider enabling software
rendering with "--enable-software-rendering".
Launching lib\main.dart on Android SDK built for x86 in debug mode...
```

图 8-6　AS 控制台输入信息

这时候项目才能够安全运行，陆续单击 Rotate、Fade、Colorize、Typer、Typerwriter、Scale、Wave、Flicker、Combination 按钮，可以出现不同字体的动画效果如图 8-7～图 8-22 所示。

图 8-7　AnimatedText 示例 Rotate 效果

图 8-8　AnimatedText 示例 Fade 效果

图 8-9　AnimatedText 示例 Colorize 效果 1

图 8-10　AnimatedText 示例 Colorize 效果 2

图 8-11　AnimatedText 示例 Typer 效果 1

图 8-12　AnimatedText 示例 Typer 效果 2

图 8-13　AnimatedText 示例 Typerwriter 效果 1

图 8-14　AnimatedText 示例 Typerwriter 效果 2

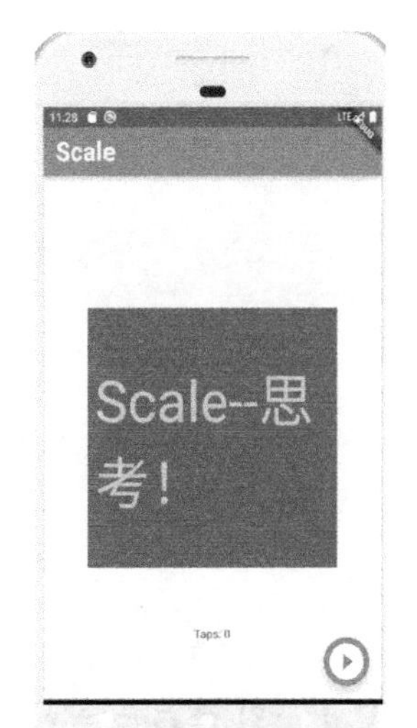


图 8-15　AnimatedText 示例 Scale 效果 1

图 8-16　AnimatedText 示例 Scale 效果 2

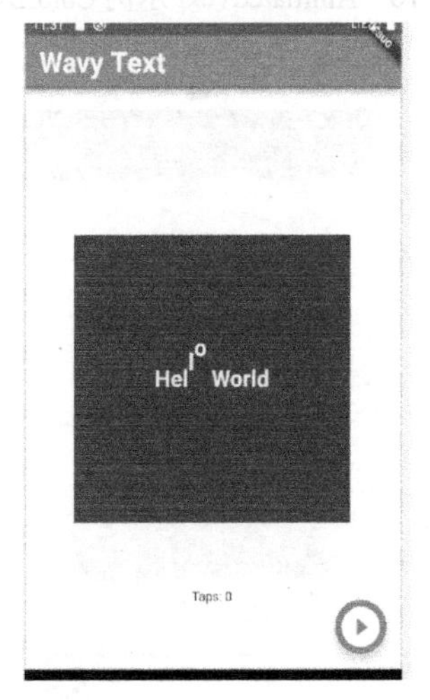


图 8-17　AnimatedText 示例 Wave 效果 1

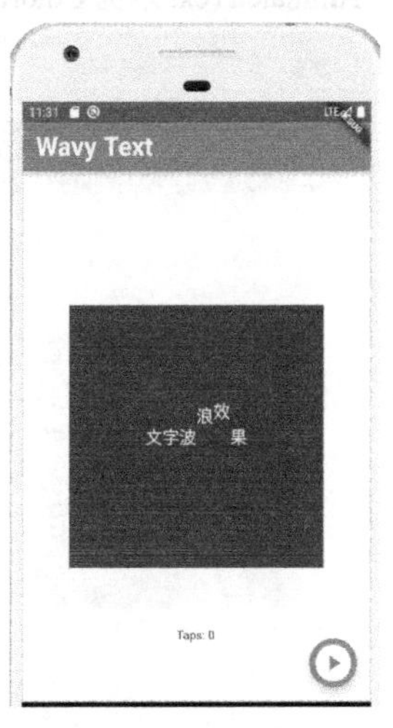


图 8-18　AnimatedText 示例 Wave 效果 2

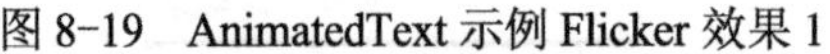

图 8-19　AnimatedText 示例 Flicker 效果 1　图 8-20　AnimatedText 示例 Flicker 效果 2

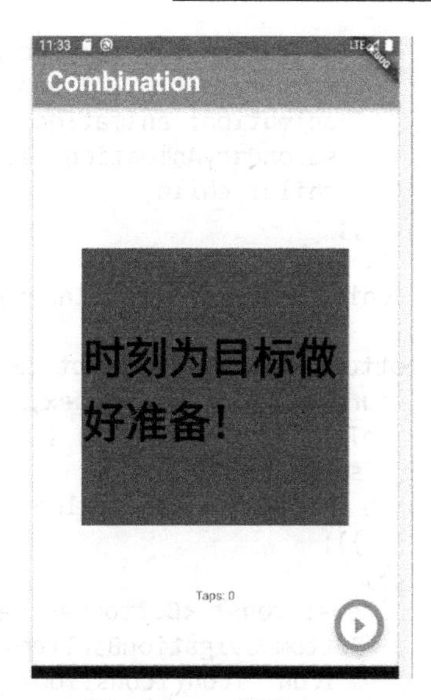

图 8-21　AnimatedText 示例 Combination 效果 1　　图 8-22　AnimatedText 示例 Combination 效果 2

本示例的文字变化比较全，基本可以覆盖各种特殊效果文字的第三方库，Flutter 框架可以引入它来渲染各种文字效果，由于本示例无法更好地演示动画效果，读者可以自行下载电子源码展示动画效果，这里面包括文字渐变、阴影、动态进入、波浪、伸缩等效果，读者可以自行实验。

### 8.3.2　Animation 组件

Animation 组件可以定义动画，但需要在 pubspec.xml 中添加：

```
animations: ^1.1.2
```

然后运行以下命令以获取所需的包，在 Android Studio 中运行 pub get。下面是一个 Animation 动画的示例，它是使用动画包在 Flutter 中简单实现淡入淡出模式。具体如例 8-4 所示。

**【例 8-4】** Animation 组件 1

```
class TestingFadeThrough extends StatefulWidget {
  @override
  _TestingFadeThroughState createState() => _TestingFadeThroughState();
}

class _TestingFadeThroughState extends State<TestingFadeThrough> {
  int pageIndex = 0;
  List<Widget> pageList = <Widget>[
    Container(key: UniqueKey(), color: Colors.red),
    Container(key: UniqueKey(), color: Colors.blue),
    Container(key: UniqueKey(), color: Colors.green)
  ];

  @override
  Widget build(BuildContext context) {
    return Scaffold(
      appBar: AppBar(title: const Text('Testing Fade Through')),
      body: PageTransitionSwitcher(
        transitionBuilder: (Widget child, Animation<double> animation,
```

```
            Animation<double> secondaryAnimation) {
          return FadeThroughTransition(
            animation: animation,
            secondaryAnimation: secondaryAnimation,
            child: child,
          );
        },
        child: pageList[pageIndex],
      ),
      bottomNavigationBar: BottomNavigationBar(
        currentIndex: pageIndex,
        onTap: (int newValue) {
          setState(() {
            pageIndex = newValue;
          });
        },
        items: const <BottomNavigationBarItem>[
          BottomNavigationBarItem(
            icon: Icon(Icons.looks_one),
            label: "First page",
          ),
          BottomNavigationBarItem(
              icon: Icon(Icons.looks_two), label: 'Second Page'),
          BottomNavigationBarItem(
            icon: Icon(Icons.looks_3),
            label: 'Third Page',
          ),
        ],
      ),
    );
  }
}
```

为了保证项目 null safety，在控制台运行命令如图 8-6 所示，可以得到运行结果如图 8-23～图 8-25 所示。

图 8-23　Animation 组件 1 结果 1

图 8-24　Animation 组件 1 结果 2

图 8-25　Animation 组件 1 结果 3

下面示例是 Animation 中通过按钮单击事件，激发动画 Box 弹出，同样需要导入 Animation 包，这里不做赘述。具体如例 8-5 所示。

**【例 8-5】** Animation 组件 2

```
class TestingFadeScale extends StatefulWidget {
  @override
  _TestingFadeScaleState createState() => _TestingFadeScaleState();
}

class _TestingFadeScaleState extends State<TestingFadeScale>
    with SingleTickerProviderStateMixin {
  late AnimationController _controller;
  @override
  void initState() {
    _controller = AnimationController(
        value: 0.0,
        duration: const Duration(milliseconds: 500),
        reverseDuration: const Duration(milliseconds: 250),
        vsync: this)
      ..addStatusListener((status) {
        setState(() {});
      });
    super.initState();
  }

  @override
  void dispose() {
    _controller.dispose();
    super.dispose();
  }

  bool get _isAnimationRunningForwardsOrComplete {
    switch (_controller.status) {
      case AnimationStatus.forward:
      case AnimationStatus.completed:
        return true;
      case AnimationStatus.reverse:
      case AnimationStatus.dismissed:
        return false;
    }
  }

  @override
  Widget build(BuildContext context) {
    return Scaffold(
      appBar: AppBar(
        title: const Text('Testing FadeScale Transition'),
      ),
      body: Column(
        children: <Widget>[
          Padding(
            padding: const EdgeInsets.all(8.0),
            child: Row(
              mainAxisAlignment: MainAxisAlignment.center,
              children: <Widget>[
```

```
              RaisedButton(
                onPressed: () {
                  if (_isAnimationRunningForwardsOrComplete) {
                    _controller.reverse();
                  } else {
                    _controller.forward();
                  }
                },
                color: Colors.blue,
                child: Text(_isAnimationRunningForwardsOrComplete
                    ? 'Hide Box'
                    : 'Show Box'),
              )
            ],
          ),
        ),
        AnimatedBuilder(
          animation: _controller,
          builder: (context, child) {
            return FadeScaleTransition(animation: _controller, child: child);
          },
          child: Container(
            height: 200,
            width: 200,
            color: Colors.blue,
          ),
        ),
      ],
    ),
  );
 }
}
```

为了保证项目 null safety 在控制台运行命令如图 8-6 所示，可以得到运行结果，如图 8-26 所示，单击 Show Box 按钮运行结果如图 8-27 所示，再次单击 Hide Box 按钮，又回到如图 8-26 所示。

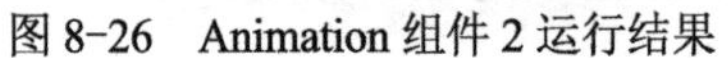

图 8-26　Animation 组件 2 运行结果

图 8-27　Animation 组件 2 单击 Show Box 按钮运行结果

### 8.3.3　Rive 组件

Rive 也是第三方的一个插件，Rive 是 Flare 的升级版本，是一个实时交互设计和动画工具。文件的后缀名是.riv，加载动画时使用的是Rive Flutter runtime。Rive 支持跨平台，支持 Web、iOS、Android、Flutter、C++等终端。

Rive 仓库地址：

```
https://github.com/rive-app/rive-flutter
```

Rive 插件地址：

```
https://pub.dev/packages/rive
```

使用 Rive 插件前需要安装插件，在 pubspec.yaml 中添加：

```
rive: ^0.8.4
```

下面示例是 Rive 插件中通过按钮单击播放和暂停按钮，控制动画的播放和暂停。具体如例 8-6 所示。

**【例 8-6】** Rive 组件

```
class PlayOneShotAnimation extends StatefulWidget {
  const PlayOneShotAnimation({Key? key}) : super(key: key);
  @override
  _PlayOneShotAnimationState createState() => _PlayOneShotAnimationState();
}

class _PlayOneShotAnimationState extends State<PlayOneShotAnimation> {
  /// 控制器播放
  late RiveAnimationController _controller;
  /// 动画正在播放吗?
  bool _isPlaying = false;
  @override
  void initState() {
    super.initState();
    _controller = OneShotAnimation(
      'bounce',
      autoplay: false,
      onStop: () => setState(() => _isPlaying = false),
      onStart: () => setState(() => _isPlaying = true),
    );
  }

  @override
  Widget build(BuildContext context) {
    return Scaffold(
      appBar: AppBar(
        title: const Text('One-Shot Example'),
      ),
```

```
      body: Center(
        child: RiveAnimation.network(
          'https://cdn.rive.app/animations/vehicles.riv',
          animations: const ['idle', 'curves'],
          controllers: [_controller],
        ),
      ),
      floatingActionButton: FloatingActionButton(
        // 播放动画时禁用该按钮
        onPressed: () => _isPlaying ? null : _controller.isActive = true,
        tooltip: 'Play',
        child: const Icon(Icons.arrow_upward),
      ),
    );
  }
}
```

编译并运行程序，运行结果如图 8-28 所示，单击运行按钮运行结果如图 8-29 所示，再次单击暂停按钮，运行结果回到如图 8-28 所示。

图 8-28　Rive 组件运行结果

图 8-29　Rive 组件单击运行按钮运行结果

## 8.3.4　Lottie 组件

Lottie 组件也是第三方插件，和 Rive 插件类似，用的时候需要把动画先做好，只不过这里需要插入的动画是.json 格式的文件。

Lottie 仓库地址：

```
https://github.com/airbnb/lottie-android
```

Lottie 插件地址：

```
https://pub.dev/packages/lottie
```

使用 Lottie 插件前需要安装插件，在 pubspec.yaml 中添加：

```
lottie: ^1.3.0
```

下面示例是在 Lottie 插件中，插入 json 文件，将该文件添加到 Flutter 框架页面中即可显示在前端页面，具体如例 8-7 所示。

**【例 8-7】** Lottie 组件

```
class LottieDemo extends StatefulWidget {
  @override
  _LottieDemoState createState() => _LottieDemoState();
}
class _LottieDemoState extends State<LottieDemo> {
  @override
  Widget build(BuildContext context) {
    return Scaffold(
          appBar: AppBar(
                    title: Text("LottieDemo"),
                  body: Center(  child:Lottie.network("https://cdn.jsdelivr.net/gh/
johnson8888/blog_pages/images/lottie_test.json",),
                  ));
              }
          }
```

编译并运行程序，运行结果如图 8-30 和图 8-31 所示。

图 8-30　Lottie 组件运行结果 1

图 8-31　Lottie 组件运行结果 2

## 8.4　本章小结

本章主要介绍了 Flutter 动画组件和第三方库的动画组件，主要包括 Tween 动画组件、Hero 动画组件、第三方包动画组件（AnimatedTextKit、Animation、Rive 和 Lottie 组件）。

## 8.5　习题与练习

**1．概念题**

1）简述 Flutter 有哪些动画组件。

2）简述 Tween 组件的使用方法。

3）简述 Hero 组件的用法，用示例说明。

4）使用第三方动画库定义一个动画。

**2．操作题**

创建一般 App 的下导航栏和上导航栏，使用 Animation 创建一个自定义动画。

# 第 9 章 Flutter 的文件和网络

本章先介绍 Flutter 的文件操作，输入流、输出流的操作，这一部分和 Java 相似，然后介绍 Flutter 的网络请求和网络连接。

## 9.1 文件操作

Flutter 使用 Dart 语言进行文件操作，通常需要导入 io 流包，Flutter 和 Dart 的文件系统路径不同，Dart VM 是运行在 PC 或服务器操作系统下，而 Flutter 是运行在移动操作系统（Android、iOS）中，这会导致文件系统有一些差异。

文件操作包括文件的创建、数据写入、读取数据、删除文件等操作。因为文件及文件夹的操作依赖于 path_provider，在项目的 pubspec.yaml 文件中添加依赖，单击 pubspec.yaml右上角的 pub get 执行如下指令：

```
path_provider: ^2.0.2
```

Flutter 的文件操作包括创建临时目录、文档目录和外部存储目录，具体用法如下。

### 1. 临时目录

可以使用 getTemporaryDirectory() 来获取临时目录；系统可随时清除临时目录（缓存）。在 iOS 上，这对应于 NSTemporaryDirectory()即获取临时目录的返回值；在 Android 上，这对应于 getCacheDir()返回的值。使用如下命令可以得到临时目录：

```
String dir=(await getTemporaryDirectory()).path;
```

### 2. 文档目录

可以使用 getApplicationDocumentsDirectory()来获取应用程序的文档目录，该目录用于存储只有自己可以访问的文件。只有当应用程序被卸载时，系统才会清除该目录。在 iOS 上，这对应于 NSDocumentDirectory；在 Android 上，这对应于 AppData 目录。使用如下命令可以得到文档目录：

```
String dir = (await getApplicationDocumentsDirectory()).path;
```

### 3. 外部存储目录

可以使用 getExternalStorageDirectory()来获取外部存储目录，如 SD 卡；由于 iOS 不

支持外部目录，所以在 iOS 下调用该方法会抛出 UnsupportedError 异常，而在 Android 下结果是 Android SDK 中 getExternalStorageDirectory 的返回值。使用如下命令可以得到外部存储目录：

```
String dir1=getExternalStorageDirectory().toString();
```

下面以计数器为例，实现在应用退出重启后可以恢复单击次数。这里使用文件来保存数据，具体示例如例 9-1 所示。

**【例 9-1】** 文件目录

```
class FileOperation extends StatefulWidget {
  FileOperation({Key? key}) : super(key: key);
  @override
  _FileOperationState createState() => _FileOperationState();
}
class _FileOperationState extends State<FileOperation> {
  int _counter = 0;

  @override
  void initState() {
    super.initState();
    //从文件读取单击次数
    _readCounter().then((int value) {
      setState(() {
        _counter = value;
      });
    });
  }
  Future<File> _getLocalFile() async {
    // 获取应用目录
    String dir = (await getApplicationDocumentsDirectory()).path;
    return File('$dir/counter.txt');
  }

  Future<int> _readCounter() async {
    try {
      File file = await _getLocalFile();
      // 读取单击次数（以字符串类型）
      String contents = await file.readAsString();
      return int.parse(contents);
    } on FileSystemException {
      return 0;
    }
  }
  _incrementCounter() async {
    setState(() {
      _counter++;
    });
    // 将单击次数以字符串类型写到文件中
```

```
    await (await _getLocalFile()).writeAsString('$_counter');
  }

  @override
  Widget build(BuildContext context) {
    return Scaffold(
      appBar: AppBar(title: Text('文件操作')),
      body: Center(
        child: Text('单击了 $_counter 次'),
      ),
      floatingActionButton: FloatingActionButton(
        onPressed: _incrementCounter,
        tooltip: 'Increment',
        child: Icon(Icons.add),
      ),
    );
  }
}
```

编译并运行程序，运行结果如图 9-1 所示。单击“+”按钮，创建文件如图 9-2 所示。

图 9-1　创建文件运行结果 1

图 9-2　创建文件运行结果 2

单击 IDE 面板的右下角的 Device File Explorer，然后单击“data→data→包名→项目名→counter.txt”即：/data/data/com.example.demo2/app_flutter/counter.txt，就可以看到写入本地的文件，如图 9-3 所示，右键单击 counter.txt，选择“open”，打开文件，显示写入本地文件内容：“5”，本地文件记录共单击文件的次数为 5，如图 9-4 所示。

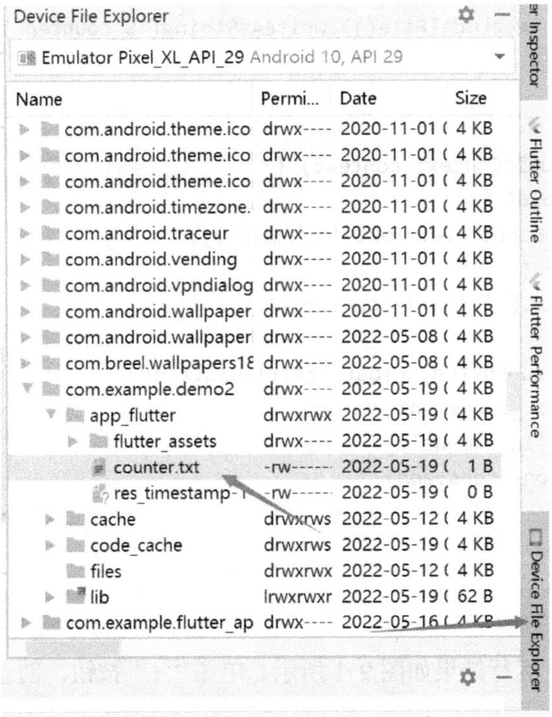

图 9-3　本地文件路径

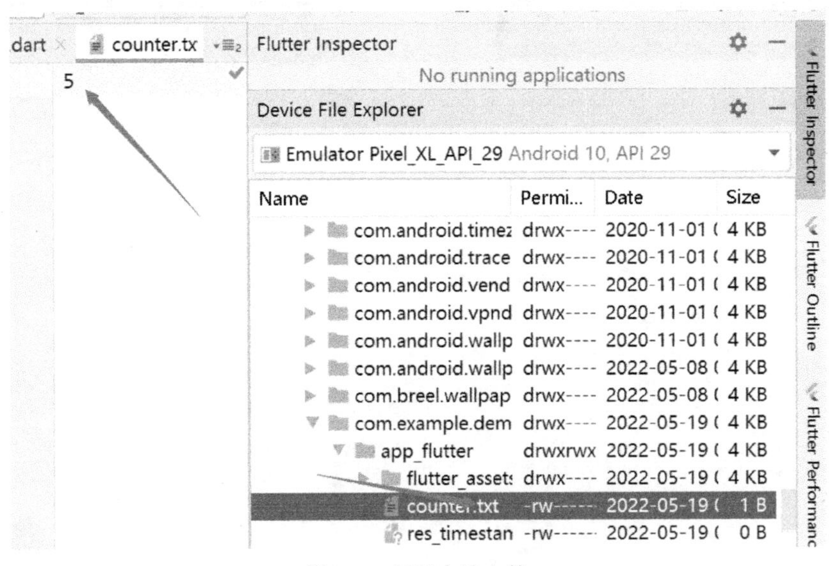


图 9-4　打开本地文件

## 9.2　异常处理

Flutter 的异常处理和 Java 相似，与 Java 不同的是，Dart 不检测是否是声明的，也就是说方法或者函数不需要声明要抛出哪些异常。Flutter 异常主要有：抛出异常、捕捉异常和重新抛出异常。

### 1. 抛出异常

抛出异常方式与 Java 相似，只是在书写上，Dart 语言更简单，可以省略关键字 "Exception" 或者使用箭头函数表示，下面三种方式都可以抛出异常：

```
void textException(){ throw Exception("方式一"); }
void textException(){ throw ("方式二"); }
void textException()=>throw ("方式三");
```

### 2. 捕捉异常

捕捉异常方式与 Java 相似，只是在书写上，Dart 语言更简单，使用 try...on...catch。如果 try 代码块中有许多语句就会发生异常，而且发生异常的种类很多，那么可以使用 on 关键字，on 关键字可以捕获到某种异常，但是获取不到异常对象，示例代码如下：

```
 void textException(){
    throw Exception("这是一个 Exception 异常");
}
void FormatException(){
    throw Exception("这是一个 FormatException 异常");
}
try{
    textException();
}
on FormatException
    catch(e){
    print(e.toString());
}
    catch(e,r){
    print(e);
}
```

### 3. 重新抛出异常

在捕获异常的同时允许继续传播，使用 rethrow 关键字，重置堆栈跟踪到最后抛出位置，示例代码如下：

```
void textException(){
    throw Exception("这是一个 Exception 异常");
}
try{
    text();
}catch(e,r){
    print(e.toString());
}
void text(){
    try{
    textException();
    }catch(e){
    print(e.toString());
    rethrow;
    }
}
```

## 9.3 网络连接

Flutter 的网络连接包括 HttpClient、Http 和 Dio 等连接方式，因此，Flutter 主要实现方案有三种，一种是基于原生的 HttpClient 来实现，另外两种是基于第三方 package 来实现 Http 与 Dio。

### 9.3.1 HttpClient 连接方式

HttpClient 主要依赖 dart:io 库中的 HttpClient 实现。HttpClient 是 Dar 语言自带的原生类，它的使用类似 Java 语言中的 Http 连接方式，创建 HttpClient 包括下面步骤。

**步骤一**：创建 HttpClient 对象。

```
HttpClient client = HttpClient();
```

**步骤二**：打开网络连接，设置参数。

```
// 如果 url 中没有查询参数可直接创建
Uri uri = Uri.parse('https://www.xxx.com');// 如果存在查询参数则在 Uri 中添加
Uri uri = Uri(scheme: 'https', host: 'www.xxx.com', queryParameters: {'a':
'AAA'});// 打开连接
HttpClientRequest request = await client.getUrl(uri);
request.headers.add('token', 'Bear ${'x' * 20}'); // 添加头部 token 信息// 如果是
post 或者 put 请求，通过 add 添加请求体// 因为 add 方法需要传入 List<int>参数，可以通过
utf8.encode 进行编码
request.add(utf8.encode('{"a": "aaa"}'));// 也可以通过添加流的方式进行添加
request.addStream(input);
```

**步骤三**：连接服务器。

```
// 设置 request 后通过 request.close() 获取一个响应对象 HttpClientResponse，// 包括
响应头，响应内容等
HttpClientResponse response = await request.close();
```

**步骤四**：读取服务器内容。

```
String responseBody = await response.transform(utf8.decoder).join();
```

**步骤五**：关闭服务器。

```
client.close();
```

下面示例是单击按钮，用户请求网页页面。具体实例代码如例 9-2 所示。

**【例 9-2】** HttpClient 网络请求

```
class _HttpClientDemoState extends State<HttpClientDemo> {
  var _netBack="baidu 网页代码是：";
  @override
  Widget build(BuildContext context) {
    return Scaffold(
      appBar: AppBar(
        title: Text("HttpClientDemo"),
      ),
```

```
      body:Column(
        children: [
          ElevatedButton(onPressed: _httpClientRequest,
            child: Text("request",),
              ),
          Text(_netBack),
        ],
      ),
    );
  }
  late HttpClient client;
  _httpClientRequest() async {
    // catch 用于捕获请求过程中发生的异常，在 finally 中设置保证 client 能够关闭
    try {
      client = HttpClient();
      Uri uri = Uri.parse('https://www.baidu.com');
      HttpClientRequest request = await client.getUrl(uri);
      HttpClientResponse response = await request.close();
      String strResponse = await response.transform(utf8.decoder).join();
      setState(() => _netBack = strResponse);
    } catch (e) {
      print('${e.toString()}');
      setState(() => _netBack = 'Fail');
    } finally {
      client.close();
    }
  }
}
```

HttpClient 示例的代码需要注意下面几点：

- 代码 HttpClientRequest request = await client.getUrl(uri);是设置 http 请求，除了可以通过 getUrl(uri)外，还可以设置 post、get、delete、put 请求等，方法如下：

```
Future<HttpClientRequest> get(String host, int port, String path);
Future<HttpClientRequest> post(String host, int port, String path);
Future<HttpClientRequest> postUrl(Uri url);
Future<HttpClientRequest> put(String host, int port, String path);
Future<HttpClientRequest> putUrl(Uri url);
Future<HttpClientRequest> delete(String host, int port, String path);
Future<HttpClientRequest> deleteUrl(Uri url);
```

- HttpClientResponse response = await request.close();代表关闭请求。
- 本示例响应请求代码通常如下，本示例并没有进行判断，直接获得返回的字符串：

```
if(response.statusCode==HttpStatus.ok){
var json=await response.transform(utf8.decoder).join();}
```

编译并运行程序，运行结果如图 9-5 所示，单击 request 按钮后运行结果如图 9-6 所示。

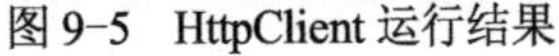
图 9-5　HttpClient 运行结果

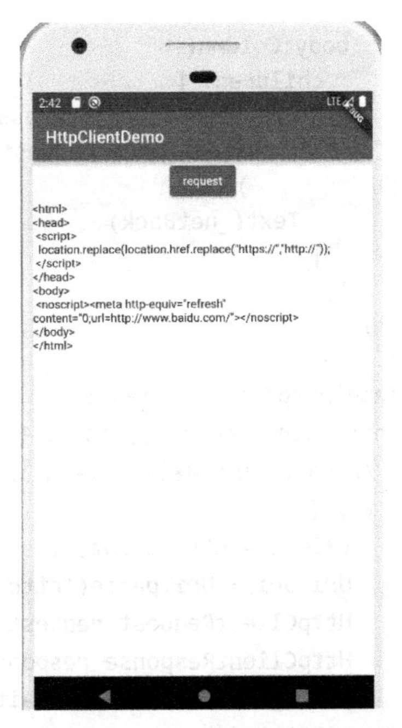


图 9-6　HttpClient 单击按钮后运行结果

### 9.3.2　Http 连接方式

常规的 Http 的 get 和 post 请求服务端接口数据以完成页面部分展示逻辑。下面示例是使用 Http 包引用百度的网页页面，并且使用 post 方式加入页面，具体代码如例 9-3 所示。

当然，使用 Http 之前需要先在 pubspec.xml 中插入必要的包，代码如下。

```
http: ^0.13.4
```

然后单击 Pub get 按钮就可以在网站中下载该包，下载第三方包的地址是：

```
https://pub.flutter-io.cn/packages/http
```

【例 9-3】 Http post 网络请求

```
class MyApp03 extends StatelessWidget {
  @override
  Widget build(BuildContext context) {
    return  MaterialApp(
      home: HttpDemo()
    );
  }
}
class HttpDemo extends StatefulWidget {
  @override
  _HttpDemoState createState() => _HttpDemoState();
}
class _HttpDemoState extends State<HttpDemo> {
  var _netBack = "baidu 网页代码是: ";
  @override
  Widget build(BuildContext context) {
    return Scaffold(
```

```
        appBar: AppBar(
          title: Text("HttpDemo"),
        ),
        body: Column(
          children: [
            ElevatedButton(onPressed: _httpRequest,
              child: Text("request",),
            ),
            Text(_netBack),
          ],
        ),
      );
  }
  _httpRequest() async {
    var url = Uri.parse('https://www.baidu.com/');
    var response = await http.post(url);
    String strResponse=response.body;
    setState(() => _netBack = strResponse);
    print('Response status: ${response.statusCode}');
    print('Response body: ${response.body}');
  }
}
```

编译并运行程序，运行结果如图 9-7 所示，单击 request 按钮后运行结果如图 9-8 所示。

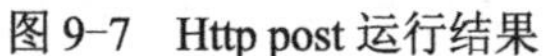

图 9-7　Http post 运行结果　　　　图 9-8　Http post 单击按钮后运行结果

上面是 Http post 的示例，Http get 方式获取网页更简便，代码如例 9-4 所示。基本代码和 Http post 方式差不多，只是在网页请求方式代码略有差别。

**【例 9-4】** Http get 网络请求

```
class MyApp04 extends StatelessWidget {
  @override
```

```
  Widget build(BuildContext context) {
    return  MaterialApp(
        home: HttpDemo()
    );}}
class HttpDemo extends StatefulWidget {
  @override
  _HttpDemoState createState() => _HttpDemoState();
}
class _HttpDemoState extends State<HttpDemo> {
  var _netBack = "baidu 网页代码是：";
  @override
  Widget build(BuildContext context) {
    return Scaffold(
      appBar: AppBar(
        title: Text("HttpDemo"),
      ),
      body: Column(
        children: [
          ElevatedButton(onPressed: getRequest,
            child: Text("request",),
          ),
          Text(_netBack),
        ],), );  }
  void getRequest() async {
    var client = http.Client();
    var url = Uri.parse('https://www.baidu.com');
    http.Response response = await client.get(url);
    String strResponse = response.body;
    setState(() => _netBack = strResponse);
  } }
```

编译并运行程序，运行结果如图 9-9 所示，单击 request 按钮后运行结果如图 9-10 所示。

图 9-9　Http get 运行结果

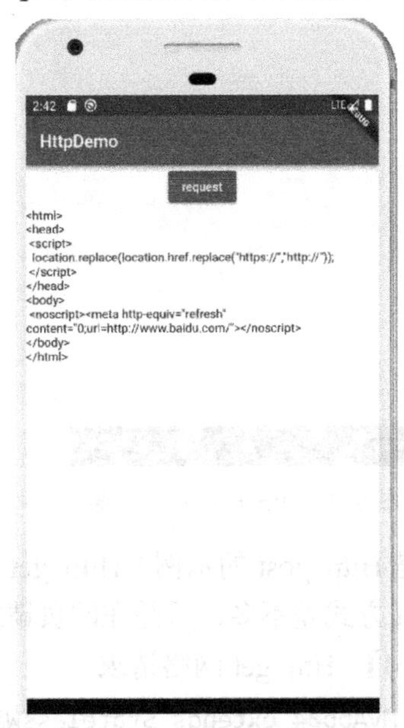

图 9-10　Http get 单击按钮后运行结果

### 9.3.3 Dio 连接方式

该库封装了 httpClient 的使用并且支持拦截器、全局配置、数据格式化、请求客户端、文件下载等更多功能，建议大家在实际项目中可以优先选用，类似于 okhttp 库，里面会封装许多方法，使用和调用起来都非常方便。

当然使用 Dio 之前，需要先在 pubspec.xml 中插入必要的包，代码如下。

```
dio: ^4.0.6
```

这个第三方库下载地址为：https://pub.flutter-io.cn/packages/dio。

具体示例代码如例 9-5 所示。

【例 9-5】 Dio 网络请求 1

```
class MyApp05 extends StatelessWidget {
  @override
  Widget build(BuildContext context) {
    return  MaterialApp(
        home: DioDemo()
    );
  }
}
class DioDemo extends StatefulWidget {
  @override
  _DioDemoState createState() => _DioDemoState();
}
class _DioDemoState extends State<DioDemo> {
  var _netBack="返回的信息";
  @override
  Widget build(BuildContext context) {
    return Scaffold(
      appBar: AppBar(
        title: Text("DioDemo"),
      ),
      body: ListView(
        children: [
          ElevatedButton(onPressed: getHttp,
            child: Text("DioDemo",),
          ),
          Text("DIO Get 获取的网页是: $_netBack"),
        ],
      ),
    );
  }
  void getHttp() async {
    var dio = Dio();
    try {
      await dio.get('https://wendux.github.io/xsddddd');
    } on DioError catch (e) {
      if (e.response != null) {
        print(e.response?.data);
        String strResponse=e.response?.data;
        setState(() => _netBack = strResponse);
```

```
      } else {
        print(e.requestOptions);
        print(e.message);
      }
    }
    }
  }
```

编译并运行程序，运行结果如图 9-11 所示，单击 DioDemo 按钮后运行结果如图 9-12 所示。

图 9-11　Dio 运行结果

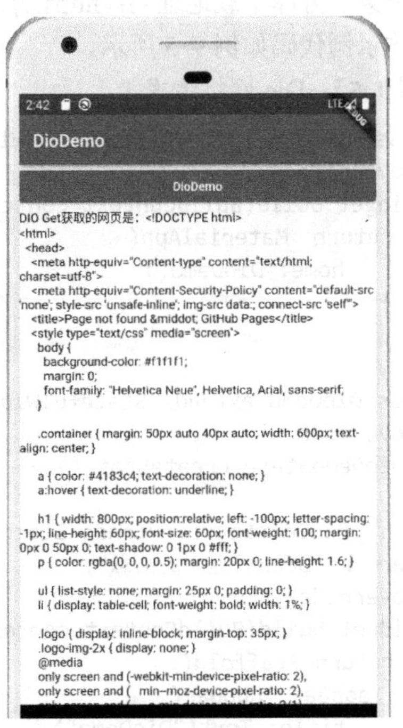

图 9-12　Dio 单击按钮后运行结果

Dio 包还可以使用 post 方式获取网页，可以通过 post 方式发起请求，返回 Future <Response>，而且支持多个并发请求，可以设置返回响应的类型，监听上传下载进度等。具体示例代码如例 9-6 所示。

【例 9-6】 Dio 网络请求 2

```
class MyApp06 extends StatelessWidget {
  @override
  Widget build(BuildContext context) {
    return  MaterialApp(
        home: DioDemo()
    );
  }
}
class DioDemo extends StatefulWidget {
  @override
  _DioDemoState createState() => _DioDemoState();
}
```

```
class _DioDemoState extends State<DioDemo> {
  var _netBack="返回的信息";
  @override
  Widget build(BuildContext context) {
    return Scaffold(
      appBar: AppBar(
        title: Text("DioDemo"),
      ),

      body: ListView(
        children: [
          ElevatedButton(onPressed: getHttp,
            child: Text("DioDemo",),
          ),
          Text("DIO Get 获取的网页是: $_netBack"),
        ],
      ),
    );
  }
  void getHttp() async {
    late Response response;
    var dio = Dio();
    response = await dio.post('https://www.sohu.com/');
    String strResponse=response.data.toString();
    setState(() => _netBack = strResponse);
    print(response.data.toString());
  }
}
```

编译并运行程序，运行结果如图 9-13 所示，单击 DioDemo 按钮后运行结果如图 9-14 所示。

图 9-13　Dio post 运行结果

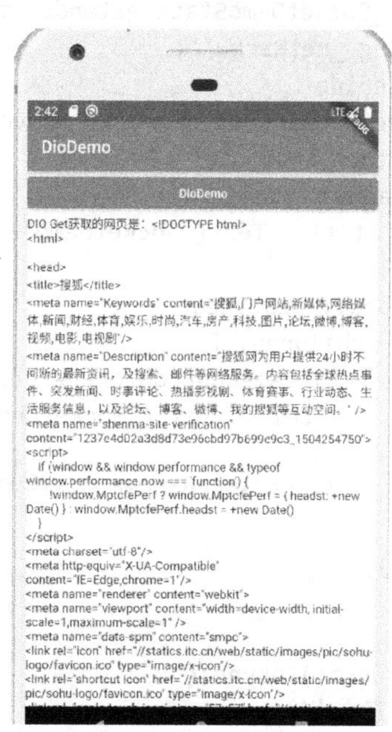


图 9-14　Dio post 单击按钮后运行结果

## 9.4 Socket 连接

Socket API 是操作系统为实现应用层网络协议提供的一套基础的、标准的 API，它是对传输层网络协议（主要是 TCP/UDP）的一个封装。Socket API 实现了端到端建立连接和发送/接收数据的基础 API，而高级编程语言中的 Socket API 其实都是对操作系统 Socket API 的一个封装。

之前介绍的 Http 属于应用层协议，除了它，应用层协议还有很多，如 SMTP、FTP 等，这些应用层协议都是通过 Socket API 来实现的。

如果用户需要自定义协议或者想直接控制管理网络链接，又或者用户觉得自带的 HttpClient 不好用、想重新实现一个，这时就需要使用 Socket。Flutter 的 Socket API 在 dart:io 包中，下面是一个使用 Socket 实现简单 Http 请求的示例。具体见例 9-7。

【例 9-7】 Socket 网络请求

```
class MyApp08 extends StatelessWidget {
  @override
  Widget build(BuildContext context) {
    return  MaterialApp(
        home: SocketDemo()
    );
  }
}
class SocketDemo extends StatefulWidget {
  @override
  _SocketDemoState createState() => _SocketDemoState();
}

class _SocketDemoState extends State<SocketDemo> {
  String _netBack="";
  @override
  Widget build(BuildContext context) {
    return Scaffold(
      appBar: AppBar(
        title: Text("SocketDemo"),
      ),
      body: ListView(
        children: [
          ElevatedButton(onPressed: _request,
            child: Text("SocketDemo",),
          ),
          Text("SocketDemo 获取的网页是: $_netBack"),
        ],
      ),
    );
  }
  _request() async {
    //建立连接
    var socket = await Socket.connect("baidu.com", 80);
```

```
    //根据 Http 协议，发起 Get 请求头
    socket.writeln("GET / HTTP/1.1");
    socket.writeln("Host:baidu.com");
    socket.writeln("Connection:close");
    socket.writeln();
    await socket.flush(); //发送
    //读取返回内容，按照 utf8 解码为字符串
    String _response = await utf8.decoder.bind(socket).join();
    setState(() => _netBack = _response);
    await socket.close();
    return _response;
  }
}
```

编译并运行程序，运行结果如图 9-15 所示，单击 SocketDemo 按钮后运行结果如图 9-16 所示。

图 9-15　Socket 运行结果

图 9-16　Socket 单击按钮后运行结果

## 9.5　Flutter 的异步通信

Flutter 的异步通信可以使用 Future 方式，也可以使用 FutureBuilder 组件进行异步通信。

### 9.5.1　Future 异步通信方式

Future 表示在接下来的某个时间的值或错误，借助 Future 可以在 Flutter 实现异步操作。Future 是 dart:async 包中的一个类，使用它时需要导入 dart:async 包，Future 有两种状态：

pending -执行中和 completed - 执行结束，分两种情况，要么成功，要么失败；

Future 常用的方法有：future.then，async 和 await 结合，future.whenComplete 等。下面逐一进行举例说明 Future 的用法。

### 1. future.then

使用 future.then 获取 Future 的值与捕获 Future 的异常，简单的 dart 代码可以在 DartPad 中运行，运行地址为：https://dartpad.dartlang.org/。Dart 示例见例 9-8。

【例 9-8】 future.then

```
Future<String> testFuture() {
  return Future.value('success');
}
main() {
  testFuture().then((s) {
    print(s);
  }, onError: (e) {
    print('onError:');
    print(e);
  }).catchError((e) {
    print('catchError:');
    print(e);
  });
}
```

在 DartPad 中译码并运行程序，运行结果如图 9-17 所示。

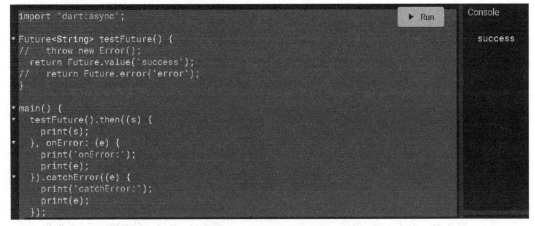


图 9-17 future.then 运行结果

### 2. 结合 async 和 await 运行

Future 是异步的，如果要将异步转同步，那么可以借助 async await 来完成，可以参考下面示例。具体见例 9-9。

【例 9-9】 结合 async 和 await 网络请求

```
test() async {
  int result = await Future.delayed(Duration(milliseconds: 2000), () {
    return Future.value(123);
  });
```

```
  print('t3:' + DateTime.now().toString());
  print(result);
}
main() {
  print('t1:' + DateTime.now().toString());
  test();
  print('t2:' + DateTime.now().toString());
}
```

在 DartPad 中译码并运行程序，运行结果如图 9-18 所示，单击 Run 按钮后运行结果，如图 9-18 右侧所示。

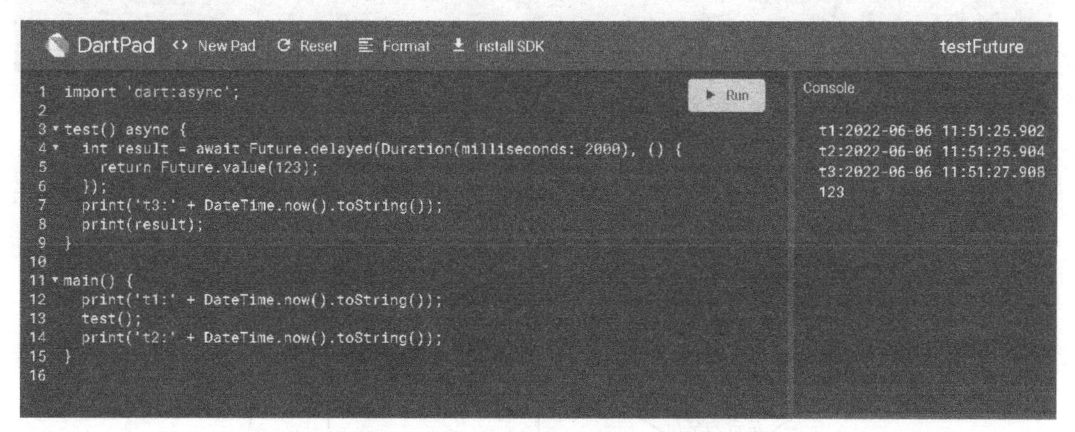


图 9-18　await 和 async 结合运行结果

### 3．future.whenComplete

Future 是异步的，如果要将异步转同步，那么可以借助 async await 来完成，可以参考下面示例。具体示例见例 9-10。

**【例 9-10】** future.whenComplete 网络请求

```
void main() {
  var random = Random();
  Future.delayed(Duration(seconds: 3), () {
    if (random.nextBool()) {
      return 100;
    } else {
      throw 'boom!';
    }
  }).then(print).catchError(print).whenComplete(() {
    print('done!');
  });
}
```

在 DartPad 中译码并运行程序，运行结果如图 9-19 所示。

Dart 是一个在单线程中运行的程序，这意味着：如果程序在执行中遇到一个需要长时间地执行的操作，程序将会被冻结。为了避免造成程序的冻结，可以使用异步操作使程序在等待一个耗时操作完成时再继续处理其他工作。在 Dart 中，可以使用 Future 对象来表示异步操作的结果。如图 9-20 是 Future 的消息循环机制。

DartPad  <> New Pad  Reset  Format  Install SDK

```
import 'dart:async';
import 'dart:math';

void main() {
  var random = Random();
  Future.delayed(Duration(seconds: 3), () {
    if (random.nextBool()) {
      return 100;
    } else {
      throw 'boom!';
    }
  }).then(print).catchError(print).whenComplete(() {
    print('done!');
  });
}
```

Run

Console

100
done!

图 9-19 future.whenComplete 运行结果

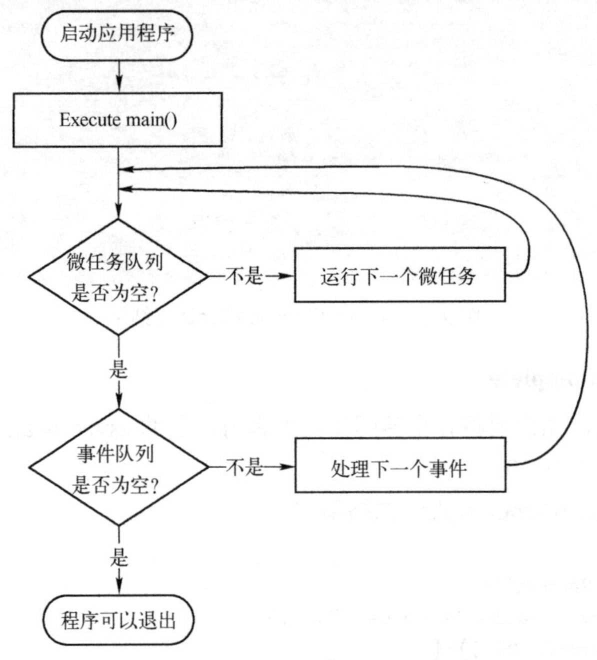


图 9-20 Future 的消息循环机制

### 9.5.2 FutureBuilder 网络异步通信组件

FutureBuilder 是一个将异步操作和异步 UI 更新结合在一起的类，通过它可以将网络请求、数据库读取等的结果更新到页面上。

FutureBuilder 的构造方法：

```
FutureBuilder({Key key, Future<T> future, T initialData, @required AsyncWidget-
Builder<T> builder })
```

- future：Future 对象表示此构建器当前连接的异步计算，例如请求数据、读取文件等。
- initialData：表示一个非空的 Future 完成前的初始化数据。
- builder：AsyncWidgetBuilder 类型的回调函数，是一个基于异步交互构建 Widget 的函数。

示例 9-11 是利用 FutureBuilder 进行异步数据加载，在异步加载数据时，会有几种状态，程序会根据不同的状态来进行执行不同的任务，如果数据加载成功，会返回异步数据，否则返回数据无法获得的错误信息。

【例 9-11】 FutureBuilder 使用

```
class MyApp09 extends StatefulWidget {
  @override
  State<StatefulWidget> createState() => _MyAppState();
}
class _MyAppState extends State<MyApp09> {
  String showResult = '';

  Future<CommonModel> fetchPost() async {
    var url = Uri.parse('https://v1.hitokoto.cn/');
    final response = await http
        .get(url);
    Utf8Decoder utf8decoder = Utf8Decoder(); //fix 中文乱码
    var result = json.decode(utf8decoder.convert(response.bodyBytes));
    return CommonModel.fromJson(result);
  }
  @override
  Widget build(BuildContext context) {
    return MaterialApp(
      home: Scaffold(
        appBar: AppBar(
          title: Text('Future 与 FutureBuilder 实用技巧'),
        ),
        body: FutureBuilder<CommonModel>(
            future: fetchPost(),
            builder:
                (BuildContext context, AsyncSnapshot<CommonModel> snapshot) {
              switch (snapshot.connectionState) {
                case ConnectionState.none:
                  return new Text('Input a URL to start');
                case ConnectionState.waiting:
                  return new Center(child: new CircularProgressIndicator());
                case ConnectionState.active:
                  return new Text('');
                case ConnectionState.done:
                  if (snapshot.hasError) {
                    return new Text(
                      '${snapshot.error}',
                      style: TextStyle(color: Colors.red),
                    );
                  } else {
                    return new Column(children: <Widget>[
                      Text('id:${snapshot.data?.id}'),
                      Text('uuid:${snapshot.data?.uuid}'),
                      Text('hitokoto:${snapshot.data?.hitokoto}'),
                      Text('from:${snapshot.data?.from}')
                    ]);
                  }
```

```
          }
        }),
      ),
    );
  }
}
class CommonModel {
  final int id;
  final String uuid;
  final String hitokoto;
  final String from;
  CommonModel(
      {required  this.id,  required  this.uuid,  required  this.hitokoto,  required
this.from});
  factory CommonModel.fromJson(Map<String, dynamic> json) {
    return CommonModel(
      id: json['id'],
      uuid: json['uuid'],
      hitokoto: json['hitokoto'],
      from: json['from'],

    );
  }
}
```

编译并运行程序，数据加载运行过程如图 9-21 所示，数据加载结束后运行结果如图 9-22 所示。

图 9-21　FutureBuilder 数据加载运行过程

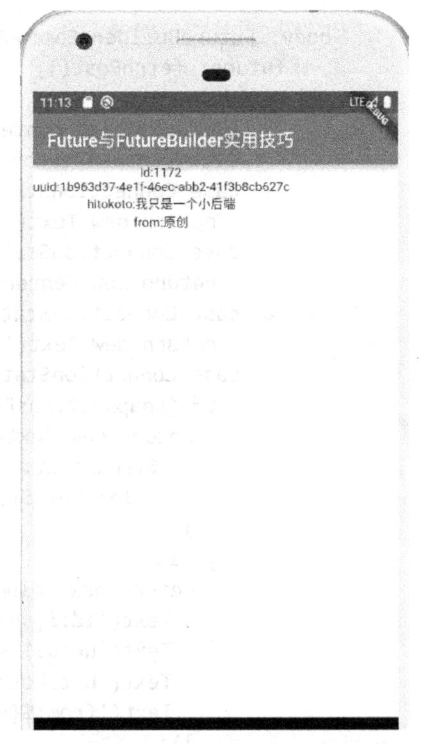


图 9-22　FutureBuilder 数据加载结束后运行结果

需要注意以下几点：

- Snapshot.connectionState 表示异步任务的状态：有初始状态（ConnectionState.none）、等待状态（ConnectionState.waiting）、数据加载过程中（ConnectionState.active）和任务完成状态（ConnectionState.done）四个状态。
- 如果是 ConnectionState.done 表示任务完成，这时候通过 snapshot.hasError 来区分是出错（显示错误）还是正常完成（显示数据）；否则就表示任务在执行中（显示 loading）。
- 当处于等待状态（ConnectionState.waiting）时，页面会显示网络加载的圆圈进度条。
- 通过这些状态返回不同的组件来实现异步加载的过程。
- 当任务正常完成（ConnectionState.done 且 snapshot.hasError 为 false）时，就可以通过 snapshot.data 来获取异步返回的数据，再渲染页面。

下面示例中演示了利用 FutureBuilder 进行异步数据获取，分别显示数据加载成功和加载失败的两种情况。示例见例 9-12。

**【例 9-12】** FutureBuilder 异步加载数据

```
class MyApp10 extends StatelessWidget {
  @override
  Widget build(BuildContext context) {
    return MaterialApp(
      home: FutureBuilderDemo2(),
    );
  }
}
class FutureBuilderDemo2 extends StatefulWidget {
  @override
  _FutureBuilderScreenState createState() => _FutureBuilderScreenState();
}
class _FutureBuilderScreenState extends State<FutureBuilderDemo2> {
  late Future<dynamic> data;

  Future<dynamic> fetchData() async{
    await Future.delayed(Duration(seconds: 3));
    var url = Uri.parse('https://www.baidu.com/');
    final response = await http.get(url);
    return response;
  }
  @override
  Widget build(BuildContext context) {
    return Scaffold(
      appBar: AppBar(title: Text('FutureBuilder')),
      body: FutureBuilder(
        future: fetchData(),
        builder: (BuildContext context, AsyncSnapshot snapshot) {
          if (snapshot.connectionState == ConnectionState.done) {
            if (snapshot.hasData) {
              return Container(
```

```
                  alignment: Alignment.center,
                  child: Text('loaded success',style: TextStyle(fontSize: 30,fontWeight:
FontWeight.w500),),
                );
              }
              else {
                return Container(
                  alignment: Alignment.center,
                  child: Text('error',style: TextStyle(fontSize: 30,color: Colors.red)),
                );
              }
            }
            else {
              return Container(
                  alignment: Alignment.center,
                  child: const CircularProgressIndicator()
              );}}),),);}
    }
```

编译并运行程序，运行加载网页成功结果如图 9-23 所示，运行加载网页失败结果如图 9-24 所示。

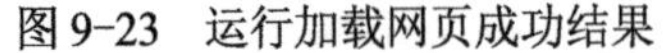

图 9-23　运行加载网页成功结果

图 9-24　运行加载网页失败结果

## 9.6　Flutter 的通信数据——Json 数据处理

Flutter 中的数据存储方式，经常会采用 Json 和 XML 格式，因此需要经常对数据进行处理和加工，可以将 Json 格式的字符串转为 Dart 对象，常用的有静态 Json 数据解析和动态

Json 数据解析。静态 Json 解析即手动 Json 数据解析，适用于少量 Json 数据，而动态 Json 解析则用于大量复杂网络数据，通过插件进行自动解析。在实际开发应用中常用的方法为动态解析，因为实际应用的 Json 数据往往是复杂的、多层的 Json 数据。

### 9.6.1　静态 Json 数据解析

静态 Json 解析是指可以将简单 Json 数据用手动处理方式转换成 Dart 对象。例如将 Json 数据转化成 Map，可以通过 dart:convert 中内置的 Json 解码器 json.decode()来实现，该方法可以根据 Json 字符串具体内容将其转化为 List 或 Map，这样就可以通过它们来查找所需的值。

原 Json 数据格式为：

```
{
    "status":"success",
    "name":"张三",
        "sex":"male",
}
```

将上面 Json 数据转化为 Map 对象，主要使用内部方法.fromJson()，具体示例如例 9-13 所示。

**【例 9-13】** Flutter 解析 Json 数据 1

```
void main() {
 const Map<String, dynamic> json1 = {"status": "success", "name": "张三", "sex":
"male"};
Json1 j1 = Json1.fromJson(json1);
print(j1.status);
print(j1.name);
print(j1.sex);
}
class Json1 {
  String? status;
  String? name;
  String? sex;
  Json1({this.status, this.name,this.sex});
  factory Json1.fromJson(Map<String, dynamic> json) {
    return Json1(
      status: json['status'],
      name: json['name'],
      sex: json['sex'],
    );
  }
}
```

在 DartPad 中编译并运行程序，可以得到运行结果，如图 9-25 所示。

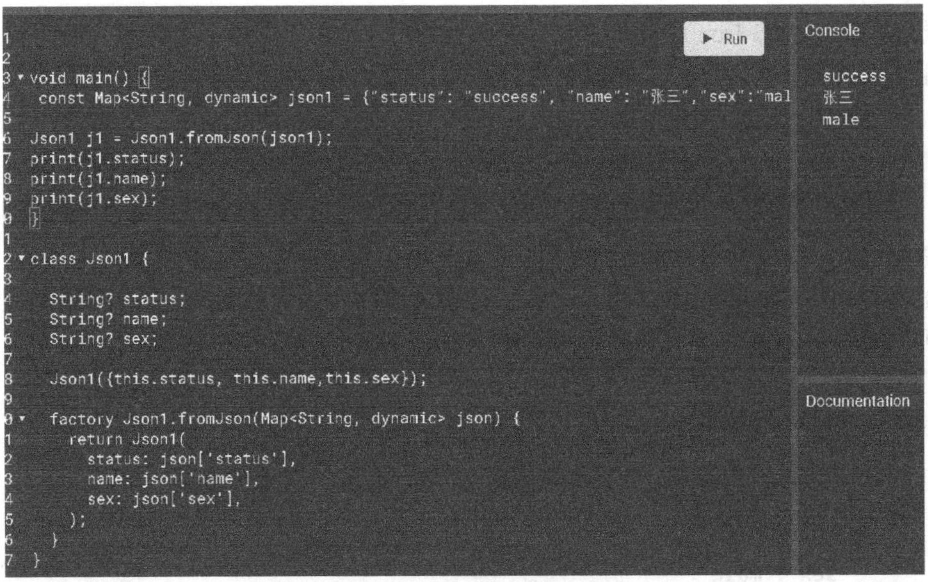

```
void main() {
  const Map<String, dynamic> json1 = {"status": "success", "name": "张三","sex":"mal

  Json1 j1 = Json1.fromJson(json1);
  print(j1.status);
  print(j1.name);
  print(j1.sex);
}

class Json1 {

  String? status;
  String? name;
  String? sex;

  Json1({this.status, this.name,this.sex});

  factory Json1.fromJson(Map<String, dynamic> json) {
    return Json1(
      status: json['status'],
      name: json['name'],
      sex: json['sex'],
    );
  }
}
```

Console

```
success
张三
male
```

Documentation

图 9-25　解析 Json 数据 1 运行结果

上面的示例很简单，但如果用户的 Json 数据稍微复杂一些，就需要做一些数据处理，代码如下：

```
{
    "status":"success",
    "name":["张三",
            "李四" ]
}
```

打印这样的数据需要遍历一下即可打印输出结果，代码跟上面示例差不多。具体见例 9-14。

【例 9-14】 Flutter 解析 Json 数据 2

```
void main() {
const Map<String, dynamic> json2 = {"status": "success", "name": ["张三", "李四"]};
Json1 j1 = Json1.fromJson(json2);
j1.name?.forEach((element) {
   print(element);
});
print(j1.status);
}
class Json1 {
  String? status;
  List<String>? name;
  Json1({this.status, this.name});
  factory Json1.fromJson(Map<String, dynamic> json) {
    return Json1(
      status: json['status'],
      name: json['name'],
    );
  }
}
```

在 DartPad 中编译并运行程序，可以得到运行结果，如图 9-26 所示。

```
void main() {
const Map<String, dynamic> json2 = {"status": "success", "name": ["张三", "李四"]};

Json1 j1 = Json1.fromJson(json2);
j1.name?.forEach((element) {
  print(element);
});
print(j1.status);
}

class Json1 {
  String? status;
  List<String>? name;
  Json1({this.status, this.name});

  factory Json1.fromJson(Map<String, dynamic> json) {
    return Json1(
      status: json['status'],
      name: json['name'],

    );
  }
}
```

```
Run
Console
张三
李四
success
Documentation
List<String>? name
```

图 9-26　解析 Json 数据 2 运行结果

## 9.6.2　动态 Json 数据解析

前一节讲的是静态生成 Json 格式，也就是说手动定义了一个 Json 类，但是假如有许多 Json 格式的数据，那怎么获取 Json 数据？一个一个写肯定很麻烦，所以需要借助工具去自动生成 Json 类，也就是需要在 pubspec.yaml 中导入依赖：

```
dependencies:
  json_annotation: ^4.5.0
dev_dependencies:
  build_runner: ^2.1.11
  json_serializable: ^6.2.0
```

像这样的 Json 里面还嵌有 Json 数据，需要两次调用 fromJson()方法，具体代码跟上面示例差不多。可以利用 json_serializable: ^6.2.0 将 Json 序列化模板，这样一来，由于序列化代码不再由用户手写和维护，可以将运行时产生 Json 序列化异常的风险降至最低。示例如例 9-15 所示。

**【例 9-15】** 自动 Json 序列化

```
import 'package:json_annotation/json_annotation.dart';

// 'comment.g.dart'将在用户运行生成命令后自动生成
part 'comment.g.dart';

///这个标注是告诉生成器，这个类是需要生成 Model 类的
@JsonSerializable()

class Comment{
  Comment(this.id,this.uuid,this.hitokoto,this.type,this.from,this.from_who,this.creator);

  int id;
  String uuid;
  String hitokoto;
```

```
    String type;
    String from;
    String from_who;
    String creator;

    //不同的类使用不同的 mixin 即可
    factory Comment.fromJson(Map<String, dynamic> json) => _$CommentFromJson(json);
    Map<String, dynamic> toJson() => _$CommentToJson(this);
  }
```

为了简单起见，将 https://v1.hitokoto.cn 链接中部分 Json 数据用作本示例序列化的 Json 字段，首先创建一个 common.dart 为文件，第一次创建该文件会有错误，出现这些错误是完全正常的，这是因为 Model 类的生成代码还不存在。为了解决这个问题，必须运行代码生成器来为用户生成序列化模板。在控制台运行下面一行代码即可：

```
flutter packages pub run build_runner watch
```

这一行代码表示，可以在需要时为用户的 Model 类生成 Json 序列化代码，它通过用户的源文件，找出需要生成 Model 类的源文件（包含@JsonSerializable 标注的）来生成对应的 .g.dart 文件。使用_watcher_可以使用户的源代码生成的过程更加方便。它会监视用户项目中文件的变化，并在需要时自动构建必要的文件。

输入上面一句话就可以自动帮用户生成 Json Model 了，如图 9-27 所示。

```
import 'package:json_annotation/json_annotation.dart';
// user.g.dart 将在我们运行生成命令后自动生成
part 'comment.g.dart';
///这个标注是告诉生成器，这个类是需要生成Model类的
@JsonSerializable()
class Comment{
  Comment(this.id, this.uuid,this.hitokoto,this.type,this.from,this.from_who,this.creator);
  int id;
  String uuid;
  String hitokoto;
  String type;
  String from;
  String from_who;
  String creator;
  //不同的类使用不同的mixin即可
  factory Comment.fromJson(Map<String, dynamic> json) => _$CommentFromJson(json);
  Map<String, dynamic> toJson() => _$CommentToJson(this);
}
```

图 9-27　自动 Json 序列化运行结果

## 9.7　本章小结

本章主要介绍了 Flutter 的文件操作、异常处理和网络连接，其中网络连接方式包括：HttpClient、Http 方式、Dio 方式和 Socket 方式，最后介绍了网络异步连接的两个关键词：Future 和 FutureBuilder，以及举例说明了它们的用法，还讲解了 Json 数据的解析方式和用法。

## 9.8　习题与练习

**1．概念题**

1）简述什么是 Flutter 有文件操作方法。

2）举例说明 Flutter 异常处理方式。

3）简述 Flutter 网络连接的几种用法，并用示例说明。

4）简述说明 Flutter 的 Http 使用方法。

5）简述说明 Flutter 的 FutureBuilder 的使用方法。

**2．操作题**

创建一个 App，创建一个单击按钮激发异步网络连接，使用第三方组件 Dio 进行实现。

# 第 10 章 Flutter 的数据存储

本章介绍 Flutter 的数据存储，Flutter 数据存储主要有三种方式：文件存储、SharedPreferences 存储方式和数据库存储方式。本章还将介绍完成的项目如何打包、上传等。本章内容跟 Android 原生开发内容比较相似，有 Android 原生开发基础的读者，学习本章内容应该比较轻松。

## 10.1 文件存储

Flutter 文件是存储在某种介质（如磁盘）上指定路径的、具备文件名的一组有序信息的集合。Flutter 具有文件（file）存储功能，Flutter SDK 本身已经有 File 相关的 api，所以在 Flutter 中使用 file 存储的关键是如何获取手机中存储的目录，然后根据目录路径来创建不同的 file。根据 Flutter 的特性，可以通过自定义服务器地址来获取平台端的可存储文件夹路径给 Flutter 端，实现起来非常简单，且这个插件在 pub.dartlang.org 上已经存在，插件名为 path_provider。下面就通过引入该插件实现文件存储功能。

要使用文件目录存储文件，就要引入 PathProvider 插件；在 pubspec.yaml 文件中添加以下声明：

```
path_provider: ^2.0.2
```

然后命令行执行 flutter packages get 即可将插件下载到本地。

通过查看插件中的 path_provider.dart 代码，发现它提供了三个方法：

- getTemporaryDirectory() 获取临时目录。
- getApplicationDocumentsDirectory() 获取应用文档目录。
- getExternalStorageDirectory() 获取外部存储目录。

其中 getExternalStorageDirectory()方法中代码有平台类型的判断：

```
Future<Directory> getExternalStorageDirectory() async { if (Platform.isIOS)
//如果是 iOS 平台则抛出不支持的错误
    throw new UnsupportedError("Functionality not available on iOS");
    final String path = await _channel.invokeMethod('getStorageDirectory');
if (path == null)
{
    return null;
 }
```

```
    return new Directory(path);
  }
```

由此可以看出 iOS 平台没有外部存储目录的概念，所以无法获取外部存储目录路径。

文件存储有关案例在第 9 章已经阐述，这里不去赘述。文件存储通过文件来存储数据，读取效率低，因此正式项目不推荐使用这种存储方式。

## 10.2　SharedPreferences 存储方式

shared_preferences 插件方式是官方提供的目前使用最广泛便捷的 Flutter 存储数据方式，类似浏览器的 localStorage 存储。

shared_preferences 插件存储方式的官网下载地址在：

```
https://pub.dev/packages/shared_preferences
```

要使用 shared_preferences 插件方式，就要引入 shared_preferences 插件。在 pubspec.yaml 文件中添加以下声明：

```
dependencies:
    flutter: sdk: flutter
    shared_preferences: ^2.0.15
```

### 1. 存储方式

SharedPreferences 主要采用 key-value 存储方式，它主要使用平台提供特定的 api 来供用户操作，其本质依然是将数据存储到特定文件中，只不过这些工作都由平台帮用户做，例如 iOS 平台的 NSUserDefaults、安卓平台的 SharedPreferences 等。Flutter 中可以使用 shared_preferences 插件来实现 key-value 存储，主要存储数据类型包括 bool、int、double、String、List 等。

### 2. 使用方法

插件引入到项目后，在使用的 dart 文件中导入 shared_preferences.dart 文件。

```
import 'package:shared_preferences/shared_preferences.dart';
```

获取 SharedPreferences 的单例方法是一个异步方法，所以在使用时需要注意使用 await 获取其真实对象，具体使用如下：

```
Future<SharedPreferences> _prefs = SharedPreferences.getInstance(); //保存数据
await prefs.setInt('counter', 10);
awaitprefs.setBool('repeat', true);
await prefs.setDouble('decimal', 1.5);
await prefs.setString('action', 'Start');/
await prefs.setStringList('items', <String>['Earth', 'Moon', 'Sun']);

//获取数据
final int? counter = prefs.getInt('counter');
final bool? repeat = prefs.getBool('repeat');
final double? decimal = prefs.getDouble('decimal')
final String? action = prefs.getString('action')
final List<String>? items = prefs.getStringList('items');
```

**3．具体示例**

下面采用具体示例说明具体使用方法，在输入框中输入名字，可以将输入信息保存在SharedPreferences中，然后通过SharedPreferences打印在控制台，具体代码如例10-1所示。

【例10-1】 SharedPreferences使用

```
class MyApp01 extends StatelessWidget {
  @override
  Widget build(BuildContext context) {
    return MaterialApp(
      title: "shared_preference",
        home: TestPersistent()
    );
  }
}
class TestPersistent extends StatefulWidget {
  @override
  State<StatefulWidget> createState() {
    //所有：实现 createState
    return TestPersistentState();
  }
}

class TestPersistentState extends State<TestPersistent> {
  var controller = TextEditingController();
  Future<SharedPreferences> _prefs = SharedPreferences.getInstance();
  bool mt = false;
  bool ds = false;
  bool ltb = false;
  @override
  void initState() {
    // 所有：实现 initState
    super.initState();
    initFromCache();
  }

  @override
  void dispose() {
    super.dispose();
  }

  //从缓存中获取信息填充
  void initFromCache() async {
    final SharedPreferences prefs = await _prefs;
    final nickname = prefs.getString("nickname");
    final mt = prefs.getBool("mt");
    final ds = prefs.getBool("ds");
    final ltb = prefs.getBool("ltb");

    //获取到缓存中的值后，使用 setState 更新界面信息
    setState(() {
```

```
      controller.text = (nickname == null ? "" : nickname);
      this.mt = (mt == null ? false : mt);
      this.ds = (ds == null ? false : ds);
      this.ltb = (ltb == null ? false : ltb);
    });
  }

  //保存界面的输入选择信息
  void saveInfo(String nickname) async {
    final SharedPreferences prefs = await _prefs;
    prefs.setString("nickname", nickname);
    prefs.setBool("mt", mt);
    prefs.setBool("ds", ds);
    prefs.setBool("ltb", ltb);
  }

  @override
  Widget build(BuildContext context) {
    // 所有: 实现重构
    return Scaffold(
        appBar: AppBar(
          title: Text("this.widget.title"),
        ),
        body: Container(
          padding: EdgeInsets.all(15),
          child: Column(
            crossAxisAlignment: CrossAxisAlignment.center,
            children: <Widget>[
              TextField(
                controller: controller,
                decoration: InputDecoration(
                  labelText: '姓名:',
                  hintText: '请输入姓名: ',
                ),
              ),
              Text('请问最近读过什么书'),
              Row(
                mainAxisAlignment: MainAxisAlignment.spaceBetween,
                children: <Widget>[
                  Text('格林童话'),
                  Switch(
                    value: mt,
                    onChanged: (isChanged) {
                      setState(() {
                        this.mt = isChanged;
                      });
                    },
                  )
                ],
              ),
```

```
            Row(
              mainAxisAlignment: MainAxisAlignment.spaceBetween,
              children: <Widget>[
                Text('闪闪的红星'),
                Switch(
                  value: ds,
                  onChanged: (isChanged) {
                    setState(() {
                      this.ds = isChanged;
                    });
                  },
                )
              ],
            ),
            Row(
              mainAxisAlignment: MainAxisAlignment.spaceBetween,
              children: <Widget>[
                Text('小英雄雨来'),
                Switch(
                  value: ltb,
                  onChanged: (isChanged) {
                    setState(() {
                      this.ltb = isChanged;
                    });
                  },
                )
              ],
            ),
            MaterialButton(
              child: Text('保存'),
              onPressed: () {
                print(controller.text+);
                saveInfo(controller.text);
              },
            ),
          ],
        ),
      )
    );
  }
}
```

SharedPreferences 示例的代码需要注意以下几点：

- 本项目单击“保存”按钮，可以将输入框中的文字打印在控制台中，也就是将文本记录在 shared_preference 中，然后通过 shared_preference 将文件打印出来。
- 代码中有几个 Switch()，它是开关组件，类似于选中按钮的效果，开关打开即可以选中按钮的信息。

编译并运行程序，运行结果如图 10-1 所示，单击“保存”按钮后运行结果如图 10-1～图 10-3 所示。

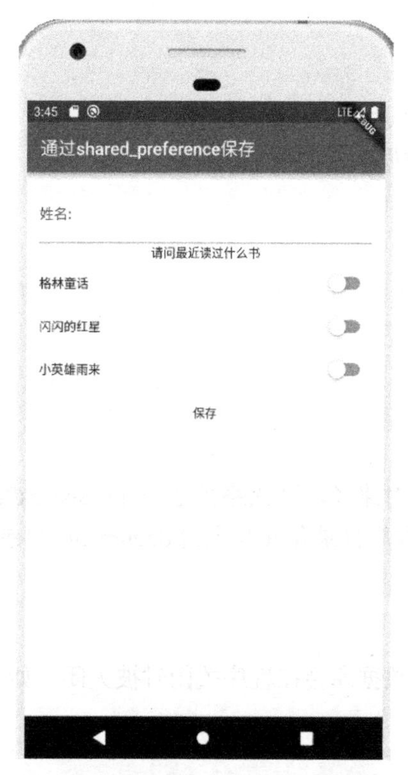


图 10-1　SharedPreferences 运行结果

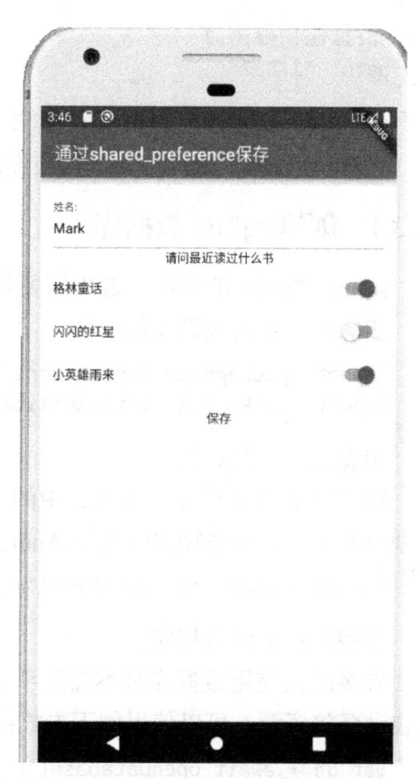


图 10-2　SharedPreferences 输入信息

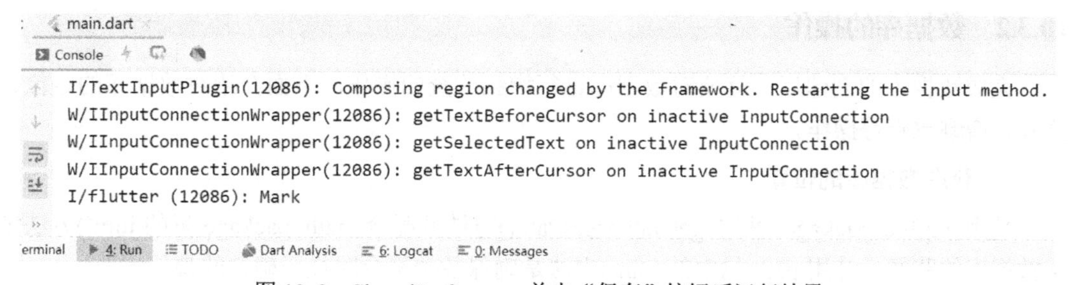


图 10-3　SharedPreferences 单击“保存”按钮后运行结果

## 10.3　数据库存储方式

Flutter 的数据库存储方式是利用 sqflite 插件（官方推荐的重量级存储插件）。学习这部分内容，需要有 SQL 基础，对数据库增删改查。SQLite 是 Android 开发的数据库，Flutter 开发的数据库就是 sqflite。

sqflite 插件存储方式的官网下载地址在：

```
https://pub.dev/packages/sqflite
```

要使用 sqflite 插件方式，就要引入 sqflite 插件；还要插入 path 包，在 pubspec.yaml 文件中添加以下声明：

```
dependencies:
flutter: sdk: flutter
```

```
sqflite: ^2.0.3
path: ^1.8.2
```

- sqflite 提供了丰富的类和方法，以便你能便捷实用 SQLite 数据库。
- path 提供了大量方法，以便你能正确地定义数据库在磁盘上的存储位置。

### 10.3.1 创建 sqflite 数据库

sqflite 数据库的使用，首先需要导入包，步骤如下。

**步骤一**：导入数据库包：

```
import 'package:path/path.dart';
import 'package:sqflite/sqflite.dart';
```

**步骤二**：打开数据库。

SQLite 数据库就是文件系统中的文件。如果是相对路径，则该路径是 getDatabasesPath()所获得的路径，该路径关联的是 Android 上的默认数据库目录和 iOS 上的 documents 目录。

```
var db = await openDatabase('my_db.db')
```

**步骤三**：关闭数据库。

许多时候使用数据库时不需要手动关闭它，因为数据库会在程序关闭时被关闭。如果你想自动释放资源，可以使用如下方式：

```
var db = await openDatabase('my_db.db')
```

### 10.3.2 数据库的操作

完成数据库的创建后，就要对数据库进行增删改查的操作，下面介绍对数据库的定位、打开、增删改查等操作。

**1. 获取数据库的位置**

使用 sqflite package 里的 getDatabasesPath()方法并配合 path package 里的 join()方法定义数据库的路径。使用 path 包中的 join()方法是确保各个平台路径正确性的最佳实践。

```
var databasesPath = await getDatabasesPath();
String path = join(databasesPath, 'demo.db');
```

**2. 打开数据库**

使用 Database 类创建 sqflite 数据库对象，再通过 onCreate()方法创建数据库，利用 excute()方法，可以通过 SQL 语句创建数据库的表。

```
Database database = await openDatabase(path, version: 1,
    onCreate: (Database db, int version) async {
  // 创建数据库时创建表
  await db.execute(
      'CREATE TABLE Test (id INTEGER PRIMARY KEY, name TEXT, value INTEGER, num REAL)');
});
```

**3. 数据库增加记录**

添加数据，即在事务中向表中插入几条数据，具体操作如下：

```
await database.transaction((txn) async {
  int id1 = await txn.rawInsert(
      'INSERT INTO Test(name, value, num) VALUES("some name", 1234, 456.789)');
  print('inserted1: $id1');
  int id2 = await txn.rawInsert(
      'INSERT INTO Test(name, value, num) VALUES(?, ?, ?)',
      ['another name', 12345678, 3.1416]);
  print('inserted2: $id2');
});
```

**4. 数据库删除记录**

删除数据，即删除表中的一条数据，具体操作如下：

```
count = await database .rawDelete('DELETE FROM Test WHERE name = ?', ['another
name']);
```

**5. 数据库修改记录**

修改数据，即修改表中的一条数据，具体操作如下：

```
int count = await database.rawUpdate('UPDATE Test SET name = ?, value = ? WHERE
name = ?', ['updated name', '9876', 'some name']);
```

**6. 数据库查询记录**

查询数据，即查询表中的一条数据，具体操作如下：

```
// 得到的记录
List<Map> list = await database.rawQuery('SELECT * FROM Test');
List<Map> expectedList = [
  {'name': 'updated name', 'id': 1, 'value': 9876, 'num': 456.789},
  {'name': 'another name', 'id': 2, 'value': 12345678, 'num': 3.1416}
];
print(list);
print(expectedList);
```

查询表中存储数据的总条数，具体操作如下：

```
count = Sqflite.firstIntValue(await database.rawQuery('SELECT COUNT(*) FROM
Test'));
```

**7. 关闭数据库**

关闭数据库，具体操作如下：

```
await database.close();
```

**8. 删除数据库**

删除数据库，具体操作如下：

```
await deleteDatabase(path);
```

### 10.3.3 使用 SQL 助手

在实际开发中，常常会使用到 SQL 助手，创建数据库字段，然后再进行增删改查操作。本节将介绍使用 SQL 助手进行数据库的操作。

### 1. 创建表中的字段及关联类

```
//字段
final String tableTodo = 'todo';
final String columnId = '_id';
final String columnTitle = 'title';
final String columnDone = 'done';

//对应类
class Todo {
  int id;
  String title;
  bool done;

  //把当前类转换成 Map 类型，以供外部使用
  Map<String, Object?> toMap() {
    var map = <String, Object?>{
      columnTitle: title,
      columnDone: done == true ? 1 : 0
    };
    if (id != null) {
      map[columnId] = id;
    }
    return map;
  }
  //无参构造
  Todo();

  //把 Map 类型的数据转换成当前类对象的构造函数
  Todo.fromMap(Map<String, Object?> map) {
    id = map[columnId];
    title = map[columnTitle];
    done = map[columnDone] == 1;
  }
}
```

### 2. 数据库的增删改操作

针对上面创建的数据库，可以对数据库进行增删改的操作，具体代码如下：

```
class TodoProvider {
  Database db;

  Future open(String path) async {
    db = await openDatabase(path, version: 1,
        onCreate: (Database db, int version) async {
      await db.execute('''
  create table $tableTodo (
  $columnId integer primary key autoincrement,
  $columnTitle text not null,
  $columnDone integer not null)
                  ''');
    });
```

```
    }

    //向表中插入一条数据，如果已经插入过了，则替换之前的
    Future<Todo> insert(Todo todo) async {
      todo.id  =  await  db.insert(tableTodo,  todo.toMap() ,  conflictAlgorithm:
ConflictAlgorithm.replace,);
      return todo;
    }

    Future<Todo> getTodo(int id) async {
      List<Map> maps = await db.query(tableTodo,
          columns: [columnId, columnDone, columnTitle],
          where: '$columnId = ?',
          whereArgs: [id]);
      if (maps.length > 0) {
        return Todo.fromMap(maps.first);
      }
      return null;
    }

    Future<int> delete(int id) async {
      return await db.delete(tableTodo, where: '$columnId = ?', whereArgs: [id]);
    }

    Future<int> update(Todo todo) async {
      return await db.update(tableTodo, todo.toMap(),
          where: '$columnId = ?', whereArgs: [todo.id]);
    }

    Future close() async => db.close();
  }
```

**3．查询数据库表**

1）查询表中的所有数据。

```
List<Map<String, Object?>> records = await db.query('my_table');
```

2）获取结果中的第一条数据。

```
Map<String, Object?> mapRead = records.first;
```

3）把查询出来的 List< Map>类型的数据转换成 List< Todo>类型。

```
// 将 List<Map<String, dynamic> 转换成 List<Todo>.
  return List.generate(maps.length, (i) {
    return Todo(
      id: maps[i][columnId],
      title: maps[i][columnTitle],
      done: maps[i][columnDown],
    );
  });
```

注意：由于查询结果数据类型为只读，直接修改会出问题，需要修改后使用。

● 上面查询结果的列表中 Map 为只读数据，修改此数据会抛出异常。

```
mapRead['my_column'] = 1;
// 崩溃……mapRead 是只读的
```

● 创建 map 副本并修改其中的字段。

```
// 根据上面的 map 创建一个 map 副本
Map<String, Object?> map = Map<String, Object?>.from(mapRead);
// 在内存中修改此副本中存储的字段值
map['my_column'] = 1;
```

**4. 批处理**

这里的批处理可以不使用 Dart 语言，这样可以尽量少地与 Dart 进行交互，例如下面代码：

```
batch = db.batch();
batch.insert('Test', {'name': 'item'});
batch.update('Test', {'name': 'new_item'}, where: 'name = ?', whereArgs: ['item']);
batch.delete('Test', where: 'name = ?', whereArgs: ['item']);
results = await batch.commit();
```

在事务中同样可以进行批处理，当事务提交后才会提交批处理。具体代码如下：

```
await database.transaction((txn) async {
  var batch = txn.batch();
  // 提交，但实际提交将在事务提交时发生
  // 但是，该数据在该事务中是可用的
  await batch.commit();
  //  ...
});
```

在事务的操作中，可以利用事务操作数据回调各类数据库操作函数，onCreate、onUpgrade、onDowngrade 可以被回调。具体代码如下：

```
await database.transaction((txn) async {
  // 通过 SQL 语句创建数据库表
  await txn.execute('CREATE TABLE Test1 (id INTEGER PRIMARY KEY)');
  // 不要在事务中使用数据库对象
  // 这将死锁
  await database.execute('CREATE TABLE Test2 (id INTEGER PRIMARY KEY)');
});
```

下面是 sqflite 完整的示例。具体代码如例 10-2 所示。

**【例 10-2】** sqflite 数据库存储

```
import 'package:flutter/material.dart';
import 'package:path_provider/path_provider.dart';
import 'package:sqflite/sqflite.dart';
class MyApp02 extends StatelessWidget {
  @override
  Widget build(BuildContext context) {
    return MaterialApp(
        title: "SQFLITE",
        home: StoragePage()
    );
  }
```

```
}
class StoragePage extends StatefulWidget {
  @override
  State<StatefulWidget> createState() => StorageState();
}

class StorageState extends State {
  var _textFieldController = new TextEditingController();
  var _storageString = '';

  /** * 利用 sqflite 数据库存储数据 */
  saveString() async {
    final db = await getDataBase('my_db.db');
    //写入字符串
    db.transaction((trx) async{
      trx.rawInsert(
          'INSERT INTO user(name) VALUES("${_textFieldController.value.text.toString()}")');
    });
  }

  /** * 获取存在 sqflite 数据库中的数据 */
  Future getString() async {
    final db = await getDataBase('my_db.db');
    var dbPath = db.path;
    setState(() {
      db.rawQuery('SELECT * FROM user').then((List<Map> lists) {
        print('----------------$lists');
        var listSize = lists.length;
        //获取数据库中的最后一条数据
        _storageString = lists[listSize - 1]['name'] +
            "\n 如今数据库中一共有${listSize}条数据" +
            "\n 数据库的存储路径为${dbPath}";
      });
    });
  }

  /** * 初始化数据库存储路径 */
  Future<Database> getDataBase(String dbName) async {
    //获取应用文件目录相似于 iOS 的 NSDocumentDirectory 和 Android 上的 AppData 目录
    final fileDirectory = await getApplicationDocumentsDirectory();

    //获取存储路径
    final dbPath = fileDirectory.path;

    //构建数据库对象
    Database database = await openDatabase(dbPath + "/" + dbName, version: 1,
onCreate: (Database db, int version) async {
      await db.execute("CREATE TABLE user (id INTEGER PRIMARY KEY, name TEXT)");
    });
    return database;
  }

  @override
  Widget build(BuildContext context) {
```

```
      return new Scaffold(
        appBar: new AppBar(
          title: new Text('数据存储'),
        ),
        body: new Column(
          mainAxisAlignment: MainAxisAlignment.center,
          children: <Widget>[
            Text("Sqflite 数据库存储", textAlign: TextAlign.center),
            TextField(
              controller: _textFieldController,
            ),
            MaterialButton(
              onPressed: saveString,
              child: new Text("存储"),
              color: Colors.cyan,
            ),
            MaterialButton(
              onPressed: getString,
              child: new Text("获取"),
              color: Colors.deepOrange,
            ),
            Text('从 Sqflite 数据库中获取的值为 $_storageString'),
          ],
        ),
      );
    }
  }
```

编译运行示例代码会出现如图 10-4 所示的错误。

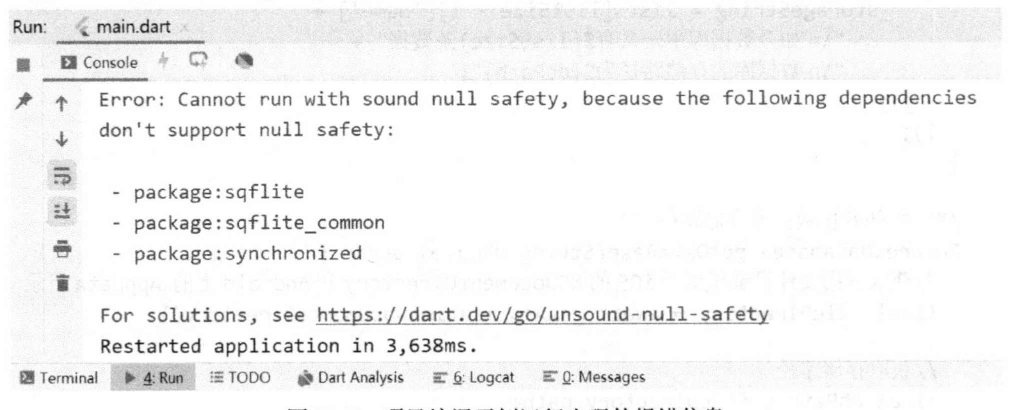


图 10-4　项目编译示例运行出现的报错信息

需要在控制台手动输入如图 10-5 所示的命令。

```
D:\flutter_mark\code\ch07\demo2>flutter run --no-sound-null-safety
Flutter assets will be downloaded from https://storage.flutter-io.cn. Make sure you trust this source!
Using hardware rendering with device Android SDK built for x86. If you notice graphics artifacts, consider enabling software
rendering with "--enable-software-rendering".
Launching lib\main.dart on Android SDK built for x86 in debug mode...
Running Gradle task 'assembleDebug'...
```

图 10-5　项目控制台上输入正确的命令

编译并运行程序，运行结果如图 10-6 所示，单击存储按钮后运行结果如图 10-7 所示。

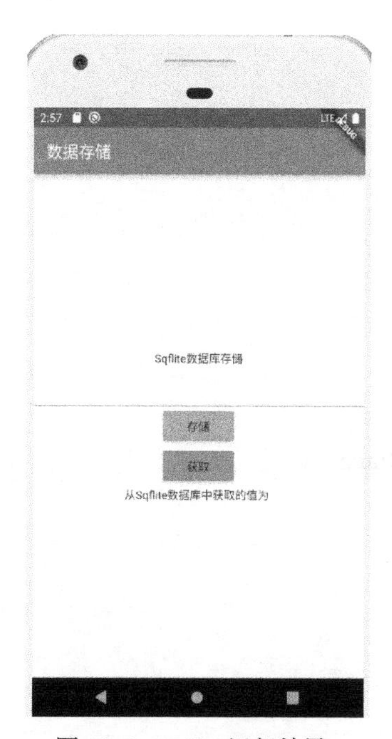


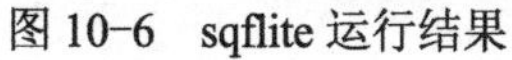
图 10-6　sqflite 运行结果

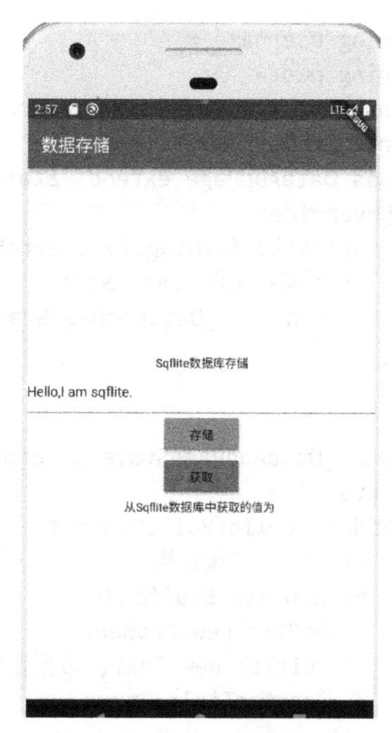


图 10-7　sqflite 单击存储按钮后运行结果

在输入框中输入一行文字，例如本示例中输入“Hello,I am sqflite.”，在控制台就会打印出这句话，如图 10-8 所示。

```
Terminal:   Local × +
I/m.example.demo( 7927): Background young concurrent copying GC freed 30075
 1395KB/2894KB, paused 1.223ms total 165.504ms
W/m.example.demo( 7927): Reducing the number of considered missed Gc histog
I/flutter ( 7927): ----------------[{id: 1, name: Hello,I am sqflite.}]
Terminal   4: Run   TODO   Dart Analysis   6: Logcat   0: Messages
```

图 10-8　sqflite 输入一行文字后运行结果

### 10.3.4　数据存储案例

下面将演示一个互动效果的综合数据存储的案例，包括文件存储、shared_preference 和 sqflite 存储方式。从这个综合案例可以理解三种不同存储方式的区别，具体示例如例 10-3 所示。

**【例 10-3】** Flutter 的三种数据存储方式

```
import 'package:shared_preferences/shared_preferences.dart';
import 'package:sqflite/sqflite.dart';
class MyApp03 extends StatelessWidget {
  @override
  Widget build(BuildContext context) {
    return MaterialApp(
        title: "SQFLITE2",
        home: DataAppPage()
    );
  }
}
```

```
String username = '';
String pwd = '';
const String USERNAME = 'username';
const String PWD = 'pwd';
class DataAppPage extends StatefulWidget {
  @override
  State<StatefulWidget> createState() {
    // 所有：实现 createState
    return new _DataAppPageState();
  }
}

class _DataAppPageState extends State<DataAppPage> {
  @override
  Widget build(BuildContext context) {
    // 所有：实现重构
    return new Scaffold(
      appBar: new AppBar(
        title: new Text('数据存储 学习'),
        centerTitle: true,
      ),
      body: new ListView(
        children: <Widget>[
          new Padding(
            padding: const EdgeInsets.only(left: 10.0, top: 10.0, right: 10.0),
            child: new Text('对用户名和密码进行增删改查的操作'),
          ),
          new Padding(
            padding: const EdgeInsets.only(left: 10.0, right: 10.0),
            child: new LoginWidget(),
          ),
          new Padding(
            padding: const EdgeInsets.only(
                top: 10.0, left: 10.0, bottom: 10.0, right: 10.0),
            child: new HandleSPDataWidget(),
          ),
          new Padding(
            padding: const EdgeInsets.only(
                top: 10.0, left: 10.0, bottom: 10.0, right: 10.0),
            child: new HandleSQLiteDataWidget(),
          ),
          new Padding(
            padding: const EdgeInsets.only(
                top: 10.0, left: 10.0, bottom: 10.0, right: 10.0),
            child: new HandleFileDataWidget(),
          ),
        ],
      ),
    );
  }
}
```

```
class HandleSPDataWidget extends StatefulWidget {
  @override
  State<StatefulWidget> createState() {
    return new _HandleSPDataWidgetState();
  }
}

class _HandleSPDataWidgetState extends State<HandleSPDataWidget> {
  var _result;
  _add() async {
    SharedPreferences prefs = await SharedPreferences.getInstance();
    prefs.setString(USERNAME, username);
    prefs.setString(PWD, pwd);
    setState(() {
      _result = '_add 成功 请单击查验证结果';
    });
  }
  _delete() async {
    SharedPreferences prefs = await SharedPreferences.getInstance();
    //KEY
    prefs.remove(USERNAME);
    prefs.remove(PWD);
    //清空所有 KEY
    //prefs.clear();
    setState(() {
      _result = '_delete 成功, 请单击查验证结果';
    });
  }

  _update() async {
    SharedPreferences prefs = await SharedPreferences.getInstance();
    prefs.setString(USERNAME, 'Paul');
    prefs.setString(PWD, '654321');
    setState(() {
      _result = '_update 成功，用户名修改为Paul，密码修改为654321, 请单击查验证结果';
    });
  }

  _query() async {
    SharedPreferences prefs = await SharedPreferences.getInstance();
    String username = prefs.get(USERNAME).toString();
    String pwd = prefs.get(PWD).toString();
    print('$username');
    print('$pwd');
    setState(() {
      _result = '_query 成功: username: $username pwd: $pwd';
    });
  }
  @override
  Widget build(BuildContext context) {
    // 所有：实现重构
```

```
      return new Column(
        children: <Widget>[
          new Padding(
            padding: const EdgeInsets.only(top: 10.0, bottom: 10.0),
            child: new Text('shared_preferences用法'),
          ),
          new Row(
            children: <Widget>[
              new RaisedButton(
                  textColor: Colors.black,
                  child: new Text('增'),
                  onPressed: _add
              ),
              new RaisedButton(
                  textColor: Colors.black,
                  child: new Text('删'),
                  onPressed: _delete),
              new RaisedButton(
                  textColor: Colors.black,
                  child: new Text('改'),
                  onPressed: _update),
              new RaisedButton(
                  textColor: Colors.black,
                  child: new Text('查'),
                  onPressed: _query),
            ],),
          new Padding(
            padding: const EdgeInsets.only(top: 10.0, bottom: 10.0),
            child: new Text('结果: $_result'),
          ),
        ],
      );
    }
  }
  class HandleSQLiteDataWidget extends StatefulWidget {
    @override
    State<StatefulWidget> createState() {
      return new _HandleSQLiteDataWidgetState();
    }
  }
  class _HandleSQLiteDataWidgetState extends State<HandleSQLiteDataWidget> {
    // 所有: 实现重构
    String dbName = 'user.db';
    late String dbPath;
    String sql_createTable =
        'CREATE TABLE user_table (id INTEGER PRIMARY KEY, username TEXT,pwd Text)';
    String sql_query_count = 'SELECT COUNT(*) FROM user_table';
    String sql_query = 'SELECT * FROM user_table';
    var _result;
    Future<String> _createNewDb(String dbName) async {
      Directory documentsDirectory = await getApplicationDocumentsDirectory();
```

```
    print(documentsDirectory);
    String path = join(documentsDirectory.path, dbName);
    if (await new Directory(dirname(path)).exists()) {
      await deleteDatabase(path);
    } else {
      try {
        await new Directory(dirname(path)).create(recursive: true);
      } catch (e) {
        print(e);
      }
    }
    return path;
  }
  _create() async {
    dbPath = await _createNewDb(dbName);
    Database db = await openDatabase(dbPath);
    await db.execute(sql_createTable);
    await db.close();
    setState(() {
      _result = '创建 user.db 成功，创建 user_table 成功';
    });
  }
  _add() async {
    Database db = await openDatabase(dbPath);
    String sql =
        "INSERT INTO user_table(username,pwd) VALUES('$username','$pwd')";
    await db.transaction((txn) async {
      int id = await txn.rawInsert(sql);
    });
    await db.close();
    setState(() {
      _result = "插入 username=$username,pwd=$pwd 数据成功";
    });
  }
  _delete() async {
    Database db = await openDatabase(dbPath);
    String sql = "DELETE FROM user_table WHERE id = ?";
    int count = await db.rawDelete(sql, ['1']);
    await db.close();
    setState(() {
      if (count == 1) {
        _result = "删除成功，请查看";
      } else {
        _result = "删除失败，请看 log";
      }
    });
  }
  _update() async {
    Database db = await openDatabase(dbPath);
    String sql = "UPDATE user_table SET pwd = ? WHERE id = ?";
    int count = await db.rawUpdate(sql, ["654321", '1']);
```

```
    print(count);
    await db.close();
    setState(() {
      _result = "更新数据成功，请查看";
    });
  }
  _queryNum() async {
    Database db = await openDatabase(dbPath);
    int count = Sqflite.firstIntValue(await db.rawQuery(sql_query_count));
    await db.close();
    setState(() {
      _result = "数据条数：$count";
    });
  }
  _query() async {
    Database db = await openDatabase(dbPath);
    List<Map> list = await db.rawQuery(sql_query);
    await db.close();
    setState(() {
      _result = "数据详情：$list";
    });
  }

  @override
  Widget build(BuildContext context) {
    return new Column(
      children: <Widget>[
        new Padding(
          padding: const EdgeInsets.only(top: 10.0, bottom: 10.0),
          child: new Text('sqflite用法'),
        ),
        new Row(
          children: <Widget>[
            new RaisedButton(
                textColor: Colors.black,
                child: new Text('创建'),
                onPressed: _create),
            new RaisedButton(
                textColor: Colors.black, child: new Text('增'), onPressed: _add),
            new RaisedButton(
                textColor: Colors.black,
                child: new Text('删'),
                onPressed: _delete),
            new RaisedButton(
                textColor: Colors.black,
                child: new Text('改'),
                onPressed: _update),
          ],
        ),
        new Row(
          children: <Widget>[
```

```
            new RaisedButton(
                textColor: Colors.black,
                child: new Text('查条数'),
                onPressed: _queryNum),
            new RaisedButton(
                textColor: Colors.black,
                child: new Text('查详情'),
                onPressed: _query),
          ],
        ),
        new Padding(
          padding: const EdgeInsets.only(top: 10.0, bottom: 10.0),
          child: new Text('结果: $_result'),
        ),
      ],
    );
  }
}
class HandleFileDataWidget extends StatefulWidget {
  @override
  State<StatefulWidget> createState() {
    return new _HandleFileDataWidgetState();
  }
}
class _HandleFileDataWidgetState extends State<HandleFileDataWidget> {
  // 所有：实现重构
  late String tempPath;
  late String appDocPath;
  late String sdCardPath;
  var _result;
  _add() async {
    File file = new File('$tempPath/user.txt');
    await file.writeAsString('用户名:$username 密码:$pwd');
        setState(() {
      _result = '写入成功，请查询';
    });
  }
  _delete() {
    File file = new File('$tempPath/user.txt');
    file.deleteSync(recursive: false);
    setState(() {
      _result = '删除成功，请查看';
    });
  }

  _update() async {
    File file = new File('$tempPath/user.txt');
    await file.writeAsString('用户名:Paul 密码:654321');
        setState(() {
      _result = '修改成功，请查询';
    });
```

```
  }
  _query() async {
    try {
      File file = new File('$tempPath/user.txt');
      _result = '查询成功' + await file.readAsString();
    } on Exception catch (e) {
      _result = ' exception: $e';
    }
    setState(() {});
  }
  void _requestTempDirectory() async {
    Directory tempDir = await getTemporaryDirectory();
    setState(() {
      tempPath = tempDir.path;
    });
  }
  void _requestAppDocumentsDirectory() async {
    Directory appDocDir = await getApplicationDocumentsDirectory();
    setState(() {
      appDocPath = appDocDir.path;
    });
  }
  void _requestExternalStorageDirectory() async {
    Directory? sdCardDir = await getExternalStorageDirectory();
    setState(() {
      sdCardPath = sdCardDir!.path;
    });
  }
  @override
  void initState() {
    // 所有：实现 initState
    super.initState();
    _requestTempDirectory();
    _requestAppDocumentsDirectory();
    _requestExternalStorageDirectory();
  }
  @override
  Widget build(BuildContext context) {
    return new Column(
      children: <Widget>[
        new Padding(
          padding: const EdgeInsets.only(top: 10.0, bottom: 10.0),
          child: new Text('文件用法'),
        ),
        new Row(
          children: <Widget>[
            new RaisedButton(
                textColor: Colors.black, child: new Text('增'), onPressed: _add),
            new RaisedButton(
                textColor: Colors.black,
                child: new Text('删'),
```

```
                    onPressed: _delete),
                new RaisedButton(
                    textColor: Colors.black,
                    child: new Text('改'),
                    onPressed: _update),
                new RaisedButton(
                    textColor: Colors.black,
                    child: new Text('查'),
                    onPressed: _query),
              ],
            ),
            new Padding(
              padding: const EdgeInsets.only(top: 10.0, bottom: 10.0),
              child: new Text('结果: $_result'),
            ),
            new Text('缓存文件路径:'),
            new Padding(
              padding: const EdgeInsets.only(bottom: 10.0),
              child: new Text('$tempPath'),
            ),
            new Text('应用文件路径:'),
            new Padding(
              padding: const EdgeInsets.only(bottom: 10.0),
              child: new Text('$appDocPath'),
            ),
            new Text('Android SD 卡路径:'),
            new Padding(
              padding: const EdgeInsets.only(bottom: 10.0),
              child: new Text('$sdCardPath'),
            ),
          ],
        );
      }
    }
    class LoginWidget extends StatelessWidget {
      @override
      Widget build(BuildContext context) {
        var node = new FocusNode();
        return new Column(
          children: <Widget>[
            new TextField(
              onChanged: (str) {
                username = str;
                print(username);
              },
              decoration: new InputDecoration(
                labelText: '用户名',
                hintText: '请输入英文或数字',
              ),
              maxLines: 1,
              onSubmitted: (text) {
                FocusScope.of(context).requestFocus(node);
              },
```

```
        ),
        new TextField(
          onChanged: (text) {
            pwd = text;
            print(pwd);
          },
          obscureText: true,
          maxLines: 1,
          decoration:
          new InputDecoration(hintText: '请输入长度大于6的密码', labelText: '密码'),
          keyboardType: TextInputType.text,
          onSubmitted: (text) {},
        ),
      ],
    );
  }
}
class DataPage extends StatelessWidget {
  @override
  Widget build(BuildContext context) {
    //所有：实现重构
    return new Scaffold(
      body: new DataAppPage(),
    );
  }
}
}
```

下面将验证 sqflite 数据存储运行效果。编译并运行程序，运行结果如图 10-9 所示，在输入框中输入用户名和密码，单击“增”按钮后运行结果如图 10-10 所示，单击“改”运行结果如图 10-11 所示，单击“删”运行结果如图 10-12 所示，单击“查”运行结果如图 10-13 所示。单击“创建”按钮，可以创建出新的数据库，如图 10-14 所示；创建完数据表后在 IDE 的设备文件浏览器中也可以看到该数据库，如图 10-15 所示。

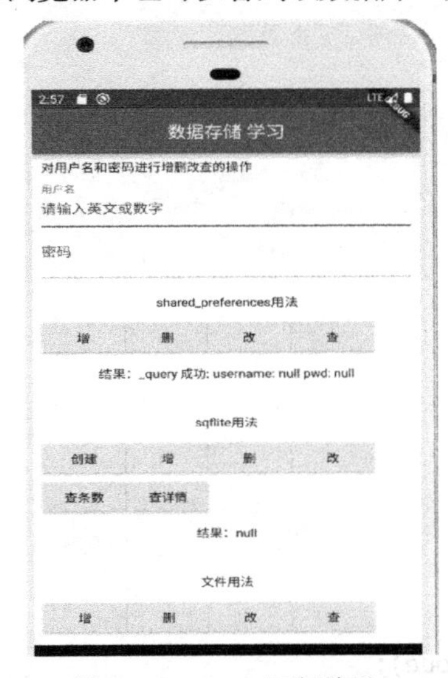


图 10-9　sqflite 运行结果

图 10-10　sqflite 单击“增”按钮运行结果一

图 10-11　sqflite 单击“改”按钮运行结果一

图 10-12　sqflite 单击“删”按钮运行结果一

图 10-13　sqflite 单击“查”按钮运行结果

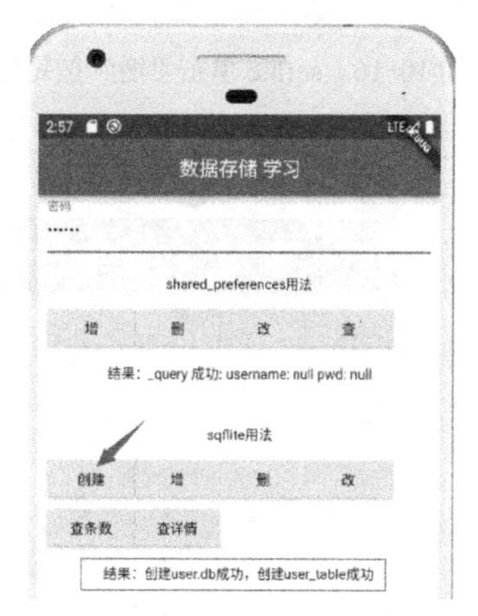


Device File Explorer

Emulator Pixel_XL_API_29 Android 10, API 29

| Name | Permissi... | Date | Size |
| --- | --- | --- | --- |
| com.android.vending | drwx------ | 2020-11-01 02:3( | 4 KB |
| com.android.vpndialogs | drwx------ | 2020-11-01 02:3( | 4 KB |
| com.android.wallpaper.li | drwx------ | 2020-11-01 02:3( | 4 KB |
| com.android.wallpaperb | drwx------ | 2022-07-25 02:4: | 4 KB |
| com.breel.wallpapers18 | drwx------ | 2022-07-25 02:4: | 4 KB |
| com.example.demo2 | drwx------ | 2022-07-25 06:0: | 4 KB |
| app_flutter | drwxrwx--x | 2022-07-26 02:4: | 4 KB |
| flutter_assets | drwx------ | 2022-07-25 06:0: | 4 KB |
| res_timestamp-1-1 | -rw------- | 2022-07-25 06:0: | 0 B |
| user.db | -rw------- | 2022-07-26 02:4: | 16 KB |
| user.db-journal | -rw------- | 2022-07-26 02:4: | 0 B |
| cache | drwxrws--x | 2022-07-25 06:0: | 4 KB |
| code_cache | drwxrws--x | 2022-07-25 06:0‹ | 4 KB |
| files | drwxrwx--x | 2022-07-25 06:0: | 4 KB |

图 10-15　sqflite 单击“创建”按钮创建数据库

在输入框中输入用户名为“Mark”，密码为“12345678”，然后单击“增”按钮后运行结果如图 10-16 所示，单击“查条数”按钮后运行结果如图 10-17 所示，单击“查详情”按钮后运行结果如图 10-18 所示，单击“改”按钮后运行结果如图 10-19 所示，单击“查详情”按钮后运行结果如图 10-20 所示，单击“删”按钮后运行结果如图 10-21 所示，单击“查详情”按钮后运行结果如图 10-22 所示，单击“查条数”按钮后运行结果如图 10-23 所示。

图 10-16　sqflite 单击“增”按钮运行结果二

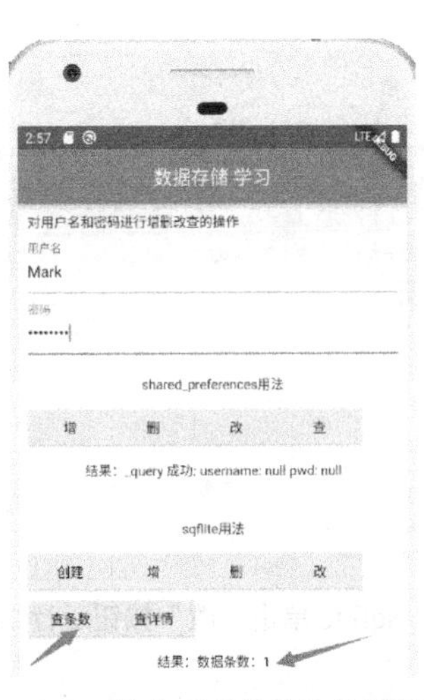


图 10-17　sqflite 单击“查条数”按钮运行结果一

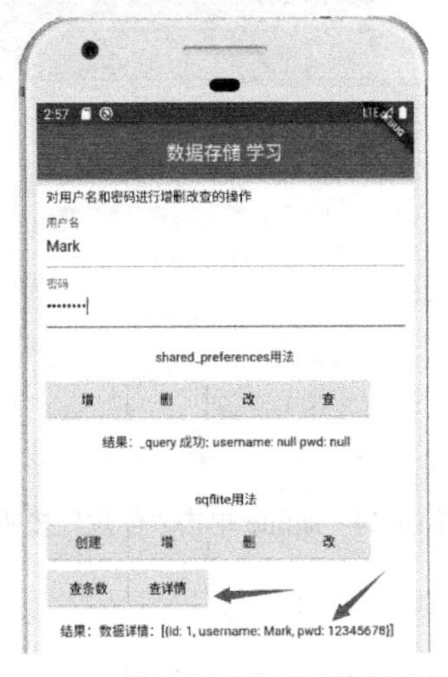


图 10-18　sqflite 单击“查详情”按钮运行结果一

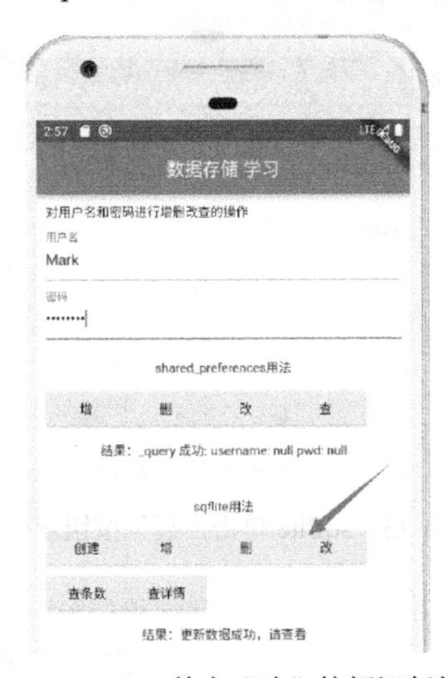


图 10-19　sqflite 单击“改”按钮运行结果二

图 10-20　sqflite 单击“查详情”按钮运行结果二

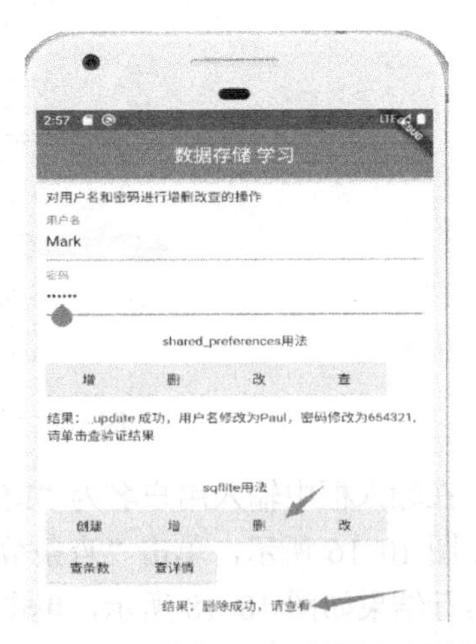


图 10-21　sqflite 单击“删”按钮运行结果二

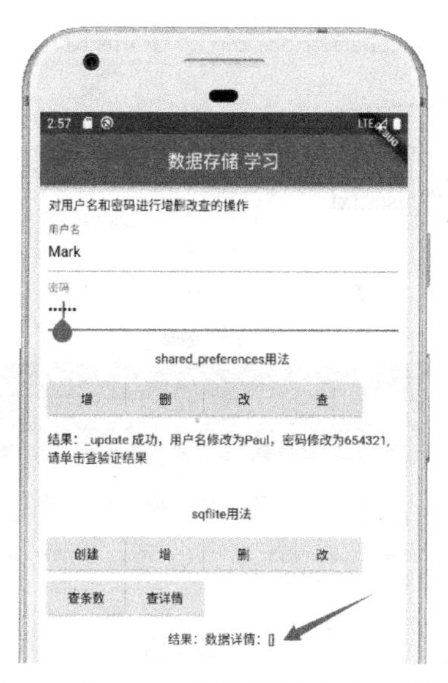


图 10-22　sqflite 单击“查详情”按钮运行结果三

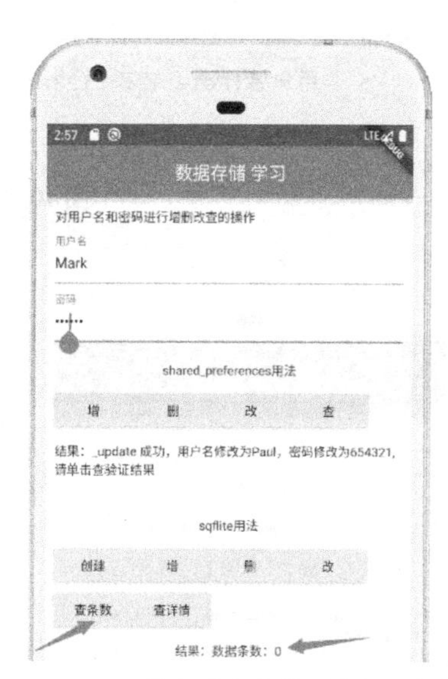


图 10-23　sqflite 单击“查条数”按钮运行结果二

下面是关于对文件的操作运行截图，在输入框中输入用户名为“Peter”，密码为“123abc”，然后单击文件中的“增”按钮后运行结果如图 10-24 所示，在/data/user/0/com.example.demo2/cache/user.txt 路径下看到文件创建出来，如图 10-25 所示，然后单击“user.txt”文件，打开文件看到添加的文件内容，如图 10-26 所示。在输入框中输入用户名为“zhangsan”，密码为“123456”，然后单击“改”按钮后运行结果如图 10-27 所示，然后单击“查”按钮后运行结果如图 10-28 所示，然后单击“删”按钮后运行结果如图 10-29 所示，打开文件“user.txt”看到文件内容，运行结果如图 10-30 所示。

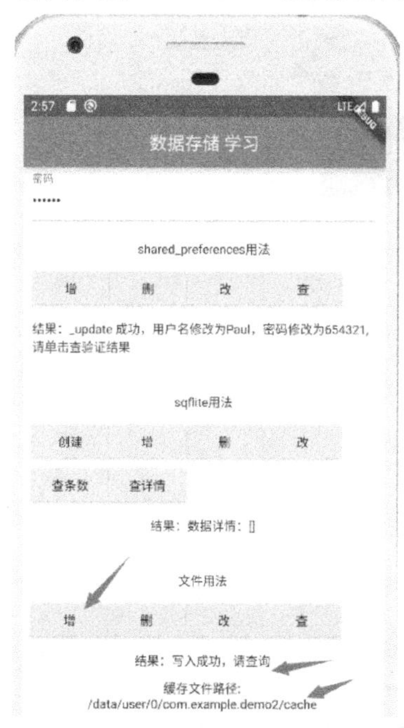


图 10-24　sqflite 单击“增”按钮运行结果三

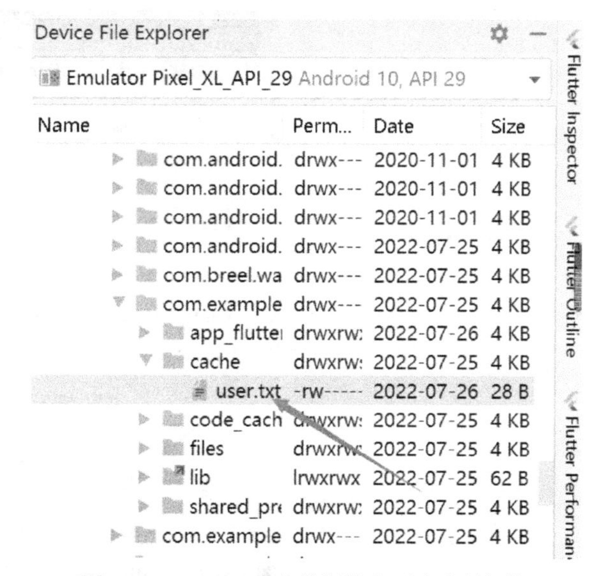


图 10-25　sqflite 在文件浏览中可以看到文件

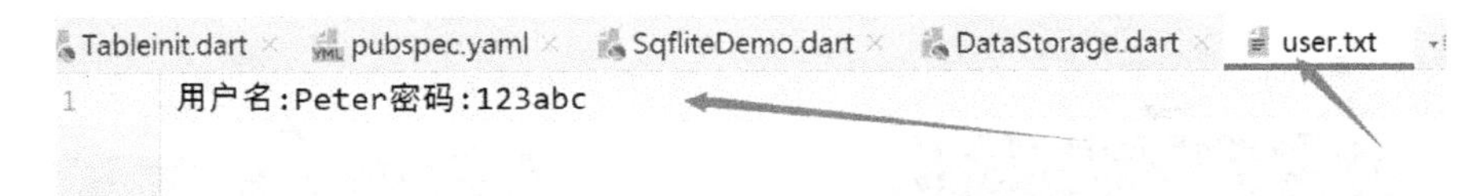


图 10-26 sqflite 打开文件 user.txt

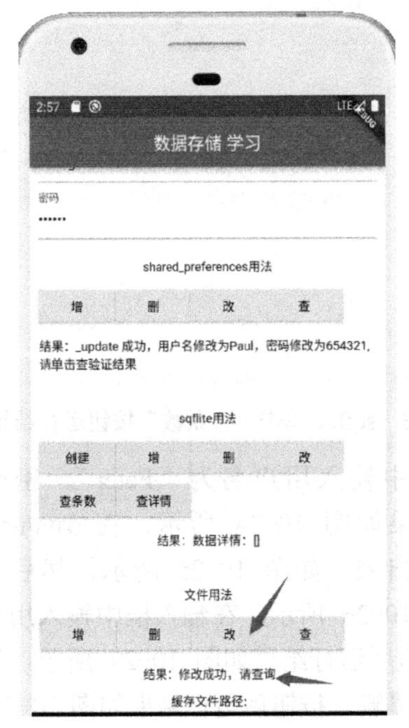


图 10-27 sqflite 文件用法单击“改”按钮

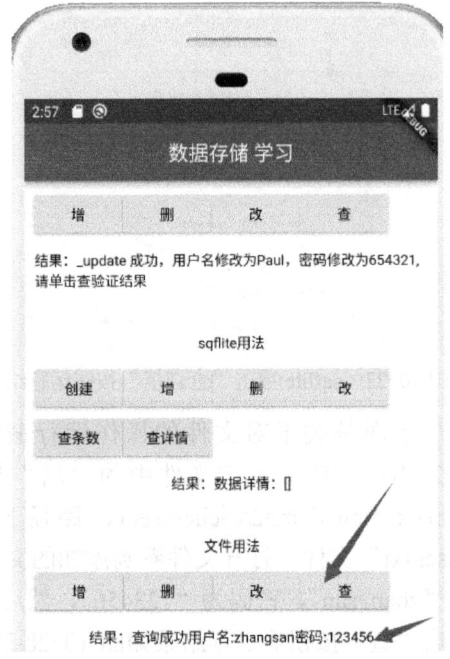


图 10-28 sqflite 文件用法单击“查”按钮

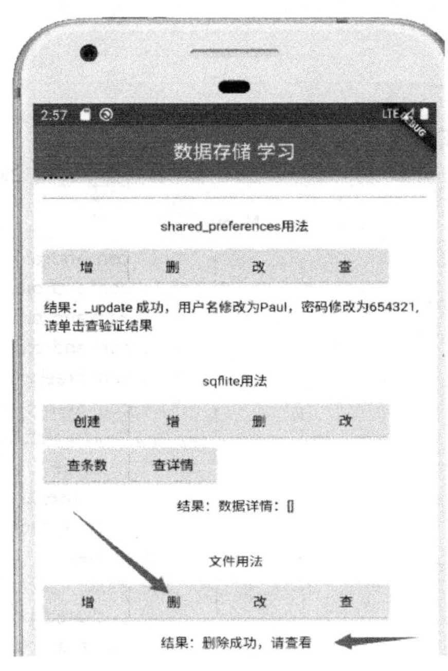


图 10-29 sqflite 文件用法单击“删”按钮

图 10-30　sqflite 文件 user.txt 内容

## 10.4　本章小结

本章主要介绍了 Flutter 数据存储的几种方式，包括文件存储、Shared Preference 存储以及数据库存储方式，举例说明了它们的用法，每个知识点都有相应的示例代码，并且最后结合上面讲的三种存储方式介绍了一个综合的存储案例，让大家系统了解这三种主要存储方式的异同点。

## 10.5　习题与练习

**1．概念题**

1）简述什么是 Flutter 的文件存储方式。

2）用 shared-preference 方式存储完成一个用户登录。

3）简述 Flutter 几种存储方式，并说明它们的区别。

4）简述说明 Flutter 的数据库存储使用方法。

**2．操作题**

创建一个 App，创建一个单击按钮激发数据库存储商品信息的过程。

# 第 11 章 综合案例——基于 Flutter 的手机文件管理设计与实现

本章为 Flutter 的综合案例，包括 UI 设计、各个主要控件的使用、页面的路由跳转、主题、存储、工具、第三方插件等，如登录界面既用到了 UI 设计的知识点，又用到了数据存储的知识点，还有一些通信、网络知识点，还包括一些 Dart 语言新特性，如 Mixins 等，当然最后涉及项目的打包、加密等知识点。除此之外，本项目还采用了分层结构开发，将 MVC 分层结构运用在开发中，面板中 cloud 就采用了 Model 层、View 层和 Controller 层分离。这样做的好处就是便于项目解耦。

## 11.1 需求分析

目前而言，很多用户自带的文件管理软件相当于文件浏览器，类似计算机上“我的电脑”用来打开查找手机。手机端用于查找存储卡上的文件功能比较简单，不一定能满足使用者的需求，或者体验不佳。因此想要在此基础上，为用户开发更为便捷且功能较为全面的 App。

此文件管理器主界面主要由三部分组成：第一部分是文件分类，第二部分是对分类文件进行模块化处理，第三部分是“云储存”，扩大手机存储容量。以上的主要功能针对手机内存空间小，但需要其大容量，并且需要快速对文件进行查阅或修改的用户而言，是非常合适的。

因为其文件管理系统具有占用内存小、运行速度快、界面美观简洁、安全性能高的特点，符合大部分用户对其文件管理的基本需求。

### 11.1.1 功能需求

用户下载 App 之后，可以看到手机当前的存储情况，打开系统登录页面，通过登录之后才有一定的权限。登录之后，根据相应的身份以及权限，就可以在对应的界面进行相应的操作。例如：

- 文件分类：对手机内文件自动分类存储。
- 分类管理：对文件进行分类管理，对其进行增、删、改、查等操作，保障手机正常的流畅性和足够的空间。

- 云端存储：用户可利用“云储存”优化手机内存。

## 11.1.2　应用特色

### 1. 分类管理

手机文件管理系统不同于常用的文件管理功能，本系统主要有视频、音频、文档和图片几大类。视频更专精于分类管理，主要分类的 UI 设计页面如图 11-1 所示。

本系统对于音频文件，交由“懒惰”线程负责，采用轮询的方式，节约服务器资源，当服务器处于峰值的时候，预计未来的短暂时间内会超过服务器的荷载，在截流外，可以关闭懒惰线程，进行一些简单的用户通知。分类页面向下拉滚动条可以看到最近操作的文件，如图 11-2 所示。

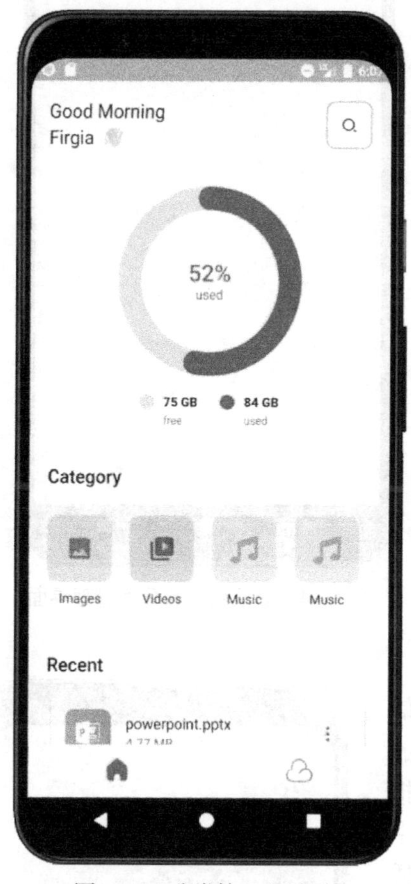


图 11-1　分类管理主界面

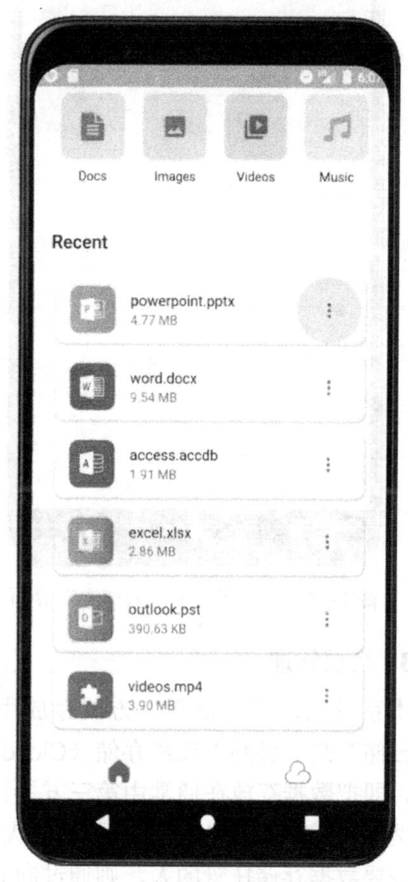


图 11-2　分类管理分页面向下滚动的页面

### 2. 用户管理

本系统采用分块管理制度。在用户下载存储一定的文件之后，文件系统会对其进行归类整理。然后让用户随时查看到系统内存及每类文件所占的比例，让其便于随时删除和管理。对于删除的文件，先放入回收站中，以免用户误删时，能够及时恢复其文件。当手机内存接近负荷时，给予用户一定的提示，以便提醒用户及时管理并释放手机内存，一定程度上确保手机的正常流畅运行。

除此之外，还提供给用户“云储存”空间，以便用户可以在任何时间、任何地方，通过任何可连网的装置连接到云上以方便地存取数据，同时可以节省系统本身的存储空间，满足数据存储的需求。

下面是登录用户的“云储存”界面和分类管理界面的页面，如图 11-3 和图 11-4 所示。

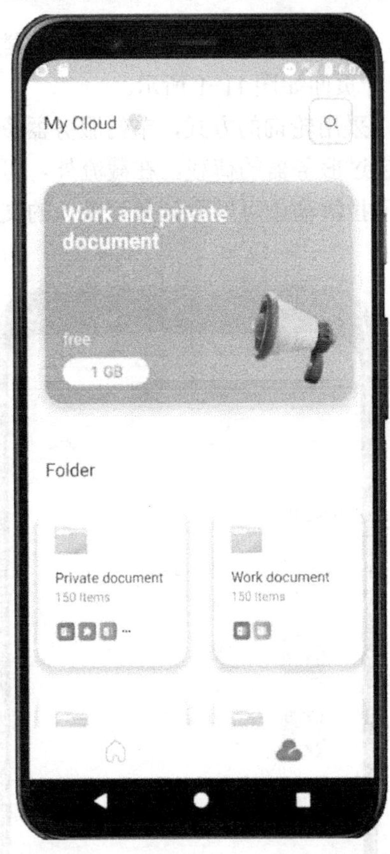


图 11-3　登录用户的“云储存”界面

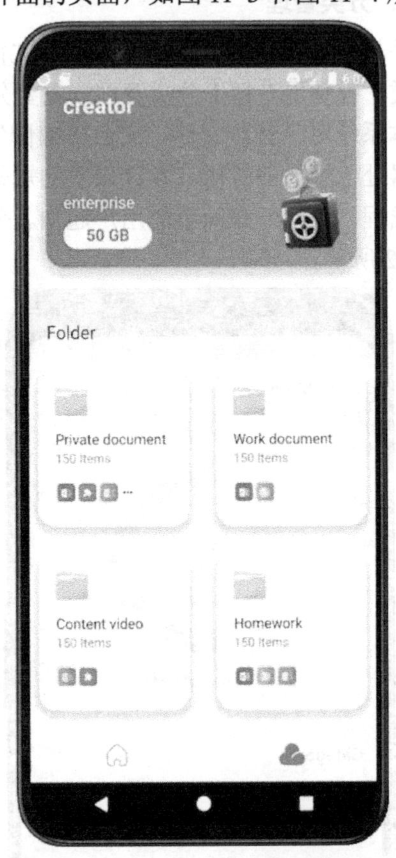


图 11-4　登录用户的分类管理界面

### 3. 会员管理

本系统采用“云储存”方式存放用户的数据信息。云储存是一种网上在线存储（Cloud Storage）的模式，即把数据存放在通常由第三方托管的多台虚拟服务器。托管（Hosting）公司运营大型的数据中心，需要数据存储托管的人，则通过向其购买或租赁存储空间的方式来满足数据存储的需求。用户可以通过 Web 服务应用程序接口（API）的用户界面来访问。具体界面如图 11-5 所示。

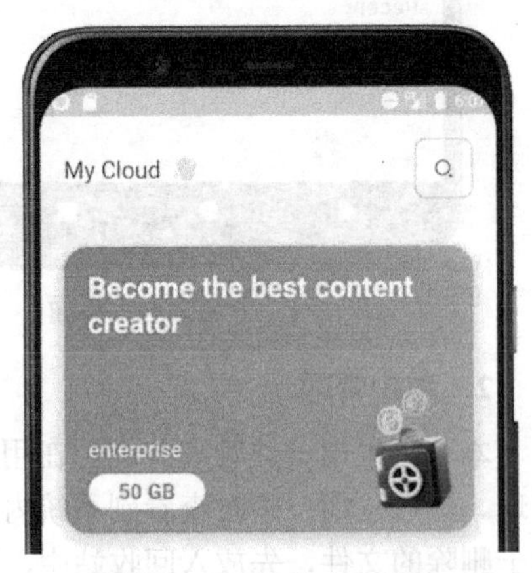


图 11-5　“云储存”界面

### 4. 推广管理

App 开发出来如果没有使用者，再好的 App 也只能昙花一现，因此如何推广就成为一个重要的问题，互联网 App 的宣传分为软硬广告宣传。硬广告可以使用百度广告、微博广告、微信广告等主流的宣传渠道也很多，使用较为普遍；软广告有很多现成的成熟例子，例如说微博、QQ、微信朋友圈的分享功能，也可以参考拼多多砍价、携程帮购和百词斩 Showoff 等。

## 11.2　系统设计

对于总体设计阶段，需要阐述系统设计的过程，是整个软件开发过程中的核心部分。整个开发工作都将根据设计方案进行，它决定了软件的总体结构。因此，软件质量取决于软件的总体设计。为了让软件结构能够较为清晰，可采用模块化原理，同时也能容易阅读和理解。由于程序的错误常出现在相关模块之间的接口中，所以模块化也使软件容易测试和调试。此项 App 主要有以下两个模块，即存储分类模块和“云储存”模块，如图 11-6 和图 11-7 所示。

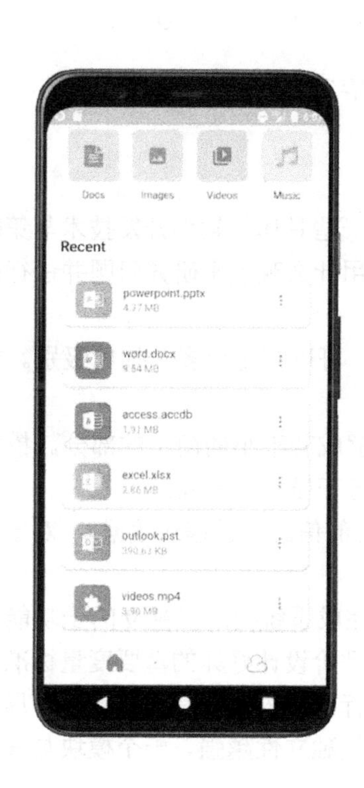


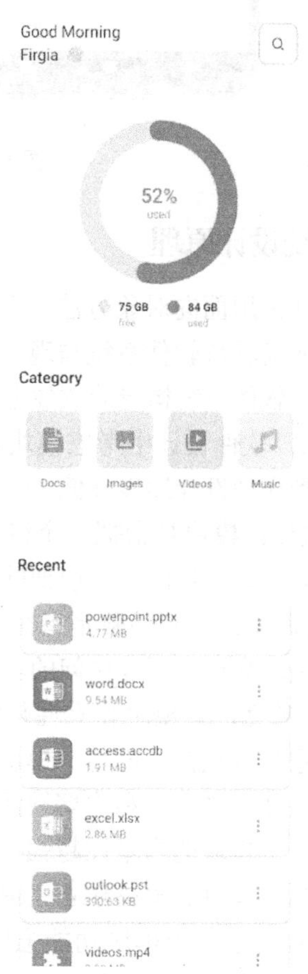


图 11-6　系统存储分类界面

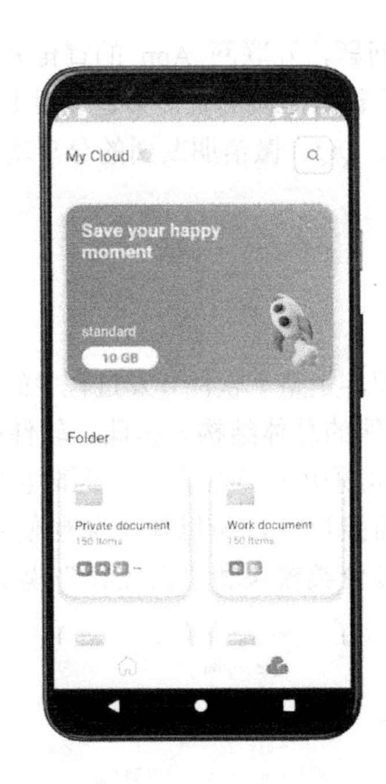

图 11-7　系统“云储存”界面

### 11.2.1　系统设计原理

系统设计采用面向对象方法。面对对象不仅是一些具体的软件开发技术与策略，而且是一整套关于如何看待软件系统与现实世界的关系，用什么观点来研究问题并进行问题求解，以及如何进行软件系统构造的软件方法学。

1）抽象：软件设计中考虑模块化解决方案时，可以制定出多个抽象级别。抽象的层次从概要设计到详细设计逐步降低。

2）模块化：模块是指把一个待开发的软件分解成若干小的简单的部分。模块化是指解决一个复杂问题时自顶向下逐层把软件系统划分成若干模块的过程。

3）信息隐蔽：信息隐蔽是指在一个模块内包含的信息（过程或数据），对于不需要这些信息的其他模块来说是不能访问的。

4）模块独立性：模块独立性是指每个模块只完成系统要求的独立的子功能，并且与其他模块的联系最少且接口简单。模块的独立程度是评价设计好坏的重要度量标准。衡量软件的模块独立性使用耦合性和内聚性两个定性的度量标准。内聚性是信息隐蔽和局部化概念的自然扩展。一个模块的内聚性越强，则该模块的模块独立性越强。一个模块与其他模块的耦合性越强，则该模块的模块独立性越弱。

内聚性是度量一个模块功能强度的一个相对指标。内聚是从功能角度来衡量模块的联系，它描述的是模块内的功能联系。内聚有许多种类，它们之间的内聚度由弱到强排列：偶然内聚、逻辑内聚、时间内聚、过程内聚、通信内聚、顺序内聚、功能内聚。

耦合性是模块之间互相连接的紧密程度的度量。耦合性取决于各个模块之间接口的复杂度、调用方式以及哪些信息通过接口。耦合也有许多种，它们之间的耦合度由高到低排列：内容耦合、公共耦合、外部耦合、控制耦合、标记耦合、数据耦合、非直接耦合。

在程序结构中，各模块的内聚性越强，则耦合性越弱。一般较优秀的软件设计，应尽量做到高内聚、低耦合，即减弱模块之间的耦合性和提高模块内的内聚性，这样有利于提高模块的独立性。

### 11.2.2　设计原则

考虑到软件的整体结构，使其能够使得软件的每个模块可以发挥相对应的功能，需要具备以下四种特性：

1）实用性：实用应该放在首位，是满足用户需求的主要目标，其次考虑美观。

2）方便性：系统应该包含易操作、界面友好、便于使用、有错误提示以及输入简单。

3）适应性：软件能够适应管理变化，适应环境的改变。

4）可扩充性：为了在日后能够对系统进行进一步的提升，应该考虑是否保留有其他功能的接口。

## 11.3　服务器端设计

基于服务器端的功能和特点，需要保证能够对端口进行实时侦听，及时响应客户端发送的命令，并由此打开控制通道，等待客户端用户的命令再做对应处理，开放数据通道进行信息和文件等数据的传输。服务器端需要能够对用户进行认证并对命令做出及时准确的回应，满足传输等需求。由此在设计实现服务器端时，要能够建立一定的客户访问机制，设置权限，针对不同的用户确定相应的处理机制以实现“合法”的访问传输，更重要的一点是正确地解析来自客户端发出的请求命令，给予实时且准确无误的响应。

服务器环境配置如下：

- 操作系统：Linux 或者 Windows Server 2012 及以上版本。
- Serverlet：Apache Zeus IIS 等。
- 数据库：MySQL 3.23 及以上（仅针对 MySQL）。

## 11.4　系统总体配置

系统设计需要整体配置，可以将配置文件、路由设计、页面定义、主题等应用需要的参数配置在 Config 文件夹中。

在 lib 根目录下创建 config 文件夹，该文件夹下的 themes 文件夹存放主题相关资源。App 的所有主题可以在这里定义，例如可在 themes 文件夹下创建文件 app_theme.dart，此文件具体内容如下：

```
class AppTheme {

  static ThemeData get basic => ThemeData(
        canvasColor: Colors.white,
        primarySwatch: Colors.blue,
     );
}
```

在 config 文件夹下创建 routes 文件夹，此文件下配置页面调换的路由配置和定义页面，在 routes 文件夹下创建 app_routes.dart 文件，具体代码如下：

```
class Routes {
  static const login = _Paths.login;
  static const splash = _Paths.splash;
  static const dashboard = _Paths.dashboard;
}
class _Paths {
  static const login = '/login';
  static const splash = '/splash';
  static const dashboard = '/dashboard';
}
```

同样在 config 下面需要定义页面，主要反复使用三个页面，因此可以在这里定义出来，以免代码重复。这三个页面是登录页面、云存储页面、单击分类页面后展开的页面，具体代码如下。

```
class AppPages {

  static const initial = Routes.login;

  static final routes = [
    GetPage(
      name: _Paths.splash,
      page: () => SplashScreen(),
      binding: SplashBinding(),
    ),
    GetPage(
      name: _Paths.dashboard,
      page: () => DashboardScreen(),
      bindings: [
        DashboardBinding(),
        HomeBinding(),
        CloudBinding(),
      ],
    ),
    GetPage(
      name: _Paths.login,
      page: () => LoginScreen(),
      binding: LoginBindings(),
    )
  ];
}
```

## 11.5 系统 UI 页面

系统 UI 页面主要是三个主题页面，分别为：登录页面、“云资源”控制面板和单击资源选项后详情页面。每个页面在 features 文件夹下定义，分别是在 login（登录）、dashboard（主面板）和 splash（子页面）文件夹下定义，每个文件夹下都有 bindings、views 和

controllers 文件，这样可以对项目代码进行很好的分层处理，其利用了 MVC 的分层原理来写代码。

### 1. 登录页面

下面是登录页面的主要代码，所在路径为：features\login\views，该文件夹下的 login_screen.dart 定义了登录页面。

```
class LoginScreen extends GetView<LoginController> {
  const   LoginScreen({Key? key}) : super(key: key);

  @override
  Widget build(BuildContext context) {
    return Scaffold(
      resizeToAvoidBottomInset: false,
      body: Column(
        crossAxisAlignment: CrossAxisAlignment.start,
        children: [
          SizedBox(
            height: 80,
          ),
          Container(
            margin: EdgeInsets.only(left: 40),
            child: Text(
              '文件管理',
              style: TextStyle(
                  fontSize: 30,
                  color: Colors.black,
                  fontWeight: FontWeight.w600),
            ),
          ),
          Container(
            margin: EdgeInsets.only(left: 35, top: 5),
            child: Text(
              '-您的私人空间-',
              style: TextStyle(
                  fontSize: 26,
                  color: Colors.black,
                  fontWeight: FontWeight.w600),
            ),
          ),
          SizedBox(
            height: 20,
          ),
          Container(
            padding: EdgeInsets.symmetric(horizontal: 30, vertical: 10),
            child: Column(
              children: [
                Row(
                  children: [
                    Text(
                      '手机号：',
                      style: TextStyle(fontSize: 18, color: Colors.lightBlue),
```

```
                    ),
                    Expanded(
                        child: TextField(
                      controller: controller.userName,
                      maxLines: 1,
                      textAlign: TextAlign.justify,
                      decoration: InputDecoration(border: InputBorder.none),
                    )),
                  ],
                ),
                Container(
                  height: 1,
                  color: Colors.lightBlue,
                )
              ],
            ),
          ),
          Container(
            padding: EdgeInsets.symmetric(horizontal: 30, vertical: 10),
            child: Column(
              children: [
                Row(
                  children: [
                    Text(
                      '密码 : ',
                      style: TextStyle(fontSize: 18, color: Colors.lightBlue),
                    ),
                    Expanded(
                        child: TextField(
                      controller: controller.passWord,
                      maxLines: 1,
                      textAlign: TextAlign.justify,
                      decoration: InputDecoration(border: InputBorder.none),
                    )),
                  ],
                ),
                Container(
                  height: 1,
                  color: Colors.lightBlue,
                )
              ],
            ),
          ),
          SizedBox(
            height: 10,
          ),
          Container(
            width: MediaQuery.of(context).size.width,
            padding: EdgeInsets.symmetric(vertical: 20, horizontal: 30),
            child: GestureDetector(
              onTap: () => controller.goToSplash(),
              child: Container(
                padding: EdgeInsets.all(10),
```

```
              alignment: Alignment.center,
              decoration: BoxDecoration(
                  borderRadius: BorderRadius.circular(8),
                  border: Border.all(color: Colors.lightGreen)),
              child: Text(
                '登入',
                style: TextStyle(fontSize: 20, color: Colors.lightGreen),
              ),
            ),
          ),
        ),
        Container(
          width: MediaQuery.of(context).size.width,
          padding: EdgeInsets.symmetric(vertical: 20, horizontal: 30),
          child: GestureDetector(
            child: Container(
              padding: EdgeInsets.all(10),
              alignment: Alignment.center,
              decoration: BoxDecoration(
                  borderRadius: BorderRadius.circular(8),
                  border: Border.all(color: Colors.lightGreen)),
              child: Text(
                '免费注册',
                style: TextStyle(fontSize: 20, color: Colors.lightGreen),
              ),
            ),
          ),
        )
      ],
    ),
  );
}
}
```

**2．分发（splash）页面**

输入“用户名”和“密码”后，单击“登录页面”即可以跳转“云资源”页面，这里依靠代码：

```
onTap: () => controller.goToSplash(),
```

页面跳转需要 controllers 代码进行控制，这里相当于代码的控制器，相应代码在 controllers\login_controller.dart 中，具体代码如下。

```
class LoginController extends GetxController {
  TextEditingController userName = TextEditingController();
  TextEditingController passWord = TextEditingController();
  @override
  void onInit() async {
    super.onInit();
  }
  void goToSplash() => Get.offNamed(Routes.splash);
}
```

最后一行代码是让成功登录页面根据 routes 跳转到 splash 页面，该页面代码也与登录页面相似，相应代码位于 features\splash\views 下的 splash_screen.dart。具体代码如下。

```
class SplashScreen extends GetView<SplashController> {
  const SplashScreen({Key? key}) : super(key: key);
  @override
  Widget build(BuildContext context) {
    return Scaffold(
      body: Center(
        child: Column(
          mainAxisAlignment: MainAxisAlignment.center,
          children: [
            Spacer(flex: 2),
            Image.asset(ImageRaster.logo, height: 150),
            Spacer(flex: 1),
            Obx(
              () => Visibility(
                  child: CircularProgressIndicator(),
                  visible: controller.isLoading.value),
            ),
            Spacer(flex: 1),
          ],
        ),
      ),
    );
  }
```

和登录页面相似，splash 页面定义页面模型页面跳转可以使用控制器进行控制，相应代码在 controllers\splash_controller.dart 中，具体如下。

```
class SplashController extends GetxController {
  final isLoading = true.obs;
  @override
  void onInit() async {
    super.onInit();
    await Future.delayed(Duration(seconds: 3));
    isLoading.value = false;
    goToDashboard();
  }

  static const _url =
      "https://www.youtube.com/channel/UCvD_LJniZfhF6ELHFhB1fPw";

  void goToDashboard() => Get.offNamed(Routes.dashboard);
  void goToYoutubeChannel() async => await canLaunch(_url)
      ? await launch(_url)
      : throw 'Could not launch $_url';
}
```

同样的页面在这里控制跳转的代码是：

```
void goToDashboard() => Get.offNamed(Routes.dashboard);
```

### 3. “云资源”面板页面

页面可以根据需求，路由跳转到 dashboard 页面，dashboard 页面的部分代码在 features\dashboard\index\views\screens\dashboard_screen.dart，具体代码如下。

```
class DashboardScreen extends GetView<DashboardController> {
  const DashboardScreen({Key? key}) : super(key: key);
  @override
  Widget build(BuildContext context) {
    return Scaffold(
      body: PageView(
        controller: controller.page,
        onPageChanged: (index) => controller.onChangedPage(index),
        children: [
          HomeScreen(),
          CloudScreen(),
        ],
      ),
      bottomNavigationBar: Obx(
        () => _BottomNavbar(
          currentIndex: controller.currentIndex.value,
          onSelected: (index) {
            controller.changePage(index);
          },
        ),
      ),
    );
  }
}
```

当单击页面时，在 controllers 中有控制页面切换的代码，例如代码：

```
onPageChanged: (index) => controller.onChangedPage(index),
```

这个代码是将页面切换方法放在 controllers 中，具体位置为\features\dashboard\index\controllers\dashboard_controller.dart，相应的控制切换代码如下：

```
class DashboardController extends GetxController {
  final page = PageController();
  final currentIndex = 0.obs;

  void changePage(int index) {
    page.animateToPage(index,
        duration: Duration(milliseconds: 300), curve: Curves.ease);
  }

  void onChangedPage(int index) {
    currentIndex.value = index;
  }
}
```

同理，当单击底边的切换菜单时，在 controllers 中有控制页面切换的代码，例如代码：

```
    onSelected: (index) {
      controller.changePage(index);
    },
```

这个代码是将页面切换方法放在 controllers 中，与前面相应页面的代码相同，也在 dashboard_controller.dart 中。

这里还有绑定的代码，是将视图和 controllers 绑定的代码，在 bindings 中，代码如下：

```
class DashboardBinding extends Bindings {
  @override
  void dependencies() {
    Get.lazyPut(() => DashboardController());
  }
}
```

在这个 dashboard 页面中还包含了两个子页面：即 Home 和 cloud 两个页面，这两个页面在 features\dashboard\home 和 features\dashboard\cloud 两个文件夹中定义，这两个页面由 views、models、controllers 和 binding 四个文件夹组成，构成 MVC 架构。views 层表示页面信息：controllers 层即控制层用来响应用户的请求；binding 用来绑定模型和控制器，当用户发出页面请求时，由控制层接收信息，并把处理结果发送回视图层；models 模型层应当包含应用程序所有的商业逻辑和数据库访问逻辑。

以 Home 页面为例，页面跳转到 Home 页面，Home 页面的代码存在 views 层下，具体代码如下。

```
class HomeScreen extends GetView<HomeController> {
  const HomeScreen({Key? key}) : super(key: key);
  @override
  Widget build(BuildContext context) {
    return Scaffold(
      body: SafeArea(
        child: CustomScrollView(
          physics: BouncingScrollPhysics(),
          slivers: [
            SliverFillRemaining(
              child: Column(children: [
                Padding(
                  padding: const EdgeInsets.all(kDefaultSpacing),
                  child: _Header(user: controller.user),
                ),
                Padding(
                  padding: const EdgeInsets.all(kDefaultSpacing),
                  child: _StorageChart(usage: controller.usage),
                ),
                Padding(
                  padding: const EdgeInsets.all(kDefaultSpacing),
                  child: _Category(),
                ),
                Padding(
                  padding: const EdgeInsets.all(kDefaultSpacing),
                  child: _Recent(
                    data: controller.recent,
```

```
              ),
            ),
          ]),
          hasScrollBody: false,
        )
      ],
    ),
  ),
 );
 }
}
```

Home 页面会根据用户单击不同的按钮，跳转到不同的功能页面，例如下面的代码：

```
child: _Header(user: controller.user),
child: _StorageChart(usage: controller.usage),
child: _Recent(
  data: controller.recent,
),
```

在文件夹\features\dashboard\home\controllers\home_controller.dart 中存放着 controllers 的代码，具体如下。

```
class HomeController extends GetxController {
  final user = _User(name: "Firgia");
  final usage = _Usage(
    totalFree: 80000000000,
    totalUsed: 90000000000,
  );

  final recent = [
    FileDetail(
      name: "powerpoint.pptx",
      size: 5000000,
      type: FileType.msPowerPoint,
    ),
    FileDetail(
      name: "word.docx",
      size: 10000000,
      type: FileType.msWord,
    ),
    FileDetail(
      name: "access.accdb",
      size: 2000000,
      type: FileType.msAccess,
    ),
    FileDetail(
      name: "excel.xlsx",
      size: 3000000,
      type: FileType.msExcel,
    ),
    FileDetail(
      name: "outlook.pst",
      size: 400000,
```

```
        type: FileType.msOutlook,
      ),
      FileDetail(
        name: "videos.mp4",
        size: 4090000,
        type: FileType.other,
      ),
    ];
  }
```

同时，程序也在\features\dashboard\home\views\components\下存放了自定义组件，这些组件都是 App 中使用到的，严格地按照 MVC 分层思想，components 也应该在 views 层。在本项目中是将其单独拿出来的，例如自定义组件 Category.dart 代码如下。

```
class _Category extends StatelessWidget {
  _Category({Key? key}) : super(key: key);

  @override
  Widget build(BuildContext context) {
    return Container(
      width: double.infinity,
      child: Column(
        crossAxisAlignment: CrossAxisAlignment.start,
        children: [
          HeaderText("Category"),
          SizedBox(height: kDefaultSpacing),
          SingleChildScrollView(
            scrollDirection: Axis.horizontal,
            physics: BouncingScrollPhysics(),
            child: Row(
              crossAxisAlignment: CrossAxisAlignment.start,
              children: [
                Padding(
                  padding: EdgeInsets.all(10),
                  child: CustomButton(
                    icon: CustomIcons.doc_text_inv,
                    color: Colors.green,
                    label: "docs",
                    onPressed: () {
                      Navigator.push(context,
                          MaterialPageRoute(builder: (ctx) => FileListPage(1)));
                    },
                  ),
                ),
                Padding(
                  padding: EdgeInsets.all(10),
                  child: CustomButton(
                    icon: Icons.image,
                    color: Colors.lightBlue,
                    label: "images",
                    onPressed: () {
                      Navigator.push(context,
                          MaterialPageRoute(builder: (ctx) => FileListPage(2)));
```

```
                    },
                  ),
                ),
                Padding(
                  padding: EdgeInsets.all(10),
                  child: CustomButton(
                    icon: Icons.video_collection,
                    color: Colors.pinkAccent,
                    label: "videos",
                    onPressed: () {
                      Navigator.push(context,
                          MaterialPageRoute(builder: (ctx) => FileListPage(3)));
                    },
                  ),
                ),
                Padding(
                  padding: EdgeInsets.all(10),
                  child: CustomButton(
                    icon: CustomIcons.music,
                    color: Colors.orangeAccent,
                    label: "music",
                    onPressed: () {
                      Navigator.push(context,
                          MaterialPageRoute(builder: (ctx) => FileListPage(4)));
                    },
                  ),
                ),
                Padding(
                  padding: EdgeInsets.all(10),
                  child: CustomButton(
                    icon: CustomIcons.music,
                    color: Colors.orangeAccent,
                    label: "music",
                    onPressed: () {
                      Navigator.push(context,
                          MaterialPageRoute(builder: (ctx) => FileListPage(5)));
                    },
                  ),
                ),
              ],
            ),
          )
        ],
      ),
    );
  }
}
```

在 Home 页面中自定义的组件还有 header.dart、recent.dart、storage_chart.dart，这里就不再一一赘述。

下面是 Model 层，这一层存储着所有的数据模型，在 home_controller.dart 中定义了两个数据模型：user 和 usage，具体模型代码如下：

```
final user = _User(name: "Firgia");
final usage = _Usage(
  totalFree: 80000000000,
  totalUsed: 90000000000,
);
```

在 Model 中定义的这两个模型在\features\dashboard\home\models 中 usage.dart 模型具体代码如下。

```
class _Usage {
  final int totalFree;
  final int totalUsed;

  const _Usage({
    required this.totalFree,
    required this.totalUsed,
  });
}
```

user.dart 模型的具体代码如下。

```
class _User {
  final String name;
  const _User({required this.name});
}
```

## 11.6 公共工具类设计

本 App 使用的很多工具和模块等为公共部分，为减少代码重复，这里采用在 util 工具中定义的公共工具，在路径\lib\app\utils 下定义，有 helpers、mixins、services 和 ui 四个文件夹。

helpers 文件夹中存放的是一些类型转化文件，如 type.dart 等；mixins 实现将多个组件或页面中共用的属性或方法抽取出来，并单独定义在 mixins 中，组件要使用 mixins 里边的属性或方法，只需要引入该 mixins 即可，当组件中同时声明了和 mixins 中同名的属性或方法时，组件里边的属性或方法优先级高于 mixins；当某个组件或页面引用了 mixins 里边的属性或方法，并且进行了一些修改操作，这些操作只对当前组件本身有效，不会影响其他组件。类似于 extends，但比 extends 有更多功能，mixins 可以为类添加一些特性，还是多个类层次结构中重构代码的一种途径。ui 文件夹是定义界面的一些界面，例如 app_dialog.dart、app_snackbar.dart、app_bottomshet.dart 等，定义一些共用的界面。

services 则定义了一些公共服务的代码，如 local_storage_services.dart，具体代码如下：

```
class LocalStorageServices {
  static final LocalStorageServices _localStorageServices =
  LocalStorageServices._internal();

  factory LocalStorageServices() {
    return _localStorageServices;
  }
```

```
    LocalStorageServices._internal();
  }
```

本地 api 的服务，native_api_services.dart 具体代码如下。

```
class NativeApiServices {
  static final NativeApiServices _nativeApiServices =
  NativeApiServices._internal();

  factory NativeApiServices() {
    return _nativeApiServices;
  }

  NativeApiServices._internal();
}
```

rest api（表现层状态转移 API）的服务，rest_api_services.dart 的具体代码如下。

```
class RestApiServices {
  static final RestApiServices _restApiServices = RestApiServices._internal();

  factory RestApiServices() {
    return _restApiServices;
  }
 RestApiServices._internal();
}
```

还有一些常量是经常会使用到的，在 constans 文件夹中存放，包括一些路径、常量、图片、图标等。例如常用的图片、字体、动画等资源可以定义该文件夹中，如下面代码 assets_path.dart 所示。

```
class Font {
  // Example:
  // static const roboto = 'roboto';
  // static const arial = 'arial';
}

class ImageAnimation {
  // Example:
  // static const _folderPath = "assets/images/animation";
  // static const myAnim = "$_folderPath/my_anim.json";
}

class ImageRaster {
  static const _path = "assets/images/raster";

  static const logo = "$_path/logo.png";
  static const youtube = "$_path/youtube.png";
  static const wavingHandEmoji = "$_path/waving-hand-emoji.png";
  static const boxCoins = "$_path/box_coins.png";
  static const megaphone = "$_path/megaphone.png";
  static const rocket = "$_path/rocket.png";
}
```

```
class ImageVector {
  static const _path = "assets/images/vector";
  static const folder = "$_path/folder.svg";
}
```

本示例中使用了大量的图标，很多图标需要自己定义，如颜色、大小、字体等，这就需要自定义图标，本示例自定义图标如下面代码 custom_icons.dart 所示。

```
class CustomIcons {
  CustomIcons._();

  static const _kFontFam = 'CustomIcons';
  static const String? _kFontPkg = null;

  static const IconData folder =
      IconData(0xe800, fontFamily: _kFontFam, fontPackage: _kFontPkg);
  static const IconData cloud_outlined =
      IconData(0xe801, fontFamily: _kFontFam, fontPackage: _kFontPkg);
  static const IconData cloud_solid =
      IconData(0xe802, fontFamily: _kFontFam, fontPackage: _kFontPkg);
  static const IconData home_outlined =
      IconData(0xe803, fontFamily: _kFontFam, fontPackage: _kFontPkg);
  static const IconData home_solid =
      IconData(0xe804, fontFamily: _kFontFam, fontPackage: _kFontPkg);
  static const IconData search =
      IconData(0xe805, fontFamily: _kFontFam, fontPackage: _kFontPkg);
  static const IconData ms_access =
      IconData(0xe806, fontFamily: _kFontFam, fontPackage: _kFontPkg);
  static const IconData ms_excel =
      IconData(0xe807, fontFamily: _kFontFam, fontPackage: _kFontPkg);
  static const IconData ms_outlook =
      IconData(0xe808, fontFamily: _kFontFam, fontPackage: _kFontPkg);
  static const IconData ms_power_point =
      IconData(0xe809, fontFamily: _kFontFam, fontPackage: _kFontPkg);
  static const IconData ms_word =
      IconData(0xe80a, fontFamily: _kFontFam, fontPackage: _kFontPkg);
  static const IconData music =
      IconData(0xf001, fontFamily: _kFontFam, fontPackage: _kFontPkg);
  static const IconData folder_empty =
      IconData(0xf114, fontFamily: _kFontFam, fontPackage: _kFontPkg);
  static const IconData doc_text_inv =
      IconData(0xf15c, fontFamily: _kFontFam, fontPackage: _kFontPkg);
}
```

## 11.7 自定义组件

开发 App 项目时，很多组件需要自己定义，很少有现成的组件在实际 App 中能刚好使用的，因此很多时候需要用户自己去定义个性化的组件，也就是常说的自定义组件，而且这些组件是可以抽取出来作为公共部分使用的，也就是 App 中可能会重复使用这些组件，这就需要用户自己定义这些组件。

本 App 中抽取的自定义组件在\app\shared_components 文件夹下定义。下面是自定义云资源面板页面，后面 App 会反复使用这一页面，具体代码如 card_cloud.dart 所示。

```
class CardCloud extends StatelessWidget {
  static const height = 280.0;
  const CardCloud({
    required this.title,
    required this.serviceName,
    required this.totalStorage,
    required this.color,
    required this.imageAsset,
    Key? key,
  }) : super(key: key);
  final String title;
  final String serviceName;
  final String totalStorage;
  final Color color;
  final String imageAsset;
  @override
  Widget build(BuildContext context) {
    return Container(
      height: height,
      padding: const EdgeInsets.all(kDefaultSpacing),
      decoration: BoxDecoration(
        borderRadius: BorderRadius.circular(20),
        color: color,
        gradient: LinearGradient(colors: [
          color,
          color.withOpacity(.5),
        ]),
        boxShadow: [
          BoxShadow(
            color: color.withOpacity(0.5),
            spreadRadius: 1,
            blurRadius: 10,
            offset: Offset(0, 5),
          ),],
      ),
      child: Column(
        mainAxisAlignment: MainAxisAlignment.spaceBetween,
        crossAxisAlignment: CrossAxisAlignment.start,
        children: [
          Padding(
            padding: const EdgeInsets.only(right: 30),
            child: _title(title),
          ),
          Row(
            mainAxisAlignment: MainAxisAlignment.spaceBetween,
            crossAxisAlignment: CrossAxisAlignment.end,
            children: [
              _subtitle(context, serviceName, totalStorage),
              Image.asset(
```

```
                imageAsset,
                fit: BoxFit.contain,
                height: 100,
              ), ],), ],), );
  }
  Widget _title(String text) {
    return Text(
      text.capitalizeFirst!,
      style: TextStyle(
        fontSize: 25,
        fontWeight: FontWeight.bold,
        color: Colors.white,
      ),
      maxLines: 4,
      overflow: TextOverflow.ellipsis,
    );
  }
  Widget _subtitle(BuildContext context, String serviceName, String storage) {
    return Column(
      crossAxisAlignment: CrossAxisAlignment.start,
      children: [
        Text(
          serviceName.capitalizeFirst!,
          style: TextStyle(
            fontSize: 18,
            color: Colors.white,
          ),
          maxLines: 1,
          overflow: TextOverflow.ellipsis,
        ),
        SizedBox(height: 10),
        GestureDetector(
          onTap: () {
            showModalBottomSheet(
              context: context,
              isScrollControlled: true,
              builder: (ctx) => Container(
                  height: MediaQuery.of(context).size.height - 60,
                  padding: EdgeInsets.all(20),
                  child: Column(
                    crossAxisAlignment: CrossAxisAlignment.start,
                    children: [
                      Container(
                        child: Text(
                          '购买会员',
                          style: TextStyle(
                              fontSize: 26,
                              color: Colors.black,
                              fontWeight: FontWeight.bold),
                        ),
                      ),
                      SizedBox(
                        height: 30,
```

```
              ),
              Row(
                children: [
                  Expanded(
                    child: Container(
                      height: 160,
                      margin: EdgeInsets.symmetric(horizontal: 10),
                      decoration: BoxDecoration(
                          borderRadius: BorderRadius.circular(8),
                          border: Border.all(color: Colors.amber),
                          color: Colors.amber.withOpacity(0.2)),
                      child: Column(
                        mainAxisAlignment: MainAxisAlignment.center,
                        children: [
                          Text(
                            '连续包年',
                            style: TextStyle(
                                fontSize: 20,
                                color: Colors.black,
                                fontWeight: FontWeight.bold),
                          ),
                          SizedBox(
                            height: 20,
                          ),
                          Text(
                            '¥ 188',
                            style: TextStyle(
                                fontSize: 22,
                                color: Colors.amber,
                                fontWeight: FontWeight.bold),
                          ), ], ),),
                  ),
                  Expanded(
                    child: Container(
                      height: 160,
                      margin: EdgeInsets.symmetric(horizontal: 10),
                      decoration: BoxDecoration(
                          borderRadius: BorderRadius.circular(8),
                          border: Border.all(color: Colors.grey),
                          color: Colors.white),
                      child: Column(
                        mainAxisAlignment: MainAxisAlignment.center,
                        children: [
                          Text(
                            '连续包季',
                            style: TextStyle(
                                fontSize: 20,
                                color: Colors.black,
                                fontWeight: FontWeight.bold),
                          ),
                          SizedBox(
                            height: 20,
                          ),
```

```
                    Text(
                      '¥ 48',
                      style: TextStyle(
                          fontSize: 22,
                          color: Colors.amber,
                          fontWeight: FontWeight.bold),
                    ),],), ),
          ),
          Expanded(
            child: Container(
              height: 160,
              margin: EdgeInsets.symmetric(horizontal: 10),
              decoration: BoxDecoration(
                  borderRadius: BorderRadius.circular(8),
                  border: Border.all(color: Colors.grey),
                  color: Colors.white),
              child: Column(
                mainAxisAlignment: MainAxisAlignment.center,
                children: [
                  Text(
                    '连续包月',
                    style: TextStyle(
                        fontSize: 20,
                        color: Colors.black,
                        fontWeight: FontWeight.bold),
                  ),
                  SizedBox(
                    height: 20,
                  ),
                  Text(
                    '¥ 18',
                    style: TextStyle(
                        fontSize: 22,
                        color: Colors.amber,
                        fontWeight: FontWeight.bold),
                  ),],), ),), ],
        ),
        Expanded(
          child: Container(),
        ),
        Container(
          height: 1,
          color: Colors.grey,
        ),
        Container(
          padding: EdgeInsets.all(20),
          child: Row(
            children: [
              Text(
                '实付：',
                style: TextStyle(
                    fontSize: 20,
                    color: Colors.black,
```

```
                        fontWeight: FontWeight.bold),
                  ),
                  Text(
                    '¥ 188',
                    style: TextStyle(
                        fontSize: 20,
                        color: Colors.black,
                        fontWeight: FontWeight.bold),
                  ),
                  Expanded(child: Container()),
                  GestureDetector(
                    onTap: () {
                      _buy();
                    },
                    child: Container(
                      padding: EdgeInsets.symmetric(
                          horizontal: 20, vertical: 10),
                      decoration: BoxDecoration(
                        borderRadius: BorderRadius.circular(40),
                        color: Colors.amber,
                      ),
                      child: Text(
                        '立即开通',
                        style: TextStyle(
                            fontSize: 24,
                            color: Colors.black,
                            fontWeight: FontWeight.bold),
                      ),),),) ],),)],)), );},
        child: Container(
          width: 100,
          height: 30,
          decoration: BoxDecoration(
            color: Colors.white,
            borderRadius: BorderRadius.circular(20),
          ),
          alignment: Alignment.center,
          child: Text(
            storage.toUpperCase(),
            style: TextStyle(
              fontSize: 18,
              color: color,
              fontWeight: FontWeight.bold,
            ),
            maxLines: 1,
            overflow: TextOverflow.ellipsis,
          ),), ), ],);}
  _buy() {}
}
```

打开云资源面板里内容的页面，具体内容如 card_folder.dart 所示。

```
class CardFolder extends StatelessWidget {
  const CardFolder(
```

```
    {required this.label,
    required this.totalItem,
    required this.fileType,
    this.width,
    Key? key})
    : super(key: key);

  final String label;
  final int totalItem;
  final List<FileType> fileType;

  final double? width;

  @override
  Widget build(BuildContext context) {
    return Container(
      height: 170,
      width: width ?? 200,
      padding: const EdgeInsets.all(kDefaultSpacing),
      decoration: BoxDecoration(
        borderRadius: BorderRadius.circular(20),
        color: Colors.white,
        boxShadow: [
          BoxShadow(
            color: Colors.grey.withOpacity(0.5),
            spreadRadius: .2,
            blurRadius: 5,
            offset: Offset(0, 5),
          ),
        ],
      ),
      child: Column(
        crossAxisAlignment: CrossAxisAlignment.start,
        children: [
          SvgPicture.asset(
            ImageVector.folder,
            height: 30,
          ),
          ListTile(
            title: Text(
              label.capitalizeFirst!,
              maxLines: 1,
              overflow: TextOverflow.ellipsis,
            ),
            subtitle: Text(
              "$totalItem Items",
              maxLines: 1,
              overflow: TextOverflow.ellipsis,
            ),
            contentPadding: const EdgeInsets.all(0),
          ),
          _typeIcons(fileType),
        ],
```

```
      ),
    );
  }

  Widget _typeIcons(List<FileType> fileType) {

    int maxIcon = 3;

    List<Widget> children = [];
    Widget moreIcon = Icon(
      Icons.more_horiz_rounded,
      size: 15,
    );

    for (int i = 0; i < fileType.length; i++) {
      if (i <= maxIcon) {
        if (i < maxIcon) {
          children.add(FileTypeIcon(fileType[i], size: 20));
        } else {
          children.add(moreIcon);
        }
      } else {
        break;
      }
    }

    return Row(
      children: children
          .map(
            (e) => Padding(
              padding: const EdgeInsets.all(2),
              child: e,
            ),
          )
          .toList(),
    );
  }
}
```

自定义按钮组件的代码，如 custom_button.dart 所示。

```
class CustomButton extends StatelessWidget {
  const CustomButton({
    required this.icon,
    required this.label,
    required this.onPressed,
    this.color = Colors.blue,
    this.borderRadius,
    Key? key,
  }) : super(key: key);

  final IconData icon;
  final Color color;
```

```
    final String label;
    final Function() onPressed;
    final BorderRadius? borderRadius;

    @override
    Widget build(BuildContext context) {
      final _borderRadius = borderRadius ?? BorderRadius.circular(10);

      return Column(
        children: [
          InkWell(
            onTap: onPressed,
            borderRadius: _borderRadius,
            child: Container(
              width: 70,
              height: 70,
              decoration: BoxDecoration(
                color: color.withOpacity(.25),
                borderRadius: _borderRadius,
              ),
              padding: const EdgeInsets.all(15),
              child: Icon(
                icon,
                color: color,
                size: 30,
              ),
            ),
          ),
          SizedBox(height: 10),
          Container(
            width: 70,
            child: Text(
              label.capitalizeFirst!,
              textAlign: TextAlign.center,
              maxLines: 2,
              overflow: TextOverflow.ellipsis,
            ),
          )
        ],
      );
    }
  }
```

项目大量使用到列表和列表按钮，自定义的列表文件按钮的代码如 file_list_button.dart 所示。

```
  class FileDetail {
    final String name;
    final int size;
    final FileType type;

    const FileDetail({
      required this.name,
```

```
    required this.size,
    required this.type,
  });
}

class FileListButton extends StatelessWidget {
  const FileListButton({
    required this.data,
    required this.onPressed,
    Key? key,
  }) : super(key: key);

  final FileDetail data;
  final Function() onPressed;

  @override
  Widget build(BuildContext context) {
    return Card(
      margin: const EdgeInsets.all(5),
      elevation: 2,
      shape: RoundedRectangleBorder(
        borderRadius: BorderRadius.circular(10),
      ),
      shadowColor: Colors.white,
      child: ListTile(
        leading: FileTypeIcon(data.type),
        title: Text(
          data.name,
          maxLines: 1,
          overflow: TextOverflow.ellipsis,
        ),
        subtitle: Text(
          filesize(data.size),
          maxLines: 1,
          overflow: TextOverflow.ellipsis,
        ),
        tileColor: Colors.white,
        onTap: onPressed,
        shape: RoundedRectangleBorder(
          borderRadius: BorderRadius.circular(10),
        ),
        trailing: IconButton(
          onPressed: () {},
          icon: Icon(Icons.more_vert_outlined),
          tooltip: "more",
        ),
      ),
    );
  }
}
```

自定义的搜索按钮的代码如 search_button.dart 所示。

```
class SearchButton extends StatelessWidget {
```

```
    const SearchButton({required this.onPressed, Key? key}) : super(key: key);
    final Function() onPressed;
    @override
    Widget build(BuildContext context) {
      return Container(
        decoration: BoxDecoration(
          borderRadius: BorderRadius.circular(10),
          border: Border.all(color: Colors.grey),
        ),
        child: IconButton(
          constraints: BoxConstraints(maxHeight: 50, maxWidth: 50),
          iconSize: 15,
          padding: EdgeInsets.all(10),
          onPressed: onPressed,
          icon: Icon(CustomIcons.search),
          tooltip: "Search",
        ),
      );
    }
  }
```

## 11.8 网络连接

本 App 项目网络连接采用第三方库来封装网络连接的代码。本项目中下载使用的是 url_launcher: ^6.1.4。这个类库的下载地址是：

```
https://pub.dev/packages/url_launcher
```

本项目要使用这个类库，首先需要在 pubspec.yaml 中导入该包：

```
dependencies:
  url_launcher: ^6.1.4
```

由于使用 url_launcher 较为方便，因此在\generated_plugin_registrant.dart 中，可以非常容易地引用所需要的网络，代码如下。

```
import  'package:url_launcher_web/url_launcher_web.dart';
import  'package:flutter_web_plugins/flutter_web_plugins.dart';

void registerPlugins(Registrar registrar) {
  UrlLauncherPlugin.registerWith(registrar);
  registrar.registerMessageHandler();
}
```

在 features\splash\views 下的 splash_screen.dart 也引用了 url_launcher 工具包，具体代码如下。

```
library splash;
import 'package:file_manager/app/config/routes/app_pages.dart';
import 'package:file_manager/app/constans/app_constants.dart';
import 'package:flutter/material.dart';
import 'package:get/get.dart';
import 'package:url_launcher/url_launcher.dart';
```

```
part '../../bindings/splash_binding.dart';

part '../../controllers/splash_controller.dart';

class SplashScreen extends GetView<SplashController> {
  const SplashScreen({Key? key}) : super(key: key);
  @override
  Widget build(BuildContext context) {
    return Scaffold(
      body: Center(
        child: Column(
          mainAxisAlignment: MainAxisAlignment.center,
          children: [
            Spacer(flex: 2),
            Image.asset(ImageRaster.logo, height: 150),
            Spacer(flex: 1),
            Obx(
              () => Visibility(
                  child: CircularProgressIndicator(),
                  visible: controller.isLoading.value),
            ),
            Spacer(flex: 1),
          ],
        ),
      ),
    );
  }
}
```

## 11.9　项目的打包

项目完成后要给项目打包，可以使用命令行方式，也可使用 Android Studio 提供的工具进行打包。下面说明利用 Android Studio 进行打包，单击导航栏 Build→Flutter→Build APK，如图 11-8 所示。

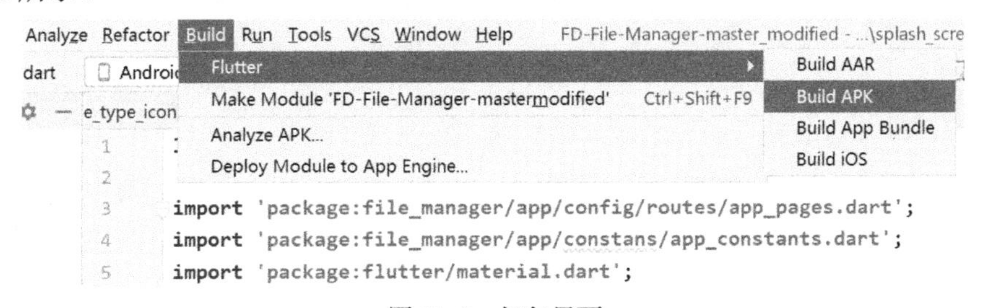


图 11-8　打包界面

## 11.10　本章小结

本章介绍了一个完整的示例，使用到这本书介绍的所有知识点，包括项目的总体设计、项目的服务器端设计、UI 页面设计、公共工具类设计、自定义组件设计、网络连接以及项目的打包，当然还包括项目的前期需求分析、系统设计等软件项目管理的内容。

## 11.11 习题与练习

模仿微信创建一个 Flutter 框架的 App，项目具备聊天、浏览新闻、查看个人资料等信息的功能，要求其设计界面简约大方，并使用学习过的基本组件。

# 参 考 文 献

[1] 任宇杰，等. 有趣的 Flutter：从 0 到 1 构建跨平台 App[M]. 北京：人民邮电出版社，2022.
[2] 杨加康. Flutter 开发之旅从南到北[M]. 北京：人民邮电出版社，2020.
[3] 王浩然. Flutter 组件详解与实战[M]. 北京：清华大学出版社，2022.
[4] 亢少军. Dart 语言实战：基于 Flutter 框架的程序开发[M]. 2 版. 北京：清华大学出版社，2021.
[5] 赵裕. Flutter 内核源码剖析[M]. 北京：人民邮电出版社，2022.
[6] 杜文. Flutter 实战[M]. 北京：机械工业出版社，2020.
[7] 闲鱼技术团队. Flutter 企业级应用开发实战：闲鱼技术发展与创新[M]. 北京：电子工业出版社，2021.